Biblioteca Mexicana
Director: Enrique Florescano

SERIE HISTORIA Y ANTROPOLOGÍA

Historia de la ciencia en México

HISTORIA DE LA CIENCIA
EN MÉXICO

Ruy Pérez Tamayo
(coordinador)

FONDO DE CULTURA ECONÓMICA
CONSEJO NACIONAL PARA LA CULTURA
Y LAS ARTES

Primera edición, 2010

Pérez Tamayo, Ruy (coord.)
Historia de la ciencia en México / coord. de Ruy Pérez Tamayo.
— México: FCE, Conaculta, 2009
302 p.; 13.5 × 21 cm — (Colec. Biblioteca Mexicana. Ser. Historia y
Antropología)
ISBN: 978-607-455-330-7

1. Ciencia — Historia — México I. Ser. II. t.

LC Q127.M6   Dewey 509.72 P565h

Distribución mundial

Diseño de portada: Paola Álvarez Baldit

Coedición: Consejo Nacional para la Cultura y las Artes-
              Dirección General de Publicaciones
              Fondo de Cultura Económica

www.conaculta.gob.mx

D. R. © 2010, Consejo Nacional para la Cultura y las Artes
Avenida Reforma 175, 06500, México, D.F.

D. R. © 2010, Fondo de Cultura Económica
Carretera Picacho Ajusco 227; 14738, México, D.F.

Comentarios y sugerencias: editorial@fondodeculturaeconomica.com
Conozca nuestro catálogo: www.fondodeculturaeconomica.com
Tel. (55)5227-4672 Fax (55)5227-4694

ISBN Conaculta: 978-607-455-330-7

Impreso en México • *Printed in Mexico*

Índice

Prólogo

Ruy Pérez Tamayo

Uno de los elementos que permiten distinguir a los países desarrollados, que proporcionan niveles razonables de calidad de vida a sus ciudadanos, de aquellos que todavía se encuentran en distintas etapas de desarrollo (incluyendo a los países más primitivos), en los que existen grandes desniveles sociales y económicos, es la contribución que hacen la ciencia y la tecnología a los mecanismos de satisfacción de las diferentes necesidades de la sociedad.

En el mundo occidental, a partir de la revolución científica en los siglos XVI y XVII, el pensamiento científico empezó a remplazar a la tradición y al dogma religioso como la forma hegemónica de enfrentarse a la realidad, de definir los problemas y, sobre todo, de plantear y buscar sus correspondientes respuestas. Poco a poco, el estudio directo de los fenómenos naturales sustituyó a la consulta de los libros clásicos y de las Sagradas Escrituras como el método más importante para entender sus causas y predecir sus consecuencias. No sorprende que la revolución científica mencionada se haya iniciado poco tiempo después, no más de un siglo, de la emergencia del Renacimiento, en vista de que los valores del humanismo (el interés en la historia, el estudio de los clásicos, el amor por la belleza, la devoción por la cultura) llevan implícita la libertad del pensamiento, indispensable para el desarrollo de la ciencia. En el ambiente característico de los mil años de la Edad Media en el mundo occidental, la combinación del dogma religioso con la intolerancia hacia formas alternativas del pensamiento y actitudes que se apartaran de la ortodoxia oficial (católica o protestante, cuya manifestación más representativa y famosa fue

9

la Santa Inquisición) se opuso a cualquier forma de independencia intelectual.

En un fenómeno todavía inexplicado, sobre todo por el momento y el sitio de Europa en que ocurrió, en 1543 un joven médico belga de 28 años de edad, Andreas Vesalio, publicó un libro titulado *De humani corporis fabrica*.

Creo que este episodio puede competir con ventaja por el título de la primera manifestación del mundo moderno, por las siguientes tres razones: 1) el libro rompe con la tradición médica de 14 siglos de seguir siempre los textos de Hipócrates, Avicena y, sobre todo, Galeno, al contradecir en más de 200 puntos los escritos sobre anatomía humana de este último; 2) las contradicciones se basan no en argumentos teóricos o escolásticos, sino en observaciones directas hechas por Vesalio durante la disección personal de cadáveres humanos, algo nunca realizado por Galeno; 3) las 77 láminas de la *Fabrica* de Vesalio son bellísimas, muchas de ellas no representan cadáveres sino sujetos vivos, con frecuencia situados en ambientes clásicos y en posturas que recuerdan a la estatuaria griega y romana.

La enorme calidad estética de las ilustraciones del libro de Vesalio se explica porque fueron hechas en el taller del Tiziano. Vesalio es anterior a Galileo (muere en 1564, el mismo año en que nace Galileo), a quien generalmente se considera uno de los iniciadores de la revolución científica. Vesalio no sufrió las represalias eclesiásticas anticipadas en su tiempo por su libertad de pensamiento, aunque la leyenda dice que murió al naufragar su barco de regreso de Jerusalén, adonde había ido en peregrinación por mandato de la Iglesia, para lavar su pecado de haber disecado el cuerpo de un noble español cuyo corazón todavía estaba latiendo cuando lo expuso con su bisturí.

Sin embargo, a partir de Vesalio, Galileo y otros científicos, desde el siglo XVI la ciencia empezó a ganar terreno en el mundo occidental en el campo de las explicaciones racionales y objetivas de la realidad, remplazando creencias basadas en dogmas religiosos y sostenidas por argumentos escolásticos. La transformación mencionada no ha sido rápida ni fácil: hoy todavía quedan grandes sectores de la población en países de Occidente (en muchos de ellos son mayoría) que conservan creencias sobrenaturales y privilegian la fe sobre la razón. De todos modos, hasta los grupos religiosos contemporáneos más fanáticos usan teléfonos celulares, conducen automóviles, viajan en avión y son expertos en el manejo de computadoras.

Considerando las diferentes posibilidades de influencia en la estructura de la sociedad mediante factores como la emergencia de las naciones, las guerras, las plagas y las hambrunas; el cambio del sistema feudal y el surgimiento de la burguesía; el aumento progresivo en el nivel de educación de las clases urbanas más favorecidas económicamente, y otras, no hay duda de que uno de los mecanismos que más contribuyeron a la transformación del mundo medieval en el mundo moderno fue el desarrollo de la ciencia y la tecnología.

¿Cuál fue la historia de la ciencia en México? Desde luego, existen varios textos sobre el tema, que tratan de la historia de la ciencia en nuestro país en lapsos específicos, o bien de algunas ciencias en particular, pero ninguno de tipo general y dirigido al público no especialista. Cuando se planteó el primer proyecto para el presente libro se hizo pensando en la conveniencia de establecer una serie de divisiones históricas, usando para ello los principales episodios del desarrollo de nuestro país. El primer periodo se identificó como la Época Precolombina, para la que acudí a mi buen amigo el doctor Alfredo López Austin, quien, respondiendo a mi invitación para contribuir con un capítulo sobre el tema, me dijo (más o menos):

En el mundo mesoamericano precolombino no existía nada que pudiera conocerse como ciencia, tal como la entendemos ahora. Cuando la verdad ya se conoce porque proviene de los Dioses, no hay lugar para las preguntas sobre la naturaleza, que constituyen el inicio de la ciencia. Todo está dicho y preestablecido, y cuando los Dioses no se han pronunciado sobre algún fenómeno natural,

como un cometa o un arco iris, lo que corresponde es que los sa-
cerdotes realicen las ceremonias y los sacrificios para propiciar las
respuestas de los Dioses. Por eso es que no tiene sentido hablar de
ciencia en el mundo mesoamericano precolombino...

Los restantes 500 años de existencia de México como país se dividieron en cinco periodos históricos, de duración desigual pero
cada uno de ellos con carácter más o menos homogéneo, a saber:
1) la Colonia (1521-1810); *2)* el México independiente (1810-1857);
3) el porfiriato (1857-1910); *4)* el siglo xx-i (1910-1950); *5)* el siglo
xx-ii (1950-2000). Para presentar la historia de la ciencia en México
en cada uno de estos periodos invité a colegas historiadores especializados en ellos. A continuación me refiero con más detalle a los
resultados de mis invitaciones, pero adelanto que todas fueron ge-
nerosamente aceptadas.

Para el capítulo 1 invité al doctor Elías Trabulse, autor de la
majestuosa *Historia de la ciencia en México*,[1] editada en cuatro tomos, uno para cada siglo —del xvi al xix—, que es una valiosa antología de los textos científicos más sobresalientes publicados en
nuestro país en esas cuatro centurias. La obra contiene extensos
comentarios del doctor Trabulse y sus colaboradores, lo que la
hace todavía más atractiva. Otras muchas publicaciones[2] de Trabulse sobre la historia de la ciencia en México lo han confirmado
como una de las principales autoridades en el campo.

Para el capítulo 2 invité al doctor Carlos Viesca Treviño, quien
con su colaborador, el doctor José Sanfilippo, lo tituló "Las cien-

---

[1] E. Trabulse, *Historia de la ciencia en México*, 4 vols., México, FCE, 1985; véase
también E. Trabulse, *Historia de la ciencia en México (versión abreviada)*, México,
FCE, 1997.

[2] E. Trabulse, *El círculo roto. Estudios históricos sobre la ciencia en México*, Méxi-
co, FCE (SEP / 80), 1982; *La ciencia perdida. Fray Diego Rodríguez, un sabio del siglo
XVII*, México, FCE, 1985; *Arte y ciencia en la historia de México*, México, Fomento
Cultural Banamex, 1995; *José María Velasco. Un paisaje de la ciencia en México*,
México, Instituto Mexiquense de Cultura, 1992; *Poblaciones mexicanas. Planos y
panoramas. Siglos XVI a XIX*, México, Smurfit Cartón y Papel de México, 1998.

cias en el México independiente". Como miembros del Departamento de Historia y Filosofía de la Medicina de la Facultad de Medicina de la UNAM, y como expertos en ese lapso histórico, escribieron su texto basados en la consulta de fuentes primarias que forman parte de la rica biblioteca del departamento mencionado. Además, el doctor Viesca Treviño es autor de varias otras obras sobre la historia de la medicina en México.[3]

El capítulo 3 fue solicitado al doctor Juan José Saldaña, quien lo denominó "La ciencia y la política en México (1850-1911)", destacando así la importancia que tuvieron los intensos movimientos políticos de esa época en el desarrollo de la ciencia en nuestro país. Como profesor titular de la Facultad de Filosofía y Letras de la UNAM, fundador y director del Seminario de Historia de la Ciencia y la Tecnología en el Posgrado de Historia de esa facultad, y gran promotor de la historia de la ciencia en México y en América Latina, Saldaña ha dirigido numerosas publicaciones sobre el tema.[4]

La historia de la ciencia en México en el siglo XX la dividí en dos partes: cada una corresponde a una historia diferente, determinada en la primera mitad sobre todo por acontecimientos políticos ligados a la revolución de 1910-1929 y años posteriores, y en la segunda por la emergencia de la ciencia profesional a partir de la fundación de la Ciudad Universitaria de la UNAM. Estos dos capítulos se basan en mi libro reciente *Historia general de la ciencia en México en el siglo XX*.[5]

Después de leer con cuidado las contribuciones de Viesca y Sanfilippo, por un lado, y de Saldaña, por el otro, me felicito de

[3] C. Viesca Treviño, *Ticiotl. I. Conceptos médicos de los antiguos mexicanos*, México, Facultad de Medicina, UNAM, 1997; *Medicina prehispánica de México. El conocimiento médico de los nahuas*, México, Panorama Editorial, 1986.

[4] J. J. Saldaña (coord.) *La casa de Salomón en México. Estudios sobre la institucionalización de la docencia y la investigación científicas*, México, Facultad de Filosofía y Letras, UNAM, 2005; *Historia social de las ciencias en América Latina*, México, UNAM / Miguel Ángel Porrúa Editor, 1996; *Science in Latin America. A history*, Galveston, The University of Texas Press, 2006.

[5] R. Pérez Tamayo, *Historia general de la ciencia en México en el siglo XX*, México, FCE, 2005.

que no se hayan limitado a las fechas específicas que les fueron asignadas en el proyecto original del volumen. No hay duda de que el siglo XIX en México posee una unidad histórica, en la que los diversos episodios se encuentran íntimamente vinculados y se enriquecen cuando se contemplan desde distintos puntos de vista. Saldaña ha puesto especial interés en su análisis de la política y su influencia en el desarrollo científico, mientras Viesca y Sanfilippo exploran sobre todo las transformaciones de la ciencia en ese siglo. Sus páginas se complementan y permiten una mejor visión global de la ciencia en México en esa turbulenta época.

La Colonia (1521-1810)

ELÍAS TRABULSE
Academia Mexicana de la Historia
y Academia Mexicana de la Lengua

Desde mediados del siglo xv, con los viajes de navegantes portugueses y españoles, quedó por primera vez abierta la posibilidad de que el hombre explorase todos los aspectos físicos y naturales del planeta que habitaba. La aparición de América, según la conocida frase de Alexander von Humboldt, duplicó súbitamente para los habitantes de Europa el cosmos que habitaban, lo que abrió un amplio campo de investigación a los hombres de ciencia del Viejo Mundo, quienes vieron cuestionadas hasta sus cimientos las tradicionales teorías científicas aceptadas por la Antigüedad y el Medioevo. Los fenómenos físicos que resultaban novedosos se presentaron en gran cantidad y con evidente singularidad a la observación de los europeos llegados a América. Dichos fenómenos rompían con su sola presencia los esquemas geográficos y cosmográficos clásicos. Una serie de nuevas disciplinas científicas —como geología, oceanografía, meteorología y climatología— surgió, si bien en forma rudimentaria, mediante la simple comparación de las características físicas del Viejo con el Nuevo Mundo. El siglo xvi inició el estudio sistemático de los vientos y las corrientes marítimas, de la acción de las cadenas volcánicas sobre los terremotos y de la gradación de las especies vegetales y animales en un cosmos que a los ojos del sabio resultaba armónico y equilibrado.

De esta manera, pocos decenios después de que Colón tocara tierras de Indias ya había sido puesta en marcha la revolución científica, que lograría su más acabada expresión durante el siglo xvii, época en la que adoptan su forma definitiva los paradigmas de la ciencia moderna erigidos sobre las ruinas del cosmos medieval. El papel que desempeñó el Nuevo Mundo en la elaboración y estructuración de dichos paradigmas no puede ser subestimado, ya que la masa de datos empíricos recogidos por los europeos en estas tierras fue un fecundo y activo fermento en el cuestionamiento de los esquemas de la ciencia clásica y en la transformación de la concepción de la naturaleza. Por otra parte, resulta evidente que la confrontación con las realidades americanas planteó a los descubridores y conquistadores una serie de problemas técnicos que no hallaban solución en las obras de los autores antiguos y que, por tanto, hubieron de ser abordados en forma hasta entonces desconocida. Este hecho no dejó de ser puesto en relieve por los técnicos, naturalistas y cronistas del Nuevo Mundo que en reiteradas ocasiones señalaron la insuficiencia de muchos de los recursos técnicos tradicionales en la empresa de Indias; hecho que, por otra parte, al señalar la superioridad de las tecnologías modernas respecto de las antiguas, abría la posibilidad de caracterizar la historia de la ciencia y de la técnica como una marcha progresiva y ascendente, estrechamente vinculada con la evolución de la humanidad.

Es lógico pensar que la Nueva España no podía quedar al margen de esta eclosión del pensamiento científico y de su correlativa revolución tecnológica. Al recorrer las obras originales de los primeros historiadores de la Conquista de México nos percatamos de que desde los inicios de la dominación española este país recibió las innovaciones técnicas europeas y fue pródiga veta de la observación científica, la cual, aunque en germen, ya planteaba problemas relevantes acerca de la naturaleza de las nuevas tierras que aun en nuestros días son sujetos de estudio e investigación. Es de esos años tempranos de la Colonia que podemos hacer partir la tradición científica mexicana que sin solución de continuidad ha llegado hasta nosotros. Su estudio puede enfocarse desde dos ángulos diferentes pero complementarios. El primero se refiere al aspecto que hemos denominado *externo* de esta historia y atiende a las periodizaciones de la ciencia y de la técnica y a los factores sociales de su desenvolvimiento. El segundo, al que llamamos *interno*, estudia esta misma historia pero desde la perspectiva de las ideas científicas y técnicas vistas en sí mismas y de los hombres de ciencia que las sustentaron.

Empecemos por los aspectos *externos*.

Varios son los periodos en que podemos dividir el desarrollo de la ciencia y la tecnología coloniales. Ciertamente se trata de cortes metodológicos arbitrarios y aproximados cuyas acotaciones señalan el momento de un cambio de paradigmas en el campo de las ciencias o el de la adopción de nuevas técnicas. Dichas acotaciones están siempre determinadas por factores inherentes al desenvolvimiento de las ciencias o de las técnicas, y su encadenamiento se percibe al analizar unos y otros, es decir, en el primer caso a través de los textos científicos, sean impresos o manuscritos, que proponían nuevas teorías explicativas, y en el segundo, de las innovaciones técnicas realizadas en áreas tales como la minería, la agricultura, la producción artesanal o las obras públicas. Así, para caracterizar los periodos de la *ciencia* mexicana hemos fijado nuestra atención en los momentos en que toman carta de naturalización las tesis heliocentristas, la anatomía vesaliana, la teoría de la circulación de la sangre, las nuevas taxonomías botánicas y zoológicas, las nuevas interpretaciones químicas de los procesos metalúrgicos, las técnicas de análisis hidrológico, los modernos métodos de medición astronómica con fines geodésicos o cartográficos, la anatomía patológica, la fisiología moderna y la nomenclatura química; y para determinar los periodos de la evolución *tecnológica* hemos procurado precisar los años en que se empezaron a utilizar los nuevos métodos de producción en renglones básicos de la economía virreinal como la amalgamación en la metalurgia de la plata, cuando fueron adoptados aparatos de cierta complejidad como las bombas aspirantes o la máquina de vapor en el desagüe de las minas, o cuando empezaron a ser utilizados los modernos instrumentos de precisión como el cuadrante en agrimensura, el barómetro, el termómetro y el higrómetro en meteorología, el telescopio y el

TRACTADO BREBE DE MEDICI
na, y de todas las enfermedades, hecho por el
padre fray Auguftin Farfan Doctor en Mediçi
na, y religiofo indigno de la orden de fant
Auguftin, en la nueua Efpaña. A hora
nueua mente añadido.
(*)
DIRIGIDO A DON LVYS DE VE
lafco cauallero del habito de Sáctiago,
y Virrey de efta nueua Efpaña.

En Mexico, Con Priuilegió en cafa de Pedro
Ocharte. De. 1 5 9 2. Años.

Portada de la obra médica de Agustín Farfán *Tractado brebe de medicina*.

cronómetro en astronomía, y el microscopio en botánica, entomo-
logía y microbiología.

El análisis de este tipo de información nos ha permitido señalar las varias etapas que configuran el desarrollo *científico* de la
Nueva España. Así, entre 1521 y 1570 se aclimata la ciencia europea, cabe decir el conjunto de paradigmas de la ciencia antigua y
medieval que prevalecían todavía en esos años, como el geocen-
trismo tolemaico, la física aristotélica y la anatomía galénica. Se
asimila la ciencia indígena sobre todo en el campo de la botánica y
la farmacopea, y se producen valiosos trabajos en estas dos ramas
de la ciencia, así como en zoología, geografía y cartografía, medicina, etnografía y metalurgia. Entre 1570 y 1630 se producen los
primeros textos científicos elaborados en México, que abarcan áreas
como la medicina y la astronomía, las cuales empiezan a adoptar
tímidamente algunas nuevas hipótesis científicas, aunque siempre
dentro de los lineamientos prescritos por la ortodoxia religiosa. De
1630 a 1680 estos lineamientos se ven abiertamente desbordados y
aun enfrentados por la aparición de los primeros textos de ciencia
moderna redactados en México, básicamente en terrenos de la matemática y la astronomía, los cuales aceptan, si bien en forma velada, las tesis heliocentristas. Los 70 años que corren de 1680 a 1750
forman uno de los periodos oscuros de la ciencia mexicana. En ese
lapso se preparó la lenta difusión de las revolucionarias teorías
astronómicas, de la fisiología moderna y de las nuevas hipótesis
químicas; la ciencia del periodo ilustrado que corre desde ese último año hasta la consumación de la Independencia se caracteriza
por la adopción de las nuevas teorías taxonómicas en botánica y
zoología, empleo de la moderna nomenclatura química, novedosas interpretaciones acerca de la naturaleza de las reacciones que
se llevaban a cabo en el proceso de amalgamación de la plata, así
como por la gran cantidad de estudios geodésicos, astronómicos,
meteorológicos, geográficos y estadísticos que produjo. La ciencia
de los primeros decenios nacionales vivirá de este vigoroso impulso de la ciencia ilustrada colonial.

En cuanto a la periodización del desarrollo *tecnológico* solamente podemos fijar dos etapas claramente diferenciadas. La primera corre de 1521 a 1750 y se caracteriza por la adopción y utilización de las técnicas europeas, tradicionales o modernas, prácticamente en todos los aspectos del obrar humano; es decir, en agricultura, agrimensura, minería, metalurgia, náutica, urbanismo, ingeniería civil e hidráulica, acuñación, farmacoterapia, cartografía y artes industriales. Desde 1750 hasta el ocaso de los tiempos coloniales percibimos las primeras corrientes renovadoras que intentaron introducir modificaciones en las técnicas de la metalurgia de la plata, en los métodos de extracción de los minerales y en el desagüe de las minas, así como en los procesos de producción artesanal sobre todo en la industria textil.

Pese a que desde el siglo xvi empezó a borrarse la escisión entre ciencia y tecnología, característica del mundo antiguo y medieval, es evidente respecto a la Nueva España que no siempre es fácil determinar las correlaciones existentes entre los periodos de la ciencia y los de la tecnología; es decir, las influencias que las ciencias puras pudieron haber tenido sobre las ciencias aplicadas o viceversa. Ciertamente algunos nexos obvios pueden ser establecidos, como entre el desarrollo de la matemática y la astronomía con los avances en los campos de la náutica, cartografía, geodesia, ingeniería civil y militar y agrimensura, o bien del que aparece entre los estudios botánicos y la farmacoterapia o de la química con la metalurgia. Pero éstos son casos de excepción, ya que en la práctica las ciencias abstractas casi siempre actuaron en forma independiente de las diversas técnicas, pues es patente que sólo tras muchas tentativas resultaba posible pasar de la práctica de gabinete o de laboratorio a la aplicación en gran escala. Buena parte de la historia de la ciencia y la tecnología mexicanas se singulariza por esta desvinculación entre ambas.

Las periodizaciones de la ciencia y la tecnología novohispanas ponen de manifiesto una realidad social en permanente cambio. Esta realidad social la configuran diversas comunidades de hombres de ciencia y de técnicos que se suceden a lo largo de los tres siglos coloniales. Como en toda comunidad de este tipo, se trata de pequeños grupos que comparten uno o varios paradigmas científicos y, por su cohesión ideológica, determinan el carácter de una época o periodo. En su seno se gestaron los cambios de mentalidad que dan la tónica de un momento de esa historia, por la aceptación o el rechazo de una o varias de las nuevas teorías que despuntaban en el horizonte científico. Dichas comunidades no sólo se sucedieron sin interrupción en el tiempo; además cubrieron buena parte del territorio del virreinato desempeñando actividades científicas y técnicas. La ciudad de México, Puebla, Guanajuato, Querétaro, Mérida, Guadalajara, Valladolid, Oaxaca, Campeche contaron desde el siglo XVI con reducidos núcleos de hombres de ciencia y de técnicos. Muchos de ellos hicieron valiosos aportes en el campo de la enseñanza y en la divulgación del saber científico, y hacia el último tercio del siglo XVIII colaboraron en publicaciones periódicas con trabajos de diversa índole, aparte de que a veces generaron interesantes polémicas científicas, algunas de las cuales han llegado hasta nosotros. Esto nos pone de manifiesto que eran núcleos vivos, activos y dinámicos en los cuales el cambio de objetivos de estudio e investigación refleja sin duda la situación social y económica de la Nueva España en cada uno de los periodos anteriormente acotados y que se hace evidente sobre todo con los cultivadores de las ciencias aplicadas. Gracias a la labor de estos últimos penetraron buena parte de las teorías mecanicistas de la ciencia moderna que insuflaron nueva vida —desde fecha tan temprana como el segundo tercio del siglo XVII— a los estudios científicos novohispanos, en gran medida todavía comprometidos con la filosofía natural propia de la decadente escolástica basada sólo en la especulación y ajena a la comprobación empírica. Además, debido al empeño de estos técnicos también empezaron a difundirse en la sociedad los temas científicos de aplicación práctica, escritos en un castellano fácilmente comprensible. Desde la primera *Gaceta General* que data de 1666 hasta el *Diario de México*, advertimos un constante incremento en la preocupación por divulgar los conocimientos científicos que hallarán su más completa manifestación en los periódicos de Bartolache, Alzate, Guadalajara Tello, Barquera y Barreda, autores todos ellos de la brillante comunidad científica de la Ilustración novohispana, preocupada más que ninguna otra en transformar su realidad por medio de las ciencias.

A pesar de estas valiosas tentativas, es evidente que la Nueva España careció de instituciones científicas propiamente dichas hasta bien entrado el siglo xviii. Anteriormente, los centros donde pudo desarrollarse cierto tipo de actividad científica o tecnológica fueron la Universidad —poseía algunos puestos docentes de contenido científico—, los hospitales, ciertos establecimientos pedagógicos de órdenes religiosas, reales mineros, casas de acuñación de moneda y ferrerías. A fines del siglo xviii aparecieron instituciones de corte puramente científico fundadas por la corona española. Hasta estas fechas, las ciencias, puras o aplicadas, germinaron de modo disperso entre estudiosos y profesionistas, muchos de ellos autodidactos, cuyas actividades los ponían en contacto con ese tipo de temas. Cabe añadir que los inventarios de bibliotecas y librerías coloniales que han llegado hasta nosotros revelan que estos hombres de ciencia no carecieron por lo general de las obras de sus colegas europeos por heterodoxos que éstos fueran en su credo o en sus descubrimientos. La censura inquisitorial, a pesar de su evidente energía, no siempre pudo evitar que este tipo de libros se difundieran en la Nueva España durante todo el periodo de la dominación española. A esto debemos añadir la llegada, desde el siglo xvi, de técnicos e ingenieros extranjeros, sobre todo flamencos y alemanes, cuya influencia en campos como la metalurgia, la ingeniería, la hidráulica —en particular en obras como el desagüe de la ciudad de México— o la cartografía fue de gran valor para el desarrollo y difusión de las ciencias en estas tierras.

A pesar de todo esto es obvio que resulta difícil definir la posición social del hombre de ciencia novohispano. Las comunidades científicas estaban compuestas por lo general de individuos procedentes de estratos urbanos medios, particularmente criollos, y muchos buscaron en los claustros de alguna orden religiosa o del clero secular la seguridad y el refugio necesario para su labor. Entre ellos se cultivaban de modo preferente las ciencias exactas, particularmente astronomía y matemáticas. El científico laico consagrado a estas disciplinas no aparecerá hasta la segunda mitad del siglo XVIII. En cambio, laicos fueron en su mayoría y desde el siglo XVI los titulares de la profesión médica y otras ocupaciones sanitarias, así como los técnicos e ingenieros de cualquier especialidad.

Todas las características hasta aquí apuntadas, a saber, periodos en que se dividen, continuidad y elementos que constituyen a las diversas comunidades de hombres de ciencia, configuran someramente los desarrollos científico y tecnológico de la Nueva España en lo que son sus elementos *externos*. Ahora bien, para captar el ritmo *interno* de ese mismo desenvolvimiento, al menos en sus líneas generales, debemos volvernos hacia cada una de las ciencias en particular y hacia quienes, a nuestros ojos, fueron sus más distinguidos representantes. Para ello empezaremos por las denominadas *ciencias biológicas*; después veremos las conocidas como *ciencias físicas*, donde quedan agrupadas también las diversas técnicas derivadas de ellas.

Al repasar las grandes crónicas del siglo XVI encontramos a menudo detalladas descripciones de prácticas médicas y terapéuticas de los antiguos mexicanos. Una de las mejores compilaciones de esta ciencia prehispánica nos la da el famoso *Herbario de la Cruz-Badiano* elaborado en el Colegio de Santa Cruz de Tlatelolco, donde se impartió en fecha temprana una cátedra de medicina teórica indígena expuesta por maestros indios versados en la materia. Esta obra es tanto un tratado de farmacología como de botánica indígenas. Estudia los posibles remedios vegetales para diversas enfermedades, clasifica sus síntomas y los agrupa en cuadros clínicos específicos que facilitan la identificación del padecimiento. Sin embargo, hemos de decir que muchas curaciones que propone se basan en hechicerías y encantamientos cuya secuela podemos seguir a lo largo del periodo colonial y hasta nuestros días en algunos aspectos de la medicina popular.

Pero la difusión en Europa durante el siglo XVI de este tipo de medicina, debida en su totalidad a la inventiva de los indios, no

PRIMERA PARTE
DE LOS PROBLEMAS,
y fecretos marauillofos de las
Iudias. Compuefta por el Do-
ctor Iuan de Cardenas
Mecico.
Dirigida al Illoftrifsimo Señor Don Luys
de Velafco, Virrey dfta nueua Efpaña.

Con Licencia. En Mexico, Eh cafa de
Pedro Ocharte. Año d 1 5 9 1.

Portada de la obra de historia natural de México y de América,
de Juan de Cárdenas, *De los problemas, y secretos maravillosos de las Indias.*

fue motivada por el *Herbario de la Cruz-Badiano* ni por la célebre
obra de Sahagún que también abordaba ampliamente estos temas,
ya que ambas permanecieron inéditas hasta después de consu-
mada la Independencia: se debió a la obra del facultativo sevillano Nicolás Monardes quien, apoyado en noticias llegadas de estas tierras, elaboró un enjundioso tratado de farmacopea indígena
para uso de los médicos europeos. Su obra demostraba que para
cierto tipo de padecimientos los remedios nahuas eran superiores
a los empleados en el Viejo Mundo.

Aunque la práctica hospitalaria novohispana data de los primeros años coloniales, la medicina académica inició oficialmente
sus funciones en 1580, cuando fue instituida la cátedra de *Prima* de
Medicina en la Real y Pontificia Universidad de México. Durante
siglo y medio los médicos egresados de ella siguieron puntual-
mente las prescripciones aristotélico-galénicas en los campos de la
anatomía, la fisiología, la patología, la teoría de la medicina, la terapéutica, la medicina clínica y la cirugía. Los conceptos vitalistas
y teleologistas de las doctrinas de Aristóteles pervivieron en la enseñanza hasta muy entrado el siglo XVIII, poniendo de manifiesto
lo refractaria a las novedades que resultaba la profesión médica.
Las teorías anatómicas y fisiológicas que se exponían seguían pun-
tualmente los escritos galénicos tanto en su aspecto puramente
descriptivo como en sus interpretaciones acerca del funcionamiento del corazón, del contenido sanguíneo de las arterias, del mecanismo de la respiración y de la función de los nervios. En las obras
de Bravo, Farfán, López de Hinojosos, Benavides, Barrios y Osorio
y Peralta que aparecieron entre el último tercio del siglo XVI y finales del XVII encontramos ampliamente expuestas y comentadas
estas teorías. Sin embargo, en los primeros decenios del siglo siguiente aires renovadores se empiezan a dejar sentir en esta noble profesión. Se introducen el microscopio y el termómetro, se
empiezan a practicar análisis químicos de aguas consideradas medicinales, se llevan a cabo autopsias y operaciones de litotomía y,
sobre todo, los textos médicos aceptan la nueva anatomía vesaliana, dan pruebas de conocer la teoría de la circulación de la sangre

propuesta por Harvey, así como las nuevas teorías sobre la higiene, la anatomía patológica, la química de la digestión y los nuevos métodos de diagnóstico. En esta época, específicamente en 1727, se publica el primer tratado de fisiología impreso en América, que lleva por título *Cursus Medicus Mexicanus* debido a Marcos José Salgado, quien, aunque apoyado en gran medida en las arcaicas tesis de la medicina galénica, da indicios de conocer algunas de las novedosas teorías antes mencionadas.

Con el establecimiento en 1768 de la Real Escuela de Cirugía, y en 1790 de las sociedades médicas fundadas por Daniel O'Sullivan y poco después por José Luis Montaña, hallan amplia cabida los postulados de la medicina moderna. El estudio de las enfermedades, en particular de las epidémicas, es abordado por autores como Alzate, Bartolache y Rodríguez Argüelles desde la perspectiva de la física y de la química, con lo que se introducen las nuevas técnicas de investigación en la patogenia de las enfermedades. Médicos insignes como Bartolache realizan análisis fisicoquímicos del pulque, así como diversos estudios etiológicos y de obstetricia. Autores como Mociño traducen a Brown y colaboran en el renacimiento hipocrático que llegará hasta el célebre Establecimiento de las Ciencias Médicas, ya en el periodo nacional.

La botánica está íntimamente ligada a las ciencias médicas. Los notables avances de los indios en este campo se reflejan en obras como las de Motolinía, Sahagún o en el *Herbario de la Cruz-Badiano*. Sin embargo, a lo largo de los siglos XVI y XVII percibimos en las obras de los naturalistas, cronistas e historiadores el deseo de catalogar no sólo las especies vegetales sino también las minerales y las animales que poblaban este Nuevo Mundo y que superaban a todas luces los esquemas clásicos. En dos de las más importantes obras sobre estos temas, las debidas al oidor Tomás López Medel y al protomédico Francisco Hernández, percibimos este deseo de detallar en forma acuciosa las nuevas especies, iniciando de esta manera el tránsito de la historia natural puramente descriptiva de Plinio, Teofrasto o Dioscórides, a la botánica, la zoología y la geología modernas que se caracterizan por el estudio comparativo de las especies y de los estratos rocosos y, en el caso específico de la Nueva España, del problema de los orígenes tanto de las especies vegetales y animales como del hombre. Sin embargo, el inmenso cúmulo de información pronto impidió cualquier intento sistematizador, lo que condujo a que el ingente trabajo de los naturalistas se perdiera en interminables listas de plantas, animales y minerales; es decir, en herbarios, bestiarios y lapidarios, cuya clasificación lógica parecía una tarea de proporciones desmesuradas. Estas prolijas enumeraciones de los siglos xvi y xvii fueron utilizadas ampliamente por Linneo y por Buffon en sus sistemas taxonómicos. Pero las compilaciones descriptivas perduraron durante gran parte del siglo xviii, sobre todo en las obras de historiadores y viajeros, entre las que podemos mencionar las de los jesuitas Venegas, Clavijero y Barco entre los primeros y, entre los segundos, a Ulloa, Alonso O'Crouley y el obispo Tamarón: algunos, a pesar de conocer la taxonomía linneana, optaron por seguir, en lo tocante a estructura y distribución de los temas, el esquema clásico de Plinio.

La aceptación de las nuevas teorías y sistemas europeos dio una nueva dimensión a los estudios mexicanos de historia natural del último tercio del siglo xviii. La difusión de la nomenclatura binaria y del sistema taxonómico de Linneo modificó paulatinamente el enfoque tradicional, aunque no sin la oposición de autores tan relevantes como Alzate. En particular, los estudios de la flora novohispana resultaron beneficiados con este proceso, ya que poco a poco se abrió la posibilidad de que fueran analizadas características fisiológicas de las plantas, como respiración, nutrición, función de la savia, de las raíces y de las hojas, reproducción e hibridización. Con la apertura del Jardín Botánico en 1788, fue impartida por Vicente Cervantes la primera cátedra de botánica moderna. Al mismo tiempo se adoptaba plenamente el sistema taxonómico moderno en la magna obra de clasificación de las plantas de México, que por esas fechas emprendían Sessé y Mociño en sus dilatados viajes por el virreinato. Fruto de esta ingente labor, que abarcó desde California hasta Guatemala, fue la clasificación de cuatro mil especímenes acompañados de más de 1 400 dibujos.

Digno colofón de tan ardua empresa fueron las obras *Flora mexicana* y *Plantas de la Nueva España*, notables antecedentes del justamente célebre *Ensayo sobre la geografía de las plantas* del barón de Humboldt, obra en la cual su autor se propuso realizar no sólo una clasificación sistemática de la flora de México tal como lo habían hecho sus antecesores, sino mostrar la evolución que habían sufrido las especies vegetales hasta alcanzar su forma actual, lo que lo sitúa como uno de los precursores más relevantes de las tesis evolucionistas que surgirían en el siglo xix.

Si de las ciencias de la vida nos volvemos hacia las ciencias físicas y hacia algunas de las técnicas derivadas de ellas, nos encontramos también con un panorama tan rico en personajes como en acontecimientos. Aquí ocupa un lugar relevante la metalurgia de los metales preciosos y las técnicas mineras conexas. Apenas habían transcurrido pocos años desde la caída de Tenochtitlan cuando comenzaron a explotarse los yacimientos metalíferos que los españoles habían descubierto por sí mismos o mediante informes proporcionados por los sojuzgados indígenas. En un principio se emplearon métodos de explotación utilizados por los indios, quienes habían alcanzado un grado avanzado de tecnología. Las operaciones se basaban en la solubilidad de la plata en el plomo fundido y en la progresiva eliminación de este último metal por oxidación al entrar en contacto con el aire. Toda esta labor se llevaba a cabo en pequeños hornos perforados y calentados con leña o carbón vegetal. Posteriormente fue adoptado el viejo método de molienda y fundición, cuyos rendimientos no eran altos y requerían, además, de volúmenes considerables de combustible.

Muy diferente hubiese sido la historia de la explotación argentífera en México de haberse circunscrito las técnicas de explotación a estos rudimentarios y vetustos métodos. Sin embargo, gracias a uno de los más afortunados descubrimientos en la historia de la tecnología, fue introducido y adoptado en México, en 1556, el método llamado de amalgamación, descubierto por el sevillano Bartolomé de Medina. Su invento no sólo permitía beneficiar con buenos rendimientos el metal puro de plata sino también las com-

binaciones de esta última. Consistía fundamentalmente en mez-
clar la mena molida y húmeda con sal y mercurio, en presencia de
piritas de cobre calcinadas que actuaban como catalizador, con lo
que se obtenía una amalgama de plata que se disociaba por calen-
tamiento. El ahorro en combustible era notorio.

Las ventajas del método explican su rápida difusión en México y otras regiones mineras de la América española. Su eficacia
como técnica químico-metalúrgica, que revela en su descubridor
un profundo sentido de la experiencia y de la observación científicas, le permitió pervivir hasta mediados del siglo xix, cuando
empezó a ser paulatinamente desplazado por el procedimiento
de cianuración.

Es lógico pensar que buena parte del desarrollo de las ciencias
químicas en el México colonial esté vinculado a la evolución de la
metalurgia de la plata. Desde fecha temprana, los tratados consagrados a explicar la técnica de la amalgamación destinaban algunas secciones a explicar teóricamente los procesos y las reacciones
químicas. Influidos durante los siglos xvi y xvii por las doctrinas
herméticas y las teorías de Paracelso, estas obras poseen un fuerte
sabor alquimista y participan de la oscuridad de lenguaje y la confusión de conceptos que caracterizan a ese tipo de obras. Los escritos de Juan de Oñate, Luis Berrio de Montalvo, Juan Correa y Je-
rónimo Bezerra, que pretendían dilucidar funciones, virtudes y
cualidades del mercurio, están inmersos en las doctrinas alquimis-
tas prevalecientes en Europa durante esos dos siglos. Sólo la profunda revolución que comenzó a experimentarse a mediados del
siglo xviii en el seno de los estudios químicos condujo a aprecia-
ciones cada vez más exactas sobre la naturaleza del proceso de
amalgamación, incluidas las variantes que había sufrido desde su
invención. En esta labor no poco mérito les cabe a los peritos metalúrgicos alemanes y peninsulares llegados hacia fines de siglo;
destacan Sonneschmidt, Elhuyar y Del Río, quienes, al igual que el
barón de Humboldt, hubieron de reconocer la superioridad del
método de Medina, para el caso específico de la Nueva España,
sobre cualquier otro método entonces utilizado en Europa.

A pesar de todo esto, en la segunda mitad del siglo xviii varios caminos condujeron a nuestros científicos hacia la química moderna, además de los estudios puramente metalúrgicos. Una de las más fecundas vías de acceso la constituyeron los estudios hidrológicos realizados en un país abundante en aguas termales y sulfurosas y donde las doctrinas iatroquímicas hallaban amplio campo de experimentación. En estos laboratorios naturales los químicos novohispanos emprendieron las primeras marchas analíticas sistemáticas y lograron clasificar multitud de sustancias minerales que la química moderna posteriormente identificó y clasificó con facilidad. Otro camino fue el de los estudios mineralógicos derivados de los tratados de metalurgia. En estas investigaciones tiene lugar preponderante la *Metalogía* o *Physica de los metales* de Alexo de Orrio, quien analizó detenidamente los aspectos geológicos de la minería y la teoría de la formación de vetas; luego estudió la naturaleza de las combinaciones químicas, el efecto catalítico del calor en reacciones y fenómenos de dilatación y contracción de los metales. Siguiendo a Boyle, analizó la noción de "elemento" y se adhirió al sistema de "afinidades químicas" establecido por Geoffroy. Tanto Orrio como los científicos criollos de ese periodo permanecieron, no obstante, adheridos a la errónea y perniciosa teoría del flogisto, vieja variante de las tesis iatroquímicas, seriamente impugnada hasta el último decenio del siglo xviii, cuando en los cursos del Jardín Botánico y del Real Seminario de Minería fueron expuestas las teorías de Lavoisier. La primera traducción al español de la obra capital de este gran sabio fue realizada en México e impresa en 1797. Este hecho por sí solo marca la fecha de aceptación en la Nueva España del revolucionario paradigma de la química moderna, que encontró en estas latitudes terreno fértil para germinar, pues había sido copiosamente abonado por la tradición químico-metalúrgica novohispana, entonces dos veces secular.

Las investigaciones de física moderna también tuvieron, como la química, un origen eminentemente práctico. Sin embargo, es evidente que los estudios teóricos de esta disciplina se vieron sujetos, durante buena parte de los tres siglos coloniales, a la gravosa

ENSAYO
DE METALURGIA,
ó
DESCRIPCION POR MAYOR
De las catorce materias metálicas, del
modo de ensayarlas, del laborío de las
minas, y del beneficio de los frutos
minerales de la plata.

POR

D. FRANCISCO XAVIER DE SARRÍA
Director que fue de la Real Loteria de
México.

Impreso en México por D. Felipe de Zúñiga
y Ontiveros, calle del Espíritu Santo,
año de 1784.

Portada del innovador *Ensayo de metalurgia*, de Francisco Xavier de Sarría.

influencia de las doctrinas escolásticas y al influjo de los textos
aristotélicos. La lucha emprendida desde el siglo XVII contra este
pernicioso predominio peripatético es uno de los capítulos más
agitados de la ciencia colonial. Desde ese siglo y gracias sobre todo
a la labor práctica de los ingenieros y constructores del desagüe de
la capital virreinal, penetraron en México algunas de las novedosas tesis mecanicistas. Por otra parte, el agudo problema del desagüe de las minas dio lugar a que se estudiara la naturaleza de las
bombas aspirantes, lo que llevaba consigo la inevitable y consecuente interpretación de las nociones de "vacío" y de "presión at-
mosférica". Esta actitud empírica de los técnicos tuvo evidentes
repercusiones en las investigaciones sobre física que empezaron a
desligarse de sus lazos con la escolástica a lo largo de ese periodo
que corre de 1680 a 1750. En estos años toman carta de naturalización en la Nueva España el barómetro, el termómetro, la bomba
neumática, el anemómetro, el higrómetro y el microscopio. Al mismo tiempo las escuelas jesuitas abordan con ciertas restricciones
algunos aspectos de la física moderna, cabe decir de la física new-
toniana, lo que implicaba el paulatino abandono de los métodos
lógico-deductivos propios de la escolástica. Al arranque de la segunda mitad del siglo XVIII los estudios de física experimental
empiezan a ser cosa común en mecánica, óptica, acústica, termo-
metría, electricidad, magnetismo, cronometría, meteorología y técnicas instrumentales. Por sus citas sabemos que los estudiosos de
la física en Nueva España estaban al tanto de los avances europeos.
Obras como *Elementa* de Díaz de Gamarra resultan verdaderos
epítomes de la física de su momento. Autores como Alzate, Bartolache, Zúñiga y Ontiveros o Barquera disertaron sobre múltiples
asuntos relativos a esos temas, y sabios como Diego de Guadalajara se acercaron con amplios conocimientos matemáticos a los problemas de la cronometría, al mismo tiempo que se suscitaban ardientes polémicas en torno a la naturaleza de los rayos o sobre las
auroras boreales. La creación del Seminario de Minería aparejó la
formación de sendos laboratorios de física y química dotados de
excelente equipo experimental que nos dan la pauta para evaluar

la modernidad de los cursos de física impartidos por Francisco Antonio Bataller. Ahí se exponían ampliamente, entre muchos otros temas, problemas de estática, cinética y dinámica de sólidos; leyes del movimiento, de la atracción, hidrodinámica, hidráulica e hidrostática, teoría de los gases y leyes de la óptica.

Junto a este vigoroso desarrollo experimental podemos contemplar cómo, desde mediados del siglo XVI, empieza a desarrollarse esa rama del saber que resulta instrumento indispensable de toda ciencia; me refiero a la matemática. El selecto grupo de sabios dedicados a su estudio forma uno de los núcleos más brillantes y distinguidos de la ciencia colonial. Sus inicios son ciertamente modestos, pero modestos fueron también los orígenes de la mayoría de las ciencias en la Nueva España ya que atendían a fines prácticos. Así, el primer texto científico impreso en el Nuevo Mundo, que data de 1556, es un sencillo tratado de tablas y reducciones útiles en la minería y el comercio de metales preciosos. Su título es *Sumario compendioso de las qüentas de plata y oro* y su autor fue el "aritmético" Juan Díez. Ahí aparece, con fines de divulgación, la solución de ecuaciones cuadráticas y de otros problemas algebraicos elementales. Esta obra marca el inicio de una larga serie de publicaciones de "matemáticas aplicadas" que aparecen a lo largo de la época colonial, y abarcan una dilatada gama temática que va desde las simples tablas de conversión calculadas por mineros y rescatadores —muchos de ellos desconocidos para los registros de la historia— hasta los complejos cálculos geodésicos de finales del siglo XVIII debidos al sabio Velázquez de León. Dentro de este amplio espectro hallan cabida los escritos náuticos y militares de Diego García de Palacio, los tratados de medidas de tierras, aguas y minas debidos a Gabriel López de Bonilla, José Sáenz de Escobar o Domingo Lasso de la Vega, y los múltiples trabajos estadísticos y demográficos que incluyen desde los padrones y relaciones ordenados por la corona a finales del siglo XVI hasta las compilaciones estadísticas del siglo XVIII y principios del XIX, fruto de las reformas administrativas emprendidas por los Borbones entre 1740 y 1821.

La otra vertiente de los estudios matemáticos se refiere a aspectos puramente teóricos de esta disciplina, la cual tuvo también valiosos cultivadores desde el siglo XVI. En el último tercio de esta centuria floreció en Nueva España el primer matemático teórico, abogado con afición a las ciencias exactas llamado Juan de Porres Osorio, quien en su obra *Nuevas proposiciones geométricas* abordó temas que entonces preocupaban a matemáticos europeos, como la división de la circunferencia o la cuadratura del círculo, lo que nos indica que todavía se hallaba anclado en la matemática antigua y del temprano Renacimiento. Habría que esperar hasta mediados del siglo XVII para que las matemáticas modernas penetraran en México gracias a la ingente labor de uno de los más preclaros hombres de ciencia de la época colonial: el fraile mercedario Diego Rodríguez. Con él se amplió notablemente la perspectiva de las ciencias exactas en México hasta el punto de que, por su obra y la de sus discípulos, Nueva España pudo penetrar, por vez primera, en los dilatados espacios de la ciencia moderna. Su vasta obra, en su mayor parte manuscrita, comprende los más variados temas: desde la aritmética elemental hasta la solución de ecuaciones bicuadráticas y el uso de logaritmos. Consagrado a la astronomía, incluyó en sus obras variadas disertaciones en torno a los trabajos de Copérnico, Tycho Brahe, Kepler y Galileo, o sea el cuadro mayor de la heterodoxia científica de su época. Primer catedrático de matemáticas en la Real y Pontificia Universidad desde 1637, su fecunda labor docente cubrió 30 años cruciales de la Nueva España científica, que contemplaron la difusión de paradigmas de la nueva era y presenciaron las primeras cuarteaduras abiertas en la aparentemente inexpugnable ciudadela de la ciencia medieval. La obra del padre Rodríguez abrió la brecha que sus sucesores, en particular el sabio Sigüenza y Góngora, habrían de penetrar. Cuanto de desafío heterodoxo se halla en la obra de este distinguido hombre de ciencia se encuentra ya en las obras astronómicas de fray Diego Rodríguez.

El largo proceso de desarrollo científico de la Nueva España, que no conoce rupturas violentas, enlaza este auge matemático y astronómico del siglo XVII con el del siglo XVIII, por medio de una ininterrumpida serie de científicos consagrados a dichas disciplinas. Entre ellos destacan Mateo Calabro y Antonio de Alcalá. Este último fue un prolífico matemático poblano que floreció en la primera mitad del siglo XVIII, autor de obras sobre náutica, cronometría y de un tratado de matemáticas puras en el que disertaba acerca de los tres problemas aún no resueltos de la geometría clásica, a saber: la trisección de un ángulo, la duplicación del cubo y la cuadratura del círculo, temas del gusto de la época y cuya supervivencia se percibe en la segunda mitad de la centuria ilustrada y en los dos primeros decenios de la siguiente en los eruditos y brillantes ensayos geométricos de Antonio de León y Gama y de José María Mancilla. Más novedosos fueron los estudios de Agustín de la Rotea y de José Ignacio Bartolache. El primero desarrolló un sistema geométrico original fuera de los postulados euclideanos y el segundo disertó *more cartesiano* acerca de la naturaleza, método y objetivos del conocimiento matemático. Sin embargo, la difusión de las matemáticas modernas, que incluían el cálculo infinitesimal, data de las postrimerías del siglo con los cursos impartidos en el Real Seminario de Minería, el cual contó con distinguidos maestros y no menos destacados estudiantes de estas abstrusas y nobles disciplinas.

Vinculada estrechamente a ellas está la ciencia de los cielos y sus fenómenos: la astronomía, cultivada en México con notable rigor desde la época prehispánica. Después de la Conquista, las mediciones astronómicas fueron de inestimable ayuda en la determinación de latitudes y longitudes geográficas, imprescindibles para la confección de las primeras cartas, mapas y planos del virreinato y los cálculos náuticos que permitiesen fijar la posición de los navíos en alta mar. La larga secuela de viajes de exploración de los litorales del país —tanto del océano Pacífico como del Golfo—, que comprenden desde las primeras tentativas de reconocimiento efectuadas por Álvarez de Pineda en 1519 y Vázquez de Ayllón en 1520, hasta las brillantes expediciones científicas del siglo XVIII a las costas del noreste, entre las que cabe mencionar las

✠
NOTICIA
DE LA CALIFORNIA,
Y DE SU CONQUISTA
TEMPORAL, Y ESPIRITUAL
HASTA EL TIEMPO PRESENTE.
SACADA
DE LA HISTORIA MANUSCRITA, FORMADA *en Mexico año de* 1739. *por el Padre Miguel Venegas, de la Compañia de Jesus; y de otras Noticias, y Relaciones antiguas, y modernas.*

AÑADIDA
DE ALGUNOS MAPAS PARTICULARES, y uno general de la America Septentrional, Assia Oriental, y Mar del Sùr intermedio, formados sobre las Memorias mas recientes, y exactas, que se publican juntamente.

DEDICADA
AL REY N.tro SEÑOR
POR LA PROVINCIA DE NUEVA-ESPAÑA, de la Compañia de Jesus.

TOMO PRIMERO.

CON LICENCIA. En Madrid : En la Imprenta de la Viuda de Manuel Fernandez, y del Supremo Consejo de la Inquisicion. Año de M. D. CCLVII.

NUMERO 2561

Portada de la obra geográfica y de historia natural del jesuita Miguel Venegas, titulada *Noticia de la California*.

de Juan Pérez, Bodega y Quadra y sobre todo la de Alejandro Malaspina, hizo acopio poco a poco de multitud de datos astronómicos, vertidos por cartógrafos criollos y peninsulares en mapas generales o locales atesorados actualmente en archivos, bibliotecas y mapotecas de México y del extranjero. Todos ellos son un lúcido testimonio de la labor astronómica de científicos, navegantes y exploradores que perfilaron con sus mediciones los contornos del extenso virreinato.

Junto a ellos aparecen los cultivadores teóricos de la astronomía empeñados también en realizar observaciones y ejecutar cálculos, pero cuyo objetivo iba más allá de los fines puramente prácticos. En efecto, el gran debate sobre el sistema del mundo que sacudió la conciencia cristiana desde la aparición del revolucionario libro de Copérnico, no podía dejar de repercutir, tarde o temprano, en esta colonia ultramarina de España, más vulnerable de lo que se ha pensado a las novedades científicas. Ciertamente, durante más de un siglo los sabios de Nueva España adoptaron en sus obras la tesis geocentrista de Tolomeo, sancionada por la Iglesia y el sentido común. Autores como fray Alonso de la Veracruz, José de Acosta, Diego García de Palacio, Enrico Martínez o Diego Basalenque se adhirieron a esta teoría que caía dentro de los lineamientos de la ortodoxia y no contradecía a la simple observación. Sin embargo, era obvio para los astrónomos prácticos que esa vieja hipótesis cosmológica no explicaba satisfactoriamente el cúmulo de observaciones que habían realizado. A la postre debía producirse una escisión entre teoría y realidad cuyas consecuencias para el credo religioso no eran difíciles de conjeturar. Pocos años habían transcurrido desde la fecha en que la Sagrada Congregación del Índice había colocado entre los libros prohibidos el *Revolutionibus* copernicano, cuando en Nueva España el padre Diego Rodríguez abrazó en forma velada la tesis heliocentrista. Sus manuscritos astronómicos nos revelan que, como resultado de sus acuciosas observaciones de los cielos (había calculado la longitud geográfica de la ciudad de México con precisión no alcanzada ni por Humboldt 160 años más tarde), su credo astronómico había virado de dirección y se había situado en el centro de la heterodoxia. Aunque algunos de sus seguidores inmediatos tampoco hicieron ostensible manifestación de haberse adherido a esa teoría, fue evidente que, en la célebre polémica en torno al peregrino tema de la naturaleza maléfica de los cometas —desarrollada en 1681 entre Sigüenza y Góngora y el jesuita Eusebio Francisco Kino—, estaban en juego más cosas que las planteadas inicialmente por los contendientes. Ahí el europeo Kino encarnaba la tradición aristotélica y el criollo Sigüenza la modernidad científica derivada de la obra y la enseñanza de fray Diego Rodríguez, de tal manera que la *Libra astronómica y filosófica* es en muchos sentidos el epítome de la modernidad científica que había penetrado en México unas cuantas décadas antes. En dicha obra Sigüenza disertó, con argumentos rayanos en la heterodoxia, sobre el argumento de autoridad, para lo cual rebatió los principios de la física aristotélica y apeló a la experiencia como único tribunal de las ciencias. Con rigor matemático calculó la posición del cometa en las mismas fechas en que Newton en Inglaterra realizaba sus propias observaciones para probar, más allá de toda duda, las leyes de la gravitación universal. Los resultados de Sigüenza, semejantes a los de Newton, le permitieron demostrar el carácter ultralunar de los cometas, con lo que el cosmos medieval de las esferas cristalinas se quebraba en forma irrevocable.

Para los sabios del siglo xviii el camino había quedado suficientemente trillado, de modo que en astrónomos de la talla de León y Gama o Velázquez de León, o en pensadores como Gamarra, el heliocentrismo ya constituía una realidad física y no una simple hipótesis, aunque acaso ellos no supieran que para lograr esta conquista habían dado lo mejor de su saber algunos hombres de ciencia novohispanos dedicados un siglo antes al cultivo de las disciplinas astronómicas. La continuidad en los estudios de esta ciencia se percibe claramente en la primera mitad del Siglo de las Luces. Los acontecimientos celestes más espectaculares, en particular cometas y eclipses, fueron motivo de acuciosas observaciones desde el alba de la centuria. Los cálculos de Luis González Solano, Juan Antonio de Mendoza y González, Pedro de Alarcón,

José Antonio de Villaseñor y Sánchez, Francisca Gonzaga Castillo, entre muchos otros, nos revelan una comunidad de astrónomos deseosa y capaz de realizar observaciones precisas con fines concretos; hábil y diestra en el manejo de aparatos y en la confección de cartas celestes. Entre todos ellos cobraron especial relevancia los astrónomos poblanos, agudos observadores y matemáticos precisos enfrascados a veces en ásperas polémicas, pero cuyo legado en este campo del saber no es desdeñable.

Secuela lógica de toda esta labor fueron las significativas aportaciones realizadas por astrónomos mexicanos durante la segunda mitad del siglo y hasta la Independencia. Los logros de estos siete decenios integran uno de los capítulos más brillantes de toda la ciencia del México colonial, por la precisión de los métodos utilizados, el volumen de datos reunidos y la calidad de los mismos. Ahí destacaron los Zúñiga y Ontiveros, padre e hijo, Ignacio Vargas, Alzate y sobre todo León y Gama y Velázquez de León. Pocas cosas resultan tan atrayentes para un estudioso de las ciencias exactas como la lectura de las obras originales de estos hombres de ciencia. En particular dos de sus trabajos merecen que demos noticia de ellos ya que se trata de dos verdaderas contribuciones a la astronomía de observación.

El 3 de junio de 1769 tuvo lugar un fenómeno largamente esperado por astrónomos de todo el mundo: el paso de Venus por el disco del Sol. Este raro fenómeno celeste propició la formación de una expedición hispano-francesa que bajo la dirección del abate Jean Chappe d'Auteroche se dirigió a Nueva España y la península de California para realizar mediciones, encontrándose en este último sitio con el sabio Velázquez, quien les comunicó sus observaciones preliminares. El resultado de esta empresa de carácter internacional fue la publicación en París de una erudita y bella monografía científica, en la cual figuraba Nueva España a través de las obras de algunos de sus científicos. Nueve años más tarde, en 1778, otro espectacular fenómeno astronómico, esta vez un eclipse de sol, permitió a los observadores novohispanos, y en particular al erudito León y Gama, fijar la posición geográfica de la

40

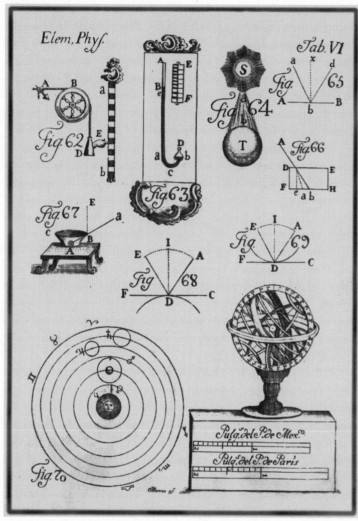

Diagramas de física y astronomía de los *Elementa Recentoris Philosophiae*, de Juan Benito Díaz de Gamarra.

ciudad de México con gran precisión. Su *Descripción orthografica universal* bien puede ser considerada el epítome astronómico de tres centurias y uno de los legados más significativos de la ciencia ilustrada al siglo xix.

Hemos intentado acercarnos, mediante este breve recorrido histórico, al desarrollo científico y técnico del México colonial, cuya incorporación a la ciencia europea se dio desde el alba de la dominación española. Fue un punto de partida —sin dejar de lado los valiosos aportes de la ciencia indígena, al contrario, asimilándolos en lo más valioso que tenían—, el comienzo de una tradición histórica que representa uno de los elementos constitutivos de nuestro pasado.

Sin embargo, cabe mencionar que los problemas de esta empresa no fueron pocos. Colonia ultramarina de un país que desde el siglo xvii pasó a ser un protagonista secundario de la revolución científica, Nueva España hubo de caminar largo tiempo unida al carro de la declinante metrópoli con visible riesgo de ser obstaculizada en su desenvolvimiento científico natural; peligro tanto más grave cuanto que la Colonia se hallaba en la periferia geográfica del movimiento que había de modificar tan radicalmente nuestra visión del hombre y del cosmos. Si Nueva España pudo sortear en parte estos escollos, se debió en gran medida a unos cuantos hombres de ciencia que se atrevieron, desde mediados del siglo xvii, a dar un paso adelante, mostrando que la ciencia no tiene país de origen ni está necesariamente sujeta a los avatares políticos de un imperio. Su causa era, como todas las causas científicas, cosmopolita y universal, y aunque sólo fuera por esto sus protagonistas merecerían ocupar un lugar en el desarrollo general de la ciencia, si sus producciones no les granjearan por sí mismas ese honor. De este modo, es indudable que la evolución científica y tecnológica del México colonial abrigó en su seno un poderoso y eficaz fermento motriz que ha llegado, con los altibajos de una historia preñada de cambios, pero sin solución de continuidad, hasta nosotros.

BIBLIOGRAFÍA

Lecturas recomendadas

Aceves Pastrana, Patricia, *Química, botánica y farmacia en la Nueva España a finales del siglo* xviii, México, uam-Xochimilco, 1993.

Díaz y de Ovando, Clementina, *Los veneros de la ciencia mexicana. Crónica del Real Seminario de Minería (1792-1892)*, 3 vols., México, Facultad de Ingeniería, unam, 1998.

Labastida, Jaime, *Humboldt, ciudadano universal*, México, sep / Siglo XXI, 1999.

Mendoza Vargas, Héctor, *Lecturas geográficas mexicanas. Siglo* xix, México, unam, 1999.

Moncada Maya, José Omar, *El ingeniero Miguel Constanzó. Un militar ilustrado en la Nueva España del siglo* xviii, México, unam, 1994.

Moreno, Roberto, *Joaquín Velázquez de León y sus trabajos científicos sobre el Valle de México, 1773-1775*, México, unam, 1977.

Sánchez Flores, Ramón, *Historia de la tecnología y la invención en México*, México, Fomento Cultural Banamex, 1980.

Trabulse, Elías, *Historia de la ciencia en México*, versión abreviada, México, Conacyt / fce, 1994.

————, *El círculo roto. Estudios históricos sobre la ciencia en México*, México, sep / fce, 1984.

————, *Los orígenes de la ciencia moderna en México (1630-1680)*, México, fce, 1994.

Las ciencias en el México independiente

Carlos Viesca y José Sanfilippo
Departamento de Historia y Filosofía
de la Medicina, Facultad de Medicina,
Universidad Nacional Autónoma de México

Introducción. Continuidades y discontinuidades

No puede soslayarse el hecho de que los primeros científicos del México independiente fueron en buena parte los mismos científicos ilustrados que marcaron la cúspide del saber novohispano. Mencionaremos sólo algunos: Vicente Cervantes, que muere en 1829 con 74 años de edad; Pablo de la Llave, nacido en 1773, botánico consumado antes de la iniciación de la guerra de Independencia; Juan José Martínez de Lejarza, 12 años menor que su maestro De la Llave, fallecido a los 40 años en 1824; Andrés del Río, nacido en 1764; Valentín Gómez Farías, en 1781; Lucas Alamán, en 1792; José María Luis Mora, en 1794, y Tadeo Ortiz de Ayala, en los últimos años del siglo XVIII. Es indudable que todos abrevaron lo mejor de la ciencia ilustrada, lo que ha hecho que más de un historiador (Arnaiz y Freg, Tavera, T. García, Parcero, F. Martínez Cortés) hable de la generación que impulsó las reformas educativas y la aspiración a crear una ciencia mexicana en 1833, una última generación ilustrada, posdatada si consideramos los tiempos europeos.

El punto es importante, pues no es descabellado considerar que los intereses intelectuales y científicos mexicanos rescataron para el ideario republicano muchos elementos de la Ilustración. Es evidente que en términos de pensamiento y ciencia la ruptura no fue total, sino fragmentaria y dirigida. Pero es asimismo indudable que el pensamiento de todos ellos cambió de rumbo y sus ideas políticas, en las cuales se enmarcan las referentes a la ciencia, se modificaron para dar lugar al liberalismo, descendiente y encarnación directa de los ideales ilustrados que condujeron a la Revolución francesa. Testimonio de ello son los ejemplares regresos a México de Lorenzo de Zavala, Tadeo Ortiz de Ayala o Andrés del Río, que pueden resumirse en la respuesta del último a los familiares de Fausto de Elhúyar, quienes le preguntaron, extrañados, si sabía que México se había separado de España, diciéndoles que precisamente por eso retornaba.

Lo mismo sucedió con las instituciones. Al alba de la Independencia pervivían la Universidad, el Seminario de Minería y el Colegio de Cirugía, que habían sido reales y se trocaron en nacionales; unas más, otras menos, todas cargaban el lastre de los impedimentos impuestos por la metrópoli, y en particular la Universidad llevaba el estigma de una inmovilidad intelectual que la ubicaba en muchos aspectos siglos atrás. La tesis de medicina de Ignacio Febles versaba sobre la discusión de un texto de Avicena y las de casi todos los médicos graduados en los años previos a la Independencia se referían a textos de Hipócrates y Galeno: son ejemplos suficientes para ilustrar ese retraso.

Sin embargo, existía una diferencia esencial: el ánimo de definir una identidad nacional que permeara todos los campos. Había que convertir al Reino de la Nueva España en la República mexicana.

LOS PRIMEROS ATISBOS DE UNA CIENCIA MEXICANA (1821-1831)

Hacia una política de impulso a la ciencia

Desde la instalación del primer gobierno independiente se comenzó a pensar en la necesidad de impulsar la educación y el conocimiento. El concepto de ciencia era poco sofisticado en México y todavía se orientaba a considerar las disciplinas cultivadas en la vetusta Universidad como las únicas dignas de aprecio; sin embargo, se ventilaba que ellas mismas requerían de cambios radicales en su enseñanza y, más aún, en su definición y estructura. Era claro que se debía modernizar el conocimiento.

Lo primero que se puso en evidencia fue que la vieja ciencia de naturaleza escolástica que se enseñaba en la Universidad no sólo estaba sobrepasada en el marco internacional, sino que era inútil considerada en términos de su función en el desarrollo del nuevo país. Contundente es al respecto el pensamiento de Lucas Alamán, quien sostenía sin más que de la educación depende la prosperidad del país y expresó la convicción de que sin educación no es posible la libertad (Alamán, IX, 86, p. 316).

La segunda cuestión se dirigió a la necesaria utilidad de la ciencia. Ya en marzo de 1822, de acuerdo con la *Memoria* presentada al Congreso por José Manuel Herrera, secretario de Relaciones Interiores y Exteriores, se conformaron, bajo el rubro general de Sociedades Patrióticas, algunos grupos orientados a "promover todo género de conocimientos útiles" (Herrera, 1822, p. 12). Los había en Guadalajara, en Ciudad Real y en México. Se sabe que el gobierno imperial promovió la creación de estas instituciones y que paralelamente impulsó la instalación de imprentas en las principales ciudades, pero los resultados no son conocidos.

La introducción de cursos de economía política por parte de José María Luis Mora, quien dictó el primero de ellos en el Colegio de San Ildefonso en 1822, marcó un rumbo novedoso al probar *de facto* el carácter científico de esta disciplina y extender a las ciencias sociales esta misma calidad. El ejemplo tuvo repercusiones, pues Carlos María de Bustamante planteó desde Oaxaca la necesidad de fundar allí una cátedra semejante, petición que no fue atendida por las autoridades imperiales. Mas el Congreso Constituyente sí fue sensible a la importancia práctica y a la utilidad que entrañaba el conocimiento de esta disciplina por parte de quienes participaran en el gobierno, y en 1823 propuso crear una cátedra de economía política en la capital de cada estado, estableciendo que quienes se dedicaran a la práctica forense debían estudiarla; asimismo, sería requisito para todos los que ingresaron al cuerpo diplomático y a la administración de rentas, haber aprobado uno de estos cursos (Guzmán, 1948, p. 14).

La orientación de las políticas públicas en estos primeros años fue establecer y apoyar las modificaciones necesarias en la educación. Los debates en el Congreso no tardaron en traer a colación el descuido total en que se hallaba la enseñanza elemental y los cursos inútiles con que se pretendía engalanar a la Universidad. En 1823 se señalaba la necesidad de unir esfuerzos y establecer "un plan general de instrucción que abrace todas las ciencias y que facilite la adquisición de los conocimientos que son necesarios para la conservación de la sociedad..." (Alamán, 1823, p. 36). Cabe señalar que si Lucas Alamán hablaba de ciencias en su memoria ministerial, los integrantes de la comisión dictaminadora del Congreso Constituyente no se referían a las ciencias sino "a todos los ramos de la literatura", expresando que sólo así se lograría estar "en consonancia con las luces del siglo". Esto muestra que muchos próceres políticos no se habían dado cuenta de que los idearios ilustrados ya no eran suficientes para normar las políticas relacionadas con el conocimiento, que la ciencia se había separado ya de la literatura.

Esa misma comisión de instrucción pública, en la que intervinieron los diputados Bustamante, Lombardo y Orantes, se encargó de analizar los informes proporcionados por las instituciones de enseñanza superior y de proponer el tan esperado plan general. Respecto a la economía política, se decidió que debía implantarse su enseñanza "en todos los colegios y universidades de la nación", impartiéndose cátedra dos veces por semana. Para 1825, la comisión había presentado un plan que fue calificado de muy completo y extenso, pero se consideró imposible llevarlo a cabo por carencia de fondos necesarios (Alamán, 1825, p. 31). La propuesta de Lombardo, en el sentido de que las cátedras que resultaran vacantes en la Universidad no se cubrieran para que esos fondos se destinaran a la provisión de nuevas cátedras, quedó en buenas intenciones. Sin embargo, se insistió en que los establecimientos existentes, en particular los colegios de San Juan de Letrán, San Ildefonso y San

Gregorio, fueran apoyados hasta lograr que impartieran una enseñanza adecuada de "las ciencias naturales y ecsactas (sic), políticas
y morales, nobles artes y lenguas..." (Mora, 1827, p. 25). El Colegio
de Letrán abrió en 1828 una academia pública de legislación y economía política, haciendo realidad un punto central del ideario liberal de la época (Espinosa de los Monteros, 1828, p. 18). Ejempli-
ficando las ideas de Mora, pugnaba por la introducción formal del
estudio de las ciencias sociales. De tal modo se continuaba mane-
jando un criterio de utilidad pública para justificar el interés por el
cultivo de las ciencias.

En 1829, Lucas Alamán, desde su cargo de ministro de Relaciones, hizo una nueva propuesta de reestructuración de la enseñanza superior, en la cual llama la atención que no mencione a la Universidad. Afirma que con la reorganización de los establecimientos
existentes y un mejor empleo de los fondos disponibles la reforma
educativa es factible. En este proyecto estaba implícito casi todo lo
que sería establecido en 1833 por el gobierno liberal, definiéndose
con ello que, al fin y al cabo, liberales y conservadores consideraban necesaria una reforma educativa que llevara a la renovación
de la ciencia. De acuerdo con el proyecto enunciado por Alamán,
en el Seminario Conciliar se cultivarían las ciencias eclesiásticas; en
el Colegio de San Ildefonso las ciencias políticas y económicas y la
literatura clásica; las ciencias físicas y las matemáticas en el Colegio de Minería; las ciencias naturales en el Jardín Botánico. Alamán señalaba en su proyecto que, para las ciencias médicas, se
destinaría el Colegio de San Juan de Letrán, uniéndose allí las que
consideraba cátedras aisladas de cirugía y anatomía. El marco general se complementaba con la supresión de las cátedras universitarias y la aplicación de sus rentas y las del Colegio de San Gregorio —el cual quedaba fuera del proyecto— a cubrir los gastos de
las cátedras reorganizadas. La reunión del Museo y el Jardín Botánico en una sola institución orientaría el estudio de las antigüedades, productos de industria, ciencias naturales y botánica en una
perspectiva de utilidad nacional y de promoción científica en la
configuración de una identidad (Alamán, 1830, pp. 41-44). El pa-

pel de la historia, aunque evidente, quedaba entre líneas. Con una comisión en la que representantes de ambas Cámaras dieron a la propuesta la forma de proyecto de ley y la inclusión de éste en el plan de gobierno para 1830 (Ortiz de Ayala, 1832, p. 248), los resultados se limitaron a medidas parciales referentes a la enseñanza y práctica de la medicina y la cirugía. Habría que esperar otra oportunidad, lo cual sucedería en 1833 al esfumarse el presidente Santa Anna y dejar la tarea de gobernar en manos del vicepresidente Valentín Gómez Farías.

De lo anterior se desprende que las políticas acerca de la ciencia se enfocaron a la incorporación de las nuevas ciencias sociales y naturales a la enseñanza, y al desplazamiento y aun eliminación de saberes obsoletos. La idea central era educar a los mexicanos y tener una base poblacional cultivada que pudiera encargarse de la administración pública con conocimiento de causa. Los apoyos concretos a la adquisición de nuevos conocimientos fueron esporádicos e inconsistentes, dándose preferencia a lo apremiante en demérito de cosas más importantes pero que podían esperar. Al fin y al cabo, más con la esperanza de un apoyo oficial que otra cosa, individuos o grupos interesados en las diversas ciencias impulsaron e influyeron en su desarrollo. Las incipientes sociedades y pequeñas agrupaciones que se mantuvieron y constituyeron, todavía muy apegadas al modelo de las *societés des savants* dieciochescas, representaron sin duda núcleos de inquietud e indagación de nuevos conocimientos.

Las ideas científicas

La economía política. El cultivo de la economía política tuvo su origen en el pensamiento de la Ilustración y fue uno de los elementos que hizo suyos el liberalismo decimonónico. La premisa esencial era la implantación de lo que se denominó "un Estado económico"; es decir, un Estado que no se preocupara por el ejercicio del poder sino por la producción y la distribución de la riqueza (Alamán, VI, 9). A raíz del primer curso dictado por Mora en 1822, se comenzó a prestar atención a este conjunto de conocimientos de diversa índole que parecían ser fundamentales para definir el rumbo del país y administrarlo consecuentemente. En este marco se inscribe el *Resumen de la estadística del Imperio mexicano* de Tadeo Ortiz de Ayala (Ortiz de Ayala, 1822). En su dedicatoria, firmada el 11 de octubre de 1821 y dirigida a Agustín I, insiste en que su finalidad es ilustrar "la idea de regenerar y dar impulso a todos los ramos de este opulento y vasto imperio..." La fecha indica que el pensamiento de Ortiz, igual que su trabajo, venía de atrás. Su modelo es el *Ensayo político* de Humboldt, pero la orientación de sus análisis va más allá, centrándose en la consideración de cifras y posibilidades y en proponer al gobierno establecer políticas definidas y no manejarse por el principio de *laissez faire*. El impulso a la producción, el apoyo al comercio y al establecimiento de industrias son definidos como técnicamente indispensables y serían materia de los cursos. Una postura novedosa lleva a Ortiz a insistir en la riqueza que constituyen —no la que producen— el trabajo y la industria; en ellos finca la prosperidad de las naciones, considerándolos el "verdadero" capital fijo acumulado en el país (Ortiz de Ayala, 1968, p. 73).

Por su parte, Lucas Alamán adoptó sucesivamente dos posturas diferentes. Durante los primeros años de la República mantuvo la tradición en que había sido educado, de modo que fincó su interés en el desarrollo de la minería y en la riqueza proveniente de ella (Alamán, IX, p. 149). En lo técnico, a él se debe la introducción del ácido sulfúrico en el beneficio de metales, y, en lo tocante a política, la apertura del país a la inversión extranjera en este ramo. Sin embargo, para 1830 sus inclinaciones favorecieron el apoyo a la industria, de acuerdo con el papel desempeñado para la creación del Banco de Avío, primera institución mexicana dirigida a ese fin. De "deber y necesidad nacional" calificó el papel del Estado a este respecto. Productora de riqueza pública y dotada de dos grandes ventajas (que para él eran la posibilidad de elegir el lugar en que se instalara sin depender de los yacimientos minerales y sin importar si los terrenos eran propios para la siembra, así como la posibilidad de utilizar todo tipo de recursos y productos naturales), la industria sería "un medio poderoso de mejora en las costumbres de la masa de la población, promoviendo su bienestar y proporcionando con esto todos los goces de la civilización" (Alamán, X, p. 308).

La visión de la libertad entendida como motor medular del progreso humano se modifica, agregando la necesidad de que el pueblo reciba los beneficios de la riqueza producida, situación que revela que Alamán ha ido más allá de los principios de la Revolución francesa para abrevar en Bentham y los primeros utilitaristas británicos. En esta primera etapa de su vida como estadista, puso todas sus expectativas en la producción y, aunque comenzó a cobrar conciencia de lo que significa la nueva tecnología para ella, se mantuvo en el marco fisiócrata orientado a la explotación primaria de la naturaleza y el comercio.

Más tarde, a partir de 1840, cuando llegó a la dirección de la Junta de Fomento de la Industria, con la experiencia de varios fracasos en el fomento a empresas privadas, pugnó por la prioridad de la industria fabril. Para entonces se había hecho partícipe del entusiasmo por la ciencia, entendida ya no como adorno de la razón sino como prerrequisito indispensable para el progreso. La aplicación del conocimiento científico a la industria pasa al primer plano.

La historia. Fue el eje alrededor del cual se estableció el concepto de lo que significaba la nueva nación. La crónica había dejado de ser la forma favorita de la narrativa histórica para dar lugar a otros géneros. La descripción de guerras, viajes o descubrimientos fue dando lugar al análisis de las causas, a la descripción de la naturaleza seguida de propuestas civilizatorias y aun a disquisiciones filosóficas sobre lo que significa la confrontación con el extraño, como sucediera en el *Suplemento al viaje de Bougainville* de Diderot, o sobre la extrañeza ante lo que resulta ser uno mismo, como se resalta en la búsqueda de definición revelada en las primeras obras de Carlos María de Bustamante o en las de Lorenzo de Zavala y José María Luis Mora. Una primera tendencia fue el rescate del pasado indígena y la negación de los tres siglos de dominación española. La publicación de la traducción al castellano de la *Historia antigua de México* de Clavijero, hecha en Londres en 1826, y la de la *Historia general de las cosas de la Nueva España* de fray Bernardino de Sahagún, realizada por Bustamante en 1829, no son producto de la casualidad. En un sentido continúan los esfuerzos por definir la línea de separación entre el español y el mexicano, visto éste las más de las veces como el criollo novohispano; en otro, señalan la apropiación del pasado indígena por parte del criollo. Esto no significaba que el criollo se asumiera como indígena, sino como legítimo heredero de su ancestral cultura. Bustamante encomia al indio, pero le exige que se cultive e ilustre; Mora insiste en su falta de inventiva y de imaginación (Mora, 1836, 1, p. 69). En teoría, políticamente el indio mexicano había dejado de existir con la declaración de Independencia; hecho simbólicamente cargado de significado fue la supresión del Hospital Real de Naturales so pretexto de que ya no habría más indígenas en nuestro país, puesto que ya todos eran mexicanos. Zavala no se preocupó por lo indígena, sino por la ilustración de los indígenas, de manera que concibió la Independencia como una doble lucha liberadora, con la guerra como vía de libertad política y la instrucción como camino de emancipación cultural.

Pero este meollo ideológico corrió paralelo con la configuración de una ciencia de la historia en la que ésta no era más un bello cuento sino la toma de conciencia de una identidad.

· La historia, para Zavala, es una ciencia caracterizada por tener como objeto hechos "muertos" que no pueden ser "confrontados con el testigo". El hecho histórico será posible en la medida en que se determine su verosimilitud, y tendrá dimensiones de probable según la credibilidad moral de los testigos (Zavala, 1970, p. 25). Con miras a estos dos principios, a los que sumó el de la utilidad social que entraña el conocimiento histórico, Zavala se fue separando de la óptica ilustrada de Volney —autor al que tradujo en el *Programa, objeto, plan y distribución del estudio de la historia*—, para enfrentarse con la certeza del hecho histórico en su *Ensayo histórico de las revoluciones de México,* donde el acto de mostrar las causas inicia la recuperación social. Esta historia *verdadera* y cuyo grado de certeza se basa en la calidad de los testimonios aducidos, se convierte, en manos de Mora, en una primera etapa de otra historia, fundamento racional de toda economía política. En *México y sus revoluciones,* obra publicada en 1836 durante su exilio en París, ilustra sus preocupaciones previas a la caída del gobierno liberal en 1834 y expone su pensamiento al respecto. La estructura misma de la obra es sugerente: los dos primeros volúmenes —el segundo nunca fue publicado— reunirían datos estadísticos del país en general y de los estados, respectivamente; los dos últimos narrarían los hechos conducentes a los datos duros expuestos en los primeros. Así, la historia explicaría la realidad actual, ilustraría el sentido del pasado e incitaría a la reflexión en cuanto a las acciones por seguir. Bustamante y Alamán, más tarde, agregarían al testimonio el peso de la documentación. Pero, de una u otra forma, la historia científica, sustento de una "buena" economía política, es un elemento previo y primordial del buen gobierno.

La minería. Constituía un conjunto de saberes y prácticas no reducidos a la extracción de metales de la tierra; implicaba el incipiente conocimiento de estructuras geológicas a fin de localizarlo con mayor precisión, y la utilización de sustancias químicas para lograr su mejor beneficio. Los ingenieros formados en el Real Seminario y luego en el Colegio de Minas representaban bien este saber. Durante ese periodo esta institución sufrió serias amenazas de ser cerrada o cuando menos modificada a fondo, sobre todo en 1821, en vísperas del triunfo del ejército trigarante; se adujo que había pérdidas importantes en la industria minera y el colegio no reportaba frutos, pues sólo era necesario formar metalurgistas conocedores de las formas de beneficiar minerales. Sin embargo, triunfó el criterio que establecía la conveniencia de que allí se enseñaran matemáticas, física, química y mineralogía. En términos generales, lo que se lograba era mantener un conocimiento actualizado de dichas materias, incluyéndose, por ejemplo, cálculo infinitesimal y secciones cónicas, y en la bibliografía de consulta las obras más modernas. En el terreno de la mineralogía —el que más aportaciones daba— se contaba con los trabajos pioneros en orictognosia de Andrés del Río, cuya nueva edición —la primera se hizo en 1795— incluía innumerables descubrimientos y se publicó en Filadelfia en 1832, para ser utilizada posteriormente como libro de texto en el colegio, así como el tratado de vetas del mismo autor.

Cabe insistir en que uno de los logros importantes de esta institución fue la preparación de ingenieros y topógrafos que llevarían a cabo la inmensa obra de establecer la geografía del territorio del país y deslindarlo de las naciones limítrofes.

La geografía. Su desarrollo derivó de una apremiante necesidad práctica: deslindar territorios. Se tenían que definir los estados y territorios que formaban la nueva nación y había que precisar sus límites. Fue una primera tarea dirigida al interior del país y desde 1822 se puso manos a la obra. No es casual que todavía bajo el Imperio de Iturbide circularan trabajos en los que se marcaban las posibilidades políticas y económicas de los diversos estados y se trabajaba en resolver los problemas de linderos. Los mapas y planos se fueron acumulando tanto en la capital de la República como en las estatales.

Por otra parte quedaba el deslinde respecto a las naciones circunvecinas. El Tratado Onís-Adams, derivado de los nombres de Luis de Onís y John Quincey Adams, respectivamente ministros de España y Estados Unidos, que en 1819 estableció los límites entre Nueva España y estos últimos, fue la base para definir la línea divisoria vigente al ser reconocido México como nuevo país. Apenas firmado el Tratado de Amistad entre ambas naciones en 1823, se hizo necesaria la integración de una Comisión Mexicano Norteamericana que levantara información precisa de los señalamientos físicos de su línea divisoria. El mismo año se procedió a realizar una acción semejante en la frontera sur, fijando las líneas entre México y las Provincias Unidas de Centroamérica, por una parte, y con Belice —entiéndase Inglaterra— por otra. Estos hechos, ca-

racterizados por una urgencia política, dieron pie a sendos trabajos de geografía descriptiva. Un personaje poco reconocido, pero
cuya importancia es innegable, fue el general Manuel Mier y Terán, quien encabezó la delegación mexicana en la frontera norte
hasta culminar sus trabajos con la firma de un tratado en 1828, la
incorporación de modificaciones con ajustes producto de la revi-
sión minuciosa y detallada del terreno en 1831 y la firma correspondiente un año después.

En este sentido se inscribe el conocido como "Atlas" de Guadalupe Victoria y la geografía del "Seno Mexicano". Decir atlas es
conferir derecho de realidad a una buena intención. Efectivamen-
te, Victoria consideró labor de gran importancia para su gobierno
constituir un atlas de la República mexicana y le confirió el estatus
de proyecto presidencial. Pero quedó en proyecto. Desde 1825,
poco después de acceder a la presidencia, dictó medidas para iniciar la obra y fruto de ello son algunas memorias y textos referentes a estados y regiones. Pero no fueron muchos. Los vaivenes de
la política y de los grupos opositores al gobierno federal interfirieron seriamente en la posibilidad de recopilar tanta y tan variada
información. Mas la realización de un atlas de los Estados Unidos
Mexicanos quedó definida como política presidencial.

Por otra parte, la geografía del "Seno Mexicano", terminada y
publicada en 1825, resalta la preocupación que Victoria había tenido antes de ser presidente, en su experiencia de comandar las tropas que eliminarían los últimos reductos españoles asentados en
las costas del Golfo: deslindar la frontera marítima en esos litorales. Paralela al establecimiento preciso de límites con los Estados
Unidos y Guatemala y Belice, existía la necesidad de hacer lo mismo respecto a las islas caribeñas que significaban una frontera con
el Imperio español. El proyecto fue tomado por Victoria como algo
personal; de allí su inmediata realización y la publicación en 1825
del *Derrotero de las islas Antillas, de las costas de Tierra Firme y de las
del Seno Mexicano*, con sus 600 páginas y atlas anexo.

Muestra de trabajos regionales son los mapas, planos y análisis estadísticos que en 1825 llevó a cabo Tadeo Ortiz en Coatzacoal-

cos (Sierra, 1965) y la parte geográfica de la Memoria de Martínez de Lejarza en Michoacán (Martínez de Lejarza, 1824). Significativos fueron los trabajos conducentes a determinar límites y características territoriales tras la separación del Distrito Federal del Estado de México, cuyo gobierno había estado inicialmente ubicado en el centro mismo de la ciudad capital.

La integración de un atlas geográfico y minero de la República formó parte, en 1831, de las políticas nacionales. Estaría constituido por una carta general y otras particulares de cada estado y territorio. Estaría, decimos, pues no se concluyó, quedando como tantos otros proyectos en suspenso a raíz de las conmociones políticas que culminaron con la caída del gobierno de Bustamante. Los materiales reunidos eran muchos y la contribución de los trabajos de Mier y Terán constituía una parte importante de ellos. De hecho, concluido su desempeño en la delimitación de la frontera norte, continuó trabajando en las provincias interiores de oriente, sin olvidar Texas. Cabe señalar que en los últimos años Mier y Terán incluyó un mineralogista y un botánico, y siempre fue un médico que cumplía con la función científica y la atención de las eventualidades que se presentaran, lo que había convertido la comisión de límites en una pequeña expedición científica. El modelo era ilustrado y los moldes correspondían a la nueva concepción liberal de la ciencia. Digamos al margen que, luego de su trágica muerte, Mier y Terán fue reconocido por la ciencia mexicana al darse en su honor el nombre de *terana lanceolata* a una planta que crece en Oaxaca y florece en septiembre (Llave, 1832, p. 449). Si el atlas pretendía ser simultáneamente un atlas minero, ello responde al interés particular de Alamán en este tipo de explotación, en el cual fincaba un buen porcentaje de sus expectativas respecto a la riqueza nacional.

En los primeros meses de 1833, García Bocanegra anunció en su calidad de ministro de Relaciones la idea de formar un Instituto de Geografía y Estadística y retomó el proyecto del atlas, ahora pretendiendo sumar a los datos geográficos físicos y de población un índice de recursos naturales y culturales.

La estadística. "La base del gobierno económico debe ser una estadística exacta", señalaba Lucas Alamán en 1823 (Alamán, 1823, p. 22). Ya el año anterior había sido publicada la obra de Tadeo Ortiz de Ayala, *Resumen de la estadística del Imperio mexicano*, que, como se ha mencionado, propone a la estadística como herramienta insustituible para la economía política. Los saberes se estructuran y complementan, dando la geografía cabida y desarrollo a una estadística que corresponde más a la geografía humana y en particular económica, que a la que se limita a establecer relaciones numéricas. El hecho es que se pidieron estadísticas a los estados y ayuntamientos. La primera de que se tiene noticia es de Juan José Martínez de Lejarza acerca de Michoacán, hecha en 1822 pero publicada en 1824; fue seguida en 1825 por la *Memoria estadística del Distrito de Tulancingo*. A ellas se sumaron casi inmediatamente las de Veracruz, Jalapa y, en 1831, las de Chihuahua y Tlaxcala. Está claro que la realización del Atlas Geográfico y Estadístico de la República era prioritaria, aunque los trabajos para reunirlo progresaban con lentitud no prevista. Ya en 1832 se anunciaban los avances de la *Carta de lenguas*, que constituiría el primer ejemplo de un "atlas" cultural (*Registro Trimestre*, 1832, II, p. 11).

Las matemáticas y la física. Ambas disciplinas continuaron siendo cultivadas sin interrupción en el Colegio de Minería, aunque al correr de los tiempos la atención de quienes las cultivaban, profesores y alumnos, se orientó hacia nuevos problemas. Son ejemplos notables las propuestas de Manuel Castro para solucionar las ecuaciones de primero y segundo grados mediante la aplicación de las reglas que él denominaba de "falsa posición" (*Registro Trimestre*, 1832, I, pp. 125-130), calificado de método ingenioso pero muy lejos del nivel de las preocupaciones de los matemáticos europeos de la época que se ocupaban de resolver ecuaciones más allá del cuarto grado (Chinchilla, 1985, p. 14).

Respecto a la física poco es lo que se reporta, destacando la consideración de ruidos subterráneos y su relación con temblores y terremotos (*Registro Trimestre*, 1832, I, pp. 35-39).

La química. Se venía haciendo un lugar en las ciencias naturales desde el siglo XVII, y podría decirse que el XVIII vio el descubrimiento de numerosos elementos por corregir, sumados a los cuatro de que habló Paracelso. A inicios del siglo XIX se habían definido dos campos en la química: descubrimiento y descripción de nuevos elementos, y mezclas y reacciones orientadas a usos industriales; también existía una vieja tradición de química médica, de iatroquímica, que se modificaría en esos primeros años del siglo para buscar en vegetales y animales nuevas sustancias, principios activos que tuviesen acciones medicamentosas. La química médica precedió a la farmacología, cuya aparición formal se debe a Schmiedeberg en Alemania en la década de los treinta.

Andrés Manuel Del Río fue pionero de la química en México, al introducir su enseñanza en los cursos que ofreció en el Seminario de Minería. A él se debe el descubrimiento del vanadio, respecto al cual se arrepintió de no haberle dado el nombre de alguna deidad mexicana en lugar de proponer el griego de *pancromo* y *crithronio*, dejando a Berzelius la posibilidad de darle el nombre de una deidad escandinava. A su nuevo descubrimiento de un metal fosilizado, al que consideró un cloruro de vanadio, le dio el nombre de *zimapanio*, según el lugar del estado de Hidalgo en que lo halló (Del Río, 1835).

Una de las innovaciones en la minería fue la introducción de la técnica de amalgamación en barriles denominada alemana, la cual fue puesta en práctica en Oaxaca por Eduardo Spangelberg; esta técnica permitía disminuir considerablemente la cantidad de mercurio utilizada y mejorar la capacidad de extracción de plata (*Registro Trimestre*, 1832, II, p. 467). Bien puede afirmarse que tanto la preparación de ingenieros en el Colegio de Minería como sus esfuerzos prácticos y los de los propietarios de minas se enfocaron en estos aspectos, dejando al desarrollo de la teoría de la química un espacio reducido que, sin embargo, fue muy bien aprovechado.

La astronomía. A pesar de no disponer de un observatorio siquiera pobremente montado, no faltaron expediciones destinadas a registrar sucesos astronómicos. Así se documentaron con precisión el eclipse solar del 1 de febrero de 1832 (*Registro Trimestre*, 1832, I, p. 124) y, el 5 de mayo de ese mismo año, el tránsito de Mercurio sobre el disco solar, obra esta última de dos personajes con gran actividad científica: Juan Orbegozo y J. Galván (*Registro Trimestre*, 1832, I, p. 313). En el plan de gobierno para 1830 se consideraba la posibilidad de instalar el tan ansiado observatorio; la opinión general optó por la cúspide del cerro de Chapultepec (Ortiz de Ayala, 1830, p. 254).

La botánica. Indudablemente, ésta es una de las ciencias con más hondas raíces en el periodo anterior al que nos ocupa. La botánica y la cirugía representaron los puntos de fractura de la vieja ciencia escolástica. Nuevas disciplinas, no necesitaban cargar tanto lastre. Ambas ofrecían aplicaciones prácticas, conduciendo la botánica a la agricultura denominada entonces "científica" y la cirugía a la fusión de dos quehaceres en la figura del médico cirujano.

Vicente Cervantes se encontraba en un semirretiro al sobrevenir la Independencia. Su hijo Julián estaba a cargo de los cursos de botánica y del cuidado del Jardín Botánico. Sin embargo, don Vicente seguía intelectualmente activo, trabajando en la descripción y clasificación de nuevas especies, alejándose de la tradición en que había sido formado por Gómez Ortega y aproximándose a las de De Candolle y Jussieu. En 1824 se reiniciaron los cursos, sin haberse restablecido el Jardín, favoreciéndose al año siguiente la siembra de nuevos especímenes en Chapultepec. Con ello, Vicente Cervantes se reincorporó a la vida académica para dedicar a ella los últimos años de su vida, ya que falleció en 1829. Sus discípulos contribuyeron a formar un grupo que no sólo sabía y enseñó botánica: también realizó aportaciones sustanciales en dicha ciencia, aplicándose a encontrar, describir y clasificar un buen número de plantas mexicanas que no habían sido conocidas o al menos clasificadas previamente. La primera aportación significativa se plasmó en la publicación, en 1825, de las *Tablas botánicas* de Julián Cervantes, patrocinada por la Academia de Medicina de Puebla. Debe mencionarse también a Juan José Martínez de Lejarza y Pablo de la Llave, figuras clave de la botánica taxonómica mexicana; Miguel Bustamante, sucesor de Cervantes en la cátedra, y los farmacéuticos y botánicos poblanos encabezados por Antonio de Cal, bajo cuya influencia se publicó en 1832 el *Ensayo para la materia médica mexicana*. Así pues, en Puebla había un grupo importante de estudiosos de la botánica que, en una tradición ilustrada, lograron en 1820 fundar un Jardín Botánico en el que se llevaban a cabo trabajos formales de taxonomía y cultivo de plantas. Se mantuvo activo hasta 1838.

Pensamos que la botánica es la ciencia en la que México hizo mayor número de contribuciones importantes. Recuérdese que la taxonomía de los vegetales y la descripción de nuevas especies eran entonces fundamentales y la escuela mexicana no quedó a la zaga de otros países con gran tradición científica, como Francia, Alemania e Inglaterra. La tradición de nombrar especies para conmemorar a quienes habían contribuido a su estudio tuvo un lugar relevante: así, tenemos que Mociño había nombrado a la *Singenesis Gama* en honor de León y Gama, y que Pablo de la Llave hizo lo propio con la *Tagetes Pineda*, rememorando a Emeterio Pineda, su compañero en la exploración de Coatzacoalcos y quien primero la observó en las cercanías de Mitla. Sin embargo, destaca la costumbre impuesta por Martínez de Lejarza al recordar héroes nacionales. Por ejemplo, su obra más importante —realizada con Pablo de la Llave—, la *Novorum Vegetabilium Descriptiones* (Llave, 1888), está dedicada a los próceres de la Independencia; en ese mismo sentido, la *Polygamia Necessaria* fue apellidada *Hidalgoa*, y la *Phentandria monogynia*, *Morelosia*. Su maestro y amigo, Pablo de la Llave, le rendiría homenaje al dar a un árbol que crece solitario en las cercanías de Izúcar, y que nunca había sido descrito ni clasificado, el nombre de su recién fallecido colega: *Lexarza Monadelphia Poliandra L. Funebris*. Quizá la más renombrada recientemente entre las plantas descritas y clasificadas por Martínez de Lejarza y Pablo de la Llave sea la *Casimiroa Edulis la Llave et Lex*, que es el zapote blanco, traída a colación por sus efectos antihipertensivos y de inducción del sueño, que tomó su nombre no de Casimiro Gómez Ortega como se ha dicho, sino de otro Casimiro Gómez, indio otomí que destacó por su valor en la guerra contra los españoles. De la Llave no dejó de dar el nombre de Oteiza a una especie vegetal para destacar el trabajo de ese profesor de física en el Colegio de Minería. No debe olvidarse la labor de Karwinski, enviado por la Sociedad Germano-Americana de Düsseldorf en 1826, quien se instaló en Oaxaca e hizo importantes contribuciones al estudio de las cactáceas y en cuyo honor fue nombrada la *Karwinska Humboldtiana*, planta que en la actualidad ofrece interesantes expectativas en el tratamiento del cáncer. Varios trabajos que resumen la idea que se tenía de la botánica y sus aplicaciones se realizan alrededor del guaco a principios de los años treinta. Comienza con la discusión que emprende Pablo de la Llave contra Humboldt, Boubland y Konth, manteniendo, con razón, que el guaco es un eupatorio y no una mikania como ellos afirmaban (*Registro Trimestre*, 1832, II, p. 116). Pablo Anaya lo trajo de Chiapas al centro, y con Luis Chavert, de Veracruz, preconizó su utilidad para combatir la fiebre amarilla, aunque lo decisivo fueron los éxitos registrados en el tratamiento del cólera en la epidemia de 1833 (*Registro Trimestre*, 1832, II, p. 71; Chavert, 1832).

Un aspecto al que se comienza a prestar atención en estos años es la aplicación del conocimiento botánico en beneficio de la agricultura y su orientación a usos industriales. La extensión del cultivo de la patata; las mejoras en el cultivo y el trabajo de torcido de los cáñamos en Puebla —objeto de una memoria de Antonio de la Cal—, así como el beneficio de la vainilla y las modificaciones que a éste se hicieron en Misantla, fueron tema de publicación en el *Registro Trimestre* en 1832.

Por lo que toca a las otras ciencias naturales, la zoología siguió un camino paralelo al de la botánica. Se realizaron descripciones de animales que llevaron a aclaraciones pertinentes, como la identificación de la víbora mexicana *Crotalus horridus* y no *Coluber verus* de Linneo (*Registro Trimestre*, 1832, I, p. 362); ajustes en la clasificación, verbigracia la del ajolote como *Proteo mexicano*

(*Registro Trimestre*, 1832, I, p. 360); la descripción de los ahuautles (*Registro Trimestre*, 1832, I, pp. 331-333); la descripción y clasificación de la *Formica melligera* por De la Llave, con la consiguiente extrañeza en cuanto a su capacidad de producir miel (Registro Trimestre, 1832, I, p. 463); la clasificación del quetzaltótotl como *Pharomachrus mocinno*, homenajeando al célebre naturalista (*Registro Trimestre*, 1832, I, p. 43), o el descubrimiento de numerosas especies de colibríes, estudio iniciado por De la Llave y que tendrá su culminación en la obra de Montes de Oca en el último tercio del siglo (*Registro Trimestre*, 1832, II, p. 32).

Las ciencias médicas. La medicina gozaba en México de una añeja tradición que al comenzar el siglo xix la colocaba en desventaja respecto a la rápida adopción de descubrimientos y adelantos. La Facultad de Medicina de la antes Real y luego Nacional y Pontificia Universidad se negaba a aceptar conceptos y textos que no provinieran de la más que obsoleta medicina galénica. En la Universidad se aprendía poco, y mucho de ello era erróneo. Cierto es que los médicos buscaron los nuevos conocimientos, pero sólo los difundían subrepticiamente y, a pesar de que se conocían las obras de los grandes autores de los siglos xvii y xviii, se enseñaban y comentaban fuera de las cátedras. Con la Independencia se produjo un acercamiento a la medicina francesa. Un joven médico mexicano promovió en 1823 el empleo de nuevas técnicas de diagnóstico, percusión y auscultación, y apoyó la publicación de un librito sobre el uso del pectoriloquio, nombre que se daba al estetoscopio. Este personaje es Manuel Carpio, quien estudió cirugía en su natal Puebla, en el hospital de San Pedro, y luego el bachillerato de medicina en México. Se graduó en 1823, año en el que publicó el librito referido junto con su traducción de los aforismos de Hipócrates, planteando la conjunción del nuevo y el viejo conocimiento en la clínica. Carpio unía así la capacidad de observación clínica con la interpretación debida a las nuevas doctrinas, mismas que tomaban en cuenta la lesión anatómica como el sitio y la causa de la enfermedad, y el signo clínico como el lenguaje que había que aprender para diagnosticarlas. Otra teoría, el fisiologismo, sostenida en Francia por Broussais, había hecho furor como proveedora de la forma más racional de explicar la génesis y el curso de las enfermedades. Éstas, decía Broussais, siguen siempre un periodo en que las materias tóxicas se absorben en el colon para pasar luego al torrente sanguíneo y provocar un periodo de septicemia antes de fijarse en el órgano que enferma. El tratamiento general sería a base de purgas en los periodos tempranos y de sangrías en el septicémico, puesto que si el mal iba por la sangre, sacándola se lograría la curación. Con estos conceptos en mente, la nueva generación de médicos buscó una renovación de la enseñanza en tanto la implantaba en su práctica profesional.

La cirugía. Por su parte, el Colegio Nacional de Cirugía sufría seria penuria económica pero representaba la posibilidad de modernidad en la medicina. Tanto la medicina como la cirugía pugnaban por volver a su calidad de científicas, perdida cuando dejó de ser vigente el paradigma hipocrático-galénico. Los cirujanos del colegio, graduados como cirujanos militares, tanto para el ejército como para la armada, representaban, junto con sus colegas españoles egresados de los colegios peninsulares, la élite profesional. Antonio Serrano, su director desde 1804, fue otro español que decidió quedarse en México tras la expulsión de sus compatriotas, permaneciendo en el cargo hasta el cierre de la institución en 1833. De ideas avanzadas, representó una fuerza de modernización y aproximación entre cirugía y medicina. Los cirujanos estudiaban anatomía y fisiología y practicaban operaciones de considerable dificultad si se toman en cuenta las posibilidades de la época; ofrecían una vía posible de cambio, y esto, que proponía Serrano a Iturbide en 1822, quedó en suspenso toda una década.

La única acción que se mantuvo vigente fue la vacunación, de la que se hizo cargo, desde la partida de Balmis, el cirujano Miguel Muñoz, quien cuidó de mantener linfa activa según la técnica de propagación de brazo a brazo y buscando bovinos afectados del *cowpox* que pudieran servir de reservorio. Hay noticia de que encontró algunos en Aguascalientes, aunque esto no ha sido confirmado documentalmente; no obstante, se conservó el fluido y se continuó vacunando ininterrumpidamente, aunque no en gran proporción, a niños de las poblaciones más importantes. Se logró así una disminución notable del impacto de epidemias de viruela, de las que no hubo ninguna realmente grave en todo el siglo xix.

Además de cartillas sobre vacunación y registros de enfermedades ocurridas en periodos específicos, como el que publicó J. Raudón en Puebla en 1825, los textos médicos son escasos. Destaca el estudio sobre la diabetes de Juan Manuel González Ureña, referente a peculiaridades de dicha enfermedad observadas en pacientes de Michoacán y publicado en México en 1829.

Las instituciones

La Universidad. No sorprende que en las condiciones imperantes en este periodo, la estructura misma de la Universidad significara un lastre para su desempeño. Sus cátedras eran las mismas de 100 años atrás y persistía gran parte de los viejos libros de texto. No extraña que surgieran más mociones para eliminarla del control del conocimiento, dejándole un simple papel de registro. Para 1832, la Universidad era una institución en agonía.

El Colegio de Cirugía. Fundado en 1768, en 1828 tenía 94 alumnos, lo que hizo necesario nombrar un ayudante del director, que hasta entonces llevaba todo el peso de las labores académicas, teóricas y prácticas. El número de estudiantes que tenía el colegio contrasta con el abandono oficial y el descuido presupuestario en que se encontraba, situación tal vez debida a la lucha que el Protomedicato había mantenido contra él desde su fundación, objetando toda actividad que saliera de su control. Sin embargo, los egresados del colegio hacían acto de presencia como grupo, el cual, además de muy bien preparado, por su propia naturaleza cubría puestos de cirujanos militares y por eso mismo estaba cerca de quienes gobernaban; algunos habían cursado también la carrera de medicina, lo que ampliaba su ventaja y los orientaba hacia el nuevo perfil requerido para actualizar la práctica de las ciencias médicas, que era el de médico cirujano.

Las academias de medicina. Ya en el siglo XVIII se organizaron academias entre los médicos, siguiendo el modelo de las existentes en París y Madrid, pero fundamentalmente enfocadas a preparar alumnos para sus exámenes de grado. Llama la atención —y esto habla de la importancia que van cobrando los médicos no sólo como gremio sino en cuanto comunidad científica— que apenas lograda la Independencia, quienes se integraron y definieron como encaminados a propiciar la discusión de temas relevantes y novedosos para el conocimiento de su disciplina fueron los médicos. Todo indica que en 1824, de modo paralelo en Puebla y en la ciudad de México, se comenzaron a formar academias de medicina que reunían médicos, cirujanos y boticarios examinados. De la de Puebla tenemos más información: el 4 de diciembre se discutió en el Congreso del estado y el 5 se aprobó la formación de la denominada Academia Médico Chirúrgica de la Puebla de los Ángeles; Juan del Castillo sería su primer presidente y entre los socios honorarios se contaron Mariano Joaquín de Anzurez y Zevallos, representante del Protomedicato en Puebla y entusiasta defensor de la propagación de la vacuna antivariolosa, y Casimiro Liceaga, profesor de prima de medicina en la Nacional y Pontificia Universidad. La Academia organizó cursos, exigió la presentación de exámenes, tuvo sesiones en que se leyeron trabajos de interés e impulsó la publicación de obras importantes, como las mencionadas *Tablas de botánica* de Julián Cervantes (Cervantes, 1826) y la *Materia médica mexicana* de Antonio de la Cal (Cal, 1832), así como las traducciones de *Patología de la médula espinal* de Olivier, obra que reunía las tradiciones de Vicq d'Azyr y de Johann Peter Franck, en 1826, y *Elementos de botánica* de De Candolle al año siguiente; Luis Guerrero, en 1832, vería publicada su traducción de *Elementos de clínica médica interior* de Bichat. La Academia constituyó un elemento importante en la transición a la enseñanza y práctica moderna de la medicina que culminaría con las disposiciones de 1833. De la Academia de México no se han encontrado hasta ahora mayores datos, existiendo un reglamento para sus actividades y la certeza de que Casimiro Liceaga fue su primer presidente. La fecha es 1835.

El Colegio Nacional de Minas. Este nombre tomó en 1827 el anterior Seminario de Minas, una vez librado el riesgo de ser cerrado, tras demostrar su utilidad. Sus profesores gozaban de gran reputación, al grado de que Manuel Ruiz de Tejada, de física, y Manuel Cotero, de química, fueron electos como diputados para el Congreso Constituyente. La organización no cambió, ni la penuria a que estaba sujeto el colegio, debiendo frecuentemente sueldos a los profesores. No obstante, en 1825 se estableció un plan de estudios en cinco años: los dos primeros se dedicaban al estudio de matemáticas, el tercero a física, el cuarto a química —reducida a ensayes y beneficio de metales— y el quinto a mineralogía. Los gabinetes se empobrecían en lugar de enriquecerse, aunque se ha llamado la atención a la nota de Poinsett de que el gabinete de mineralogía era prácticamente inexistente, cuando pocos años después Del Río exhibió una fantástica colección que incluía hasta meteoritos; el mismo personaje reportó en 1823 tener unos cuantos fragmentos de biseleniuro de plata, encontrando en la naturaleza lo que se consideraba que sólo podía existir por obra de experimentos. El dato revela la actualidad del conocimiento allí cultivado, si se considera que el selenio fue descubierto apenas en 1817.

El Jardín Botánico. Olvidado por las autoridades, este establecimiento sobrevivió gracias al esfuerzo e interés de Cervantes y Bustamante. Ellos continuaron dictando cátedra y preservando los especímenes sembrados y aumentándolos en mínima proporción en el pequeño jardín de Palacio Nacional y, después de 1825, en el reducido espacio que conservaron en el Castillo de Chapultepec. Pasemos a los proyectos. Desde 1823 se esbozó la idea de estable-

cer un Museo Nacional, para lo que se propuso utilizar los terrenos del recientemente suprimido Hospital de Naturales, en donde
se reuniría con el Jardín Botánico, necesitado de mayor extensión,
y una nueva escuela de medicina (Alamán, 1823, p. 32). Desde ese
momento se planeó reunir las antigüedades esparcidas desde tiempos del virreinato con las procedentes de la expedición de Dupaix,
a las que se sumarían manuscritos y dibujos para integrar una biblioteca. Finalmente, el museo fue fundado en 1825. Encabezó la
iniciativa Lucas Alamán, lográndose establecer en uno de los salones de la Universidad un gabinete de antigüedades. Entre 1830 y
1832 el Museo Nacional tuvo un nuevo carácter, reuniendo institucionalmente los museos cultural y natural y enriqueciendo los
gabinetes en los que se exponían muestras de ambos campos. La
expedición organizada en 1832 para explorar las ruinas de Palenque, al parecer la de Waldeck, tenía la expectativa de colectar antigüedades y especímenes de plantas, animales y minerales.

El Instituto Científico y Literario del Estado de México. En noviembre
de 1824, José María Luis Mora, como diputado ante el Congreso
del estado, propuso que se creara un establecimiento de educación. La propuesta fue secundada, si no es que ideada conjuntamente, por Lorenzo de Zavala, quien sería gobernador de dicha
entidad de 1826 a 1828. En este breve lapso y tras haber fundado
una primera escuela elemental, se esforzó por dar forma al instituto. En primer término, el antiguo seminario se convirtió en colegio estatal para impartir cursos de idiomas, derecho civil, canónico y público, filosofía, economía política y ciencias, comenzando
actividades docentes en 1827. Al año siguiente, Zavala expidió el
decreto que legitimaba y establecía definitivamente el Instituto
Científico y Literario. Un año después fue cerrado y todo regresó a
la situación previa con los conservadores en el poder. No obstante,
al retornar al gobierno del estado en noviembre de 1832, Zavala lo
reinstalaría con su estructura anterior. Dejando de lado logros

locales, la importancia del Instituto estriba en que sirvió de modelo a los que se crearon paulatinamente en los demás estados, base para el desarrollo de escuelas y universidades públicas donde se cultivaron seriamente las ciencias.

La reforma de 1833

Hacia una política de impulso a la ciencia

El corto periodo comprendido entre abril de 1833 y mayo del año siguiente, en el cual el vicepresidente Valentín Gómez Farías tomó en sus manos la responsabilidad del Ejecutivo al retirarse Santa Anna a la vida privada, fue el breve momento que abrió un resquicio para llevar a cabo las medidas radicales de los liberales mexicanos, herederos de la Ilustración. Gómez Farías era un médico graduado en Guadalajara en 1808 y había jugado un papel discreto pero definido en las Cámaras. Liberal radical, representaba junto con Mora el compromiso de renovar el país. De inmediato tras llegar al poder, un cuerpo de leyes y decretos definió la actitud que tomaría el gobierno respecto a la educación y la ciencia, apoyado por los cuerpos legislativos. La educación era perfectamente identificada como base de la ruta del progreso. Los gobernantes asumían la responsabilidad moral de educar al pueblo y de esa manera promover su moralidad y su calidad social. Para ello debían limitar la participación de la Iglesia en la educación y el control de las conciencias; la educación debería ser laica, aunque sin desconocer el cultivo de lo que ahora se concebiría como ciencias religiosas.

Por igual, suprimidas las órdenes religiosas, las rentas de sus bienes —en particular de los colegios— se dedicarían a solventar los gastos de nuevas instituciones educativas, decididamente apoyadas por el Estado.

Las ideas científicas

Las ciencias médicas. El curso que pretendía seguir la medicina estaba ya claro a los ojos de quienes la practicaban. Esa nueva generación, que había vivido los últimos años del régimen colonial y ahora se encargaba de incorporar la medicina mexicana al plano internacional y ya no meramente español, sabía lo que quería y lo que no. Deseaba fortalecer y renovar el conocimiento y para ello tuvo que crear un nuevo ideario. Se apegó a los logros de la medicina francesa, a la que conocía bien a raíz de las relaciones previas entre España y Francia y de la presencia temporal de algunos médicos mexicanos en aquel país pero, sobre todo, mediante la lectura de las obras de vanguardia, materia común y corriente en los medios mexicanos. Algunos médicos franceses, como Villette y como Jecker, suizo pero francoparlante, vinieron a establecerse en México y ejercieron un papel relevante en la difusión de lo que en su país se sabía y se hacía. Las materias que integraron el plan de estudios del Establecimiento de Ciencias Médicas eran similares a las del currículo vigente en la Facultad de Medicina de París y sus textos asimismo semejantes. Lo más notable: medicina y cirugía se conjuntaban en la figura del médico cirujano, que habría de permanecer vigente por siglo y medio. La fisiología tomó un papel preponderante y, del fisiologismo de Broussais, se pasó casi de inmediato a la más compleja y sofisticada fisiología de Magendie. Los cursos de clínica y de operaciones, teórico-prácticos en toda la extensión del concepto, modificaron el sentido de una enseñanza que había sido enteramente libresca, y los cursos de materia médica se intrincaron con los de farmacia, viéndose médicos y farmacéuticos beneficiados por el conocimiento de nuevos medicamentos e impulsados para ensayar otros más. Quizás el aspecto más trascendental de la nueva ciencia médica en gestación fue la idea permanente de descubrir: nuevos medicamentos en el riquísimo mundo de la botánica mexicana en vías de exploración; nuevos abordajes terapéuticos mediante su uso; diferencias existentes entre las enfermedades que se presentaban aquí y las registradas en el Viejo Mundo; idiosincrasia de los pacientes mexicanos. En estos breves meses maduró la idea y en los años subsecuentes dio sus frutos.

El compendio elemental de anatomía general, de Juan Manuel González Ureña, publicado en Morelia en 1834 con miras a ser empleado como texto en la materia, fue uno de los escasos libros publicados en esta época. Como su título indica, no es un tratado de anatomía, sino un compendio que no presenta innovaciones pero actualiza en forma resumida el conocimiento al respecto. Lo mismo puede afirmarse de *Elementos de patología general* del mismo autor, publicado 10 años después (González Ureña, 1844).

Las instituciones

El Museo Mexicano y su sociedad trataron de reunir lo que quedaba de algunas instituciones científicas que habían sobrevivido a los años de guerra y a los de penuria económica y efervescencia política que les siguieron. Reorganizado en 1831, comprendió el Jardín Botánico, los ramos de historia natural y antigüedades y lo referente a la industria. Ésta era considerada clave para el desarrollo del país, comprendiendo perfectamente Bustamante y su grupo de asesores —entre los que destacaban Lucas Alamán y José María Bocanegra— lo que había significado en otros países la revolución industrial. Para ello se decretó en 1832 una ley que consignaba privilegios exclusivos a inventores y perfeccionadores de cualquier industria. ¿Qué tenía que ver esto con el Museo Nacional en ciernes o con el Jardín Botánico? En realidad nada. La reunión de la botánica como ciencia nueva y de lo que pudiera ser la aplicación del conocimiento científico, principalmente químico, a la industria, sólo es muestra de la confusión existente en los conceptos mismos de dichas actividades.

Los establecimientos de ciencias. La ley del 21 de octubre de 1833 decretó la supresión de la Universidad y su sustitución por una Di-

rección General de Instrucción Pública para el Distrito y Territorios de la Federación, lo cual quería decir que se mantenía vigente
la autonomía de los estados. Dicha dirección estaría integrada por
el vicepresidente Valentín Gómez Farías y seis directores nombrados ex profeso por el gobierno para encabezar seis establecimientos
de ciencias. El 26 del mismo mes se crearon dichos establecimientos y fueron designados sus directores. El primero fue el de Estudios
Preparatorios, que incorporaba las cátedras de latinidad, lengua
mexicana, tarasco, otomí, francés, inglés, alemán y griego, lógica,
aritmética, álgebra y geometría, teología natural y fundamentos filosóficos de la religión. Se dispuso para su ubicación el antiguo
hospital de Jesús. El segundo, de Estudios Ideológicos y Humanidades, comprendería el estudio de la ideología "en todos sus ramos", moral natural, economía política y estadística del país, literatura general e historia antigua y moderna. Su sede sería el convento
de San Camilo. El tercero de los establecimientos fue el de Ciencias
Físicas y Matemáticas, bajo la dirección de Ignacio Mora Villamil;
allí se impartirían cátedras de matemáticas puras, física, historia
natural, química, cosmografía, astronomía y geografía, geología,
mineralogía, francés y alemán. Situado siempre en el Seminario de
Minería, de 1834 a 1843 siguió funcionando otra vez como Colegio
Nacional de Minería, con José Francisco Robles al frente.

Debe mencionarse que en el escaso tiempo en que operó como
establecimiento, se notó una tendencia de los alumnos a examinarse como agrimensores, en lugar de proseguir con el grueso de
los estudios.

El cuarto fue el de Ciencias Médicas, con cátedras de anatomía
descriptiva y patológica, fisiología e higiene, patología externa,
patología interna, clínica interna y externa, materia médica, operaciones y obstetricia, medicina legal y farmacia teórica y práctica. Se
alojaría en el convento de Belén. El quinto, de Jurisprudencia,
incorporaría las cátedras de latinidad, ética, derecho natural, de
gentes y marítimo, derecho político constitucional, derecho roma-
no, derecho canónico, derecho patrio y retórica. Su local sería el
Colegio de San Ildefonso. Finalmente, el sexto sería de Ciencias

Eclesiásticas y se ubicaría en el Colegio de Letrán. Además, en el hospicio y huerta de Santo Tomás fueron establecidas otras cátedras: botánica, agricultura práctica y química aplicada a las artes. Los detalles se publicaron en el bando del 26 de octubre de 1833.

Todos los establecimientos comenzaron a funcionar en enero del año siguiente y su vida fue breve. Al caer Gómez Farías en mayo y tomar Santa Anna un curso equívoco hacia la reacción conservadora, se eliminaron los establecimientos y se restituyó la Universidad, no renovada como lo habían pensado Alamán y otros, sino con el lastre que la ahogaba. Cabe mencionar que, además del de México, se logró fundar y poner en funciones otros establecimientos, como el de Ciencias Médicas de Puebla, que inició sus cursos en enero de 1834 (Cortés Riveroll, 2005, p. 243), y el Instituto Médico Quirúrgico de Michoacán de 1833, que reunió la enseñanza de la cirugía a la cátedra de medicina que inició sus actividades tres años antes (Arreguín, 1984, p. 44).

A pesar de lo efímero de su vigencia, las reformas educativas de 1833 marcaron de manera definitiva el rumbo del país. En las décadas sucesivas se luchó para lograr lo que entonces se propuso y siglo y medio después se sigue considerando como algo por lograr o, en su caso, mantener: la enseñanza laica, desprovista de ideologías, con calidad, moderna y actualizada; que incluya desde la educación primaria hasta las ciencias más complejas; popular —sin demérito de la exigencia y la calidad— y auspiciada por el Estado. Por otra parte, el Estado liberal hizo patente su compromiso moral de velar por el conocimiento y por el cultivo de su producción y propagación.

¿HUBO UNA CIENCIA LIBERAL? (1834-1857)

Hacia una política de impulso a la ciencia

¿Qué se puede decir de una política de impulso a la ciencia cuando las condiciones políticas del país se caracterizaron por una rápida sucesión de gobiernos opuestos y cuando cada gobernante tenía como fin destruir lo que pudiera recordar a su predecesor? Puede afirmarse que, de entrada, 1834 representó un retroceso completo en esta materia. La Universidad retomó la dirección del conocimiento, y si algo quedó a salvo se debió a que los mismos comisionados para analizar la bondad o falta de pertinencia de los establecimientos, a pesar de ir predispuestos a pensar lo peor, juzgaron que algunos de ellos habían ganado su derecho a subsistir. En ese caso se encontraron los de Ciencias Médicas, Ciencias Físicas y Matemáticas y Jurisprudencia, permaneciendo el primero como tal y el segundo regresando a ser Colegio Nacional de Minería.

Coexistieron con una Universidad que muchas veces duplicaba los cursos, lo que en el caso de las Ciencias Médicas no se dio en tan gran medida como en los otros, pues ya desde los cuarenta se limitó a ofrecer cátedras de perfeccionamiento, entre las que se contaban las de higiene pública, historia de las ciencias médicas y moral médica, que aparecían esporádicamente pero fueron oficializadas en la ley Lares de 1854 e incluidas en los programas correspondientes. Sin embargo, lo que privó fue la falta de apoyo oficial, la necesidad de convertirse en una institución itinerante hasta comprar el antiguo palacio de la Inquisición en 1854, empleando para ello una buena cantidad debida a profesores por salarios caídos. Otras instituciones fueron menos afortunadas. Por ejemplo, la destinada a la enseñanza y estudio de la agricultura, que simplemente fue suprimida antes de iniciar labores. En fin, este periodo pudiera caracterizarse como de intentos frustrados o, si acaso, parcialmente logrados, pero siempre emplazados para intentar de nuevo su establecimiento. La lucha política entre liberales y conservadores tuvo, ciertamente, repercusiones en la ciencia y sus instituciones, pero ambos bandos estaban interesados en ellas: cambiaban los hombres, el giro de lo que se buscaba, pero a través de tantos escollos persistieron las principales líneas de estudio y de investigación, y liberales y conservadores se mezclaban en los modestos logros.

Las ideas científicas

Historia. Esta materia se fue convirtiendo tanto en maestra de la vida social como en arma promotora y defensora de ideologías. No obstante, a pesar de dimes y diretes, creó un rigor metodológico y tomó conciencia de su misión de narrar la verdad de los hechos. De la primera obra importante publicada en el periodo, *México y sus revoluciones* de José María Luis Mora —salida de prensas en 1836 en París, donde su autor estaba exiliado—, a *Historia de Méjico* (*sic*) de Lucas Alamán, cuyo quinto y último tomo salió a la luz en 1852, dicho proceso se aprecia perfectamente. Ninguno de los dos autores dejó de lado ni traicionó su ideología, pero ambos fueron claros al exponer opiniones personales. Las dos obras manifiestan la vigencia que para los autores tenía la presentación de datos estadísticos, que obligan a un nivel de objetividad pero que, a la vez, permiten hacer inferencias acerca de procesos sociales y políticos subyacentes. De los cuatro tomos previstos por Mora, dos estaban dedicados en su integridad a las estadísticas, confinadas en una sección mucho más breve al final de la obra de Alamán, quien además es consciente del valor literario que debe imprimir a su narrativa, en la que se aprecia la influencia de Guicciardini, por ejemplo, mientras la estructura toma como modelo a Humboldt. Asimismo, abarcando prácticamente todo el periodo, la obra de Carlos María de Bustamante se inicia con los ocho volúmenes de su *Cuadro histórico de la revolución de la América Mexicana,* publicados entre 1823 y 1827, para concluir con sus historias del último periodo presidencial de Santa Anna y de la guerra que puso fin a su mandato casi 30 años después. Siendo Bustamante tal vez el más apasionado, impositivo y radical al expresar sus puntos de vista, tuvo el cuidado de incluir íntegro un número considerable de documentos, con los cuales pretendió respaldar sus opiniones, pero también abrió las puertas para que el lector pudiera formar las suyas. El valor del documento como portador de la verdad histórica quedó perfectamente definido para los historiadores mexicanos de mediados de siglo, así como el fin último de sus trabajos históricos. Su temática, no obstante, siguió siendo la historia de sus propios tiempos y de su país, considerándose con la obligación moral de dar testimonio de las condiciones y conmociones que acompañaron al nacimiento de la nación mexicana.

Geografía. En medio de serios problemas y vicisitudes políticas se continuó con el esfuerzo de hacer mapas de todas las entidades federativas y reunir datos para una geografía político económica, tal y como se había previsto desde 1825. El Instituto de Geografía y Estadística trató de auspiciar trabajos en este sentido, pero la falta de apoyo oficial —los sucesivos gobiernos fueron dejando muchas instituciones, en primer término las de carácter científico, abandonadas a su propia suerte— convirtió en trabajos individuales lo que debió ser fuente de acciones institucionales. Sin embargo, estos hechos redundaron en la consolidación de grupos movidos por objetivos comunes y a fin de cuentas ayudaron a la formación de comunidades científicas. La transición marcada por la presencia de personas con algún rango militar y la formación de una Comisión Estadística Militar, apoyada por Juan Nepomuceno Almonte desde su ministerio, permitió la subsistencia del grupo y facilitó convertirlo en una sociedad sin vínculos directos de dependencia con el gobierno.

La caracterización de la estadística como ciencia nueva y poco comprendida forma parte central del ideario del Instituto, y en 1839 se señalaba que finalmente estaban claros los objetivos de esta disciplina: se trataba de hacer acopio de nuevos materiales, examinar y rectificar en su caso los existentes, publicar resultados y, sobre todo, estimular el celo de las personas interesadas. Esto último lo convirtió en una institución promotora de nuevas vocaciones científicas, aunque centradas en un diletantismo ilustrado y no en una profesionalización formal. Los beneficios no tenían que ser exaltados: los problemas del gobierno, y en esto se comprendía a todos los que se habían sucedido a partir de la Independencia, derivan fundamentalmente —afirmaba Gómez de la Cortina— de la ignorancia en que todos ellos se han hallado respecto a la verdadera naturaleza del país y de sus recursos (Gómez de la Cortina, 1839, p. 4). De esta manera se insistía en lo que Mora había sostenido 15 años antes: la economía política debería ser la ciencia básica que fundamentara el desarrollo del país, y la estadística, su herramienta principal.

La idea persistía, los objetivos eran precisos, su instrumentación había sido objeto de ataques sin cuento, en los que ideologías opuestas impedían sumar esfuerzos y propiciaban la anulación de lo que se iba obteniendo. Queda bien establecido que el gobierno auspició algunas acciones y los resultados de muchas de ellas eran utilizables por quien lo deseara, independientemente de su filiación ideológica. Pueden citarse en este sentido los estudios acerca de la población de la ciudad de México que llevó a cabo Gómez de la Cortina entre 1837 y 1838, fijándola en alrededor de 200 mil habitantes; o los trabajos de descripción geográfica, como las memorias de Oajaca (*sic*), Tulancingo y Sonora en 1845, y la realización de un mapa y medidas topográficas del Istmo de Tehuantepec, llevados a cabo bajo la dirección de Juan Orbegozo en 1838 por instrucciones expresas del supremo gobierno, el cual ya tenía en mientes la posible excavación y construcción de un canal (Orbegozo, 1839, pp. 130-143). Los resultados indicaban la importancia de Coatzacoalcos como posible cabecera en el Golfo de México, y de las entrantes de mar en la zona cercana a las playas conocidas como La Ventosa en el Pacífico, sitios mantenidos como principio y fin del canal en todos los estudios posteriores, y, finalmente, cabeceras del ferrocarril transístmico muchos años más tarde. Un lustro después, Cayetano Moro dirigió una nueva comisión exploradora cuyos resultados fueron publicados en Londres como *Reconocimiento del Istmo de Tehuantepec, practicado en los años de 1842 y 1843*. En 1852 comenzaron a hacerse evidentes los intereses estadunidenses al organizar una expedición para estudiar el terreno y construir un ferrocarril transístmico.

En 1843 se publicaron los datos finales procedentes del departamento de Sonora, con aspectos geográficos, políticos y comerciales, siguiendo el esquema de las primeras memorias estadísticas.

Siguieron las de Guanajuato, Tlaxcala —hecha por José María Ávalos—, Tamaulipas y Michoacán en 1849, y las de Aguascalientes, Colima, Tabasco y la región del Pánuco un año más tarde.

Promovida también por el Instituto de Geografía y Estadística se llevó a cabo en 1849 una exploración geológica del valle de Tehuacán, la cual inauguró este género de expediciones (*Boletín del Instituto Mexicano de Geografía y Estadística*, 1850, p. 300).

La comisión para establecer los nuevos límites con los Estados Unidos fue totalmente diferente de la primera, pues llevaba en su médula el amargo sabor de la derrota. No obstante, para 1850 la Sociedad logró publicar una *Carta general de la República mexicana* y concluir su *Atlas y portulano*, el cual quedó inédito. En 1856 coordinó esfuerzos para formar una comisión científica encargada de la elaboración de un Atlas Nacional, en cuya composición se encarnaban los principios de ese híbrido de geografía, economía política e historia que idearon los liberales desde los años veinte. Comprendería datos de historia y geografía antiguas, geología, cartas geológicas y geográficas, botánica, zoología y estadística, así como mapas topográficos limitados, en un primer intento, al valle de México. La guerra de los Tres Años se encargó de frustrar el proyecto, aunque tuvo logros parciales como el *Plano topográfico del Distrito Federal*, publicado en 1866; los planos de Guadalupe Hidalgo, Tacubaya, Azcapotzalco y Tlalpan; la determinación de la posición geográfica de la ciudad de México hecha por Díaz Covarrubias; el cálculo de la base para la triangulación del valle de México; las tablas de coordenadas para la prospección de la Carta de la República mexicana; las tablas geodésicas para calcular las latitudes del territorio nacional, y el perfil de los acueductos que surtían entonces a la ciudad de México.

Las ciencias naturales. La botánica. Con la muerte de Martínez de Lejarza, Vicente Cervantes y De la Llave, la botánica sufrió menoscabo a pesar de que Julián Cervantes y Miguel Bustamante continuaron trabajando ininterrumpidamente. El Jardín Botánico se conmovía hasta sus cimientos ante cada cambio político que, por supuesto, afectaba seriamente su de por sí exiguo presupuesto. Mal que mal se mantuvo la idea del Museo Nacional, lo que permitió dar cohesión a los esfuerzos, y no faltó la posibilidad de que otras instituciones, como el Instituto de Geografía y Estadística, encargaran en todas sus expediciones que se recogieran muestras botánicas y se depositaran en el Museo Nacional (*Boletín del Instituto Mexicano de Geografía y Estadística*, 1839, p. 53). En cierto sentido maduraba la idea de tener un gabinete de botánica, germen de un posterior herbario al que contribuirían tanto especialistas relacionados directamente con la institución, como viajeros que herborizaron en nuestro país y mexicanos cultos que en su formación intelectual habían incorporado el conocimiento sistemático de la naturaleza. Destacan en este sentido la labor y donaciones sostenidas que hizo Lucas Alamán, quien siempre manifestó intereses botánicos y mantuvo relaciones con De Candolle y con el herbario de Kew, y trabajos más formales como los realizados por Melchor Ocampo.

Conocido como político, liberal y defensor de las instituciones republicanas, Ocampo fue un apasionado de los estudios sociales, filosóficos y botánicos. Durante su estancia en París siguió los cursos impartidos en el Jardin des Plantes y, de regreso en México, continuó como autodidacto trabajando en su rica biblioteca y en el laboratorio que montó para esos efectos en su hacienda de Pateo, donde también ensayó diversos cultivos (Beltrán, 1963). Entre sus trabajos botánicos destacan los *Apuntes sobre cactos* y una *Cactografía* —ambas redactadas en 1837—; su *Memoria sobre el género de cactus de Linneo*, presentada en 1843 como trabajo de ingreso a la Sociedad Filoiátrica, y la *Memoria sobre el Quercus Mellifera*, presentada ante la misma audiencia en mayo de 1844. Hay dudas acerca de la paternidad del *Ensayo de una carpología aplicada a la higiene y la terapéutica*, que originó el estudio científico de las frutas de nuestro país. Tanto en esta *Carpología* como en la breve memoria "Sobre un remedio para la rabia", publicada en el *Diario del Gobierno*, se observa un interés hacia los efectos medicinales de las plantas; en el último texto se indica que la retama resultó inútil para pacientes mordidos por un lobo rabioso a quienes se la administró (Ocampo, 1988). El interés de Ocampo por la botánica y sus aplicaciones agrícolas atrajo la atención de Lucas Alamán, su archienemigo en el terreno de la ideología política, y quien, siendo entonces director general de la Industria Nacional, se dirigió a él para nombrarlo director de una Escuela de Agricultura que habría de organizarse. Esto era en mayo de 1845. Un año más tarde, ambos verían interrumpidos sus afanes por cambios en el gobierno y la inminente invasión estadunidense.

No faltaron botánicos y exploradores extranjeros que enriquecieron las colecciones mexicanas, aunque tampoco fue raro que enviaran especímenes fuera del país; por ejemplo, Carlos Sartorius, quien se estableció en Veracruz y manejó una hacienda por varios años, pero cuyos especímenes fueron enviados al Instituto Smithsoniano en Washington. De Gortari (en *La ciencia en la historia de México*, p. 322) cita a varios que colectaron en México entre 1828 y 1850: Schiede, Deppe, Schiechtendal, Muchlenfordt, Coulter, Galleoti, Funck —cuya colección se incorporó luego al herbario del Instituto Médico Nacional—, Hartweg, Ehrenberg, Liebman... a los que se agregan Baton, Edward, Wislizenus y Engelmann, quienes realizaron exploraciones y colectas durante la invasión estadunidense y cuyas colecciones enriquecieron el herbario de Kew; en cambio, a principios de los cincuenta, Parry trabajó la flora del valle de México, Palmer la de Orizaba y Schaffner la de San Luis Potosí, legando los primeros sendas colecciones al Museo Nacional de México, y la de este último, de helechos principalmente, pasó a ser posesión de Manuel Urbina. Mención particular merece la expedición encabezada por H. de Saussure, quien arribó al país en 1855 y, además de reunir una importante colección botánica, hizo aportaciones de interés en la ornitología; publicó un documentado trabajo sobre las aves, *Observations sur les moeurs de divers oiseaux de Mexique*, cuya sección sobre las aves de presa fue traducida y publicada en la revista de la Sociedad Mexicana de Historia Natural años después. El zoólogo Francisco Sumischrast permaneció en las zonas tropicales de Veracruz, estudiando pájaros y serpientes.

La descripción y recolección de plantas que crecen a lo largo del camino de México a Puebla, hecha por Julián Cervantes, y su identificación botánica por Pío Bustamante —a fines de los cuarenta—, definitivamente no tienen la envergadura de la investigación botánica realizada 20 años atrás. Sin embargo, no faltó un *Curso de botánica elemental*, escrito por Miguel Bustamante y publicado en 1841, que buscó atraer un público más amplio a esta disciplina; su empeño al parecer fue exitoso, pues dos años después se hizo una reimpresión de la obra, seguida por un *Nuevo curso elemental de botánica*, ahora escrito por Pío Bustamante y Rocha y publicado en 1846. Hacia el fin del periodo aquí estudiado, en 1876, apareció el texto de Alfredo Dugès, *Elementos de botánica al alcance de los niños*, seguido dos años después por otro similar dedicado a la zoología.

Durante este periodo se fue configurando paulatinamente una imagen de la historia natural, que abarcaba la botánica y la zoología, como era de esperarse; pero asimismo se incluyó la mineralogía y la geología, lo que explica la presencia de cátedras destinadas a la enseñanza de estas materias en el Establecimiento de Ciencias Físicas y Matemáticas en 1833. Esta institución se conservó, si bien con transformaciones sucesivas ante los intentos ideológicos por reducirla a los vetustos marcos de la restituida Nacional y Pontificia Universidad. Así, Miguel y Pío Bustamante las impartieron sucesivamente. En el mismo colegio, Joaquín Velázquez de León se hizo cargo de la enseñanza de geología y zoología, unidas en una sola cátedra en la que, no es de extrañar, se incluyó la paleontología. Ambas cátedras se mantuvieron hasta la reforma de la enseñanza de 1867. Es decir, hasta la caída del Imperio de Maximiliano. Puede señalarse que también en la Universidad Nacional, a pesar de su carácter netamente conservador, se instaló desde 1836 un curso de zoología cuyo profesor fue Manuel Moreno y Jove hasta la nueva desaparición de dicha institución en 1854.

El vitalismo, cuya principal manifestación se encuentra en el pensamiento médico, no dejó de aparecer en la botánica. En un opúsculo publicado en 1844 en *El Ateneo*, bajo el título de "Anatomía y fisiología vegetal", José Antonio Del Rosal expone las generalidades del desarrollo de estos seres desde su germinación hasta su muerte. En sus razonamientos destacan dos conceptos: que la naturaleza procede siempre mediante graduación de cambios insensible y que la muerte de los vegetales asimismo se da por grados, en la medida en que se debilita su "potencia vital" y son abandonados a "la energía de las causas físicas"; en otro pasaje del mismo trabajo señala los elementos de todo ser orgánico —y en esto reúne vegetales y animales— están encadenados por la fuerza de la acción vital que, al debilitarse, permite la reinstalación del caos primigenio (Del Rosal, 1844). Las fuerzas de la vida opuestas a la muerte y el tránsito físico como camino hacia ésta son señalados como mecanismos últimos del devenir universal.

Las ideas médicas. El vitalismo. Contra todo lo que pudiera creerse, los años centrales del siglo xix fueron de gloria para la medicina mexicana. Además de estar al día con lo reportado en la literatura europea, los médicos mexicanos contribuyeron regularmente con ideas y descubrimientos propios al avance del conocimiento. Muchos viajaron a Europa, principalmente a Francia, y establecieron un intercambio continuo de conocimientos.

Principio de acción general en la naturaleza, las fuerzas de la vida toman impulso muy especial en el terreno de las ciencias médicas. "La vida —había dicho Bichat a principios de siglo— es el conjunto de fuerzas que se oponen a la muerte", de modo que la fisiología, la moderna fisiología sería el estudio de esas fuerzas, siempre teniendo en mente la dinámica entre los dos ineluctables principios. Al instalarse la nueva cátedra de fisiología e higiene, que debiera impartirse a partir de enero de 1834, el vitalismo tomó carta de naturalización en el pensamiento médico mexicano. Magendie y Müller, con su fisiología experimental, hicieron acto de presencia entre los libros de texto del establecimiento. Carpio fue el gran promotor de esta doctrina que permitió formular una visión del funcionamiento del organismo, disecándose las funciones como antes se había hecho con los órganos.

Las dos grandes innovaciones, la anatomía patológica y la clínica, vienen anexas al concepto de lesión anatómica, convertido en tisular por Bichat. La anatomía patológica cobra particular importancia, ya que en ella se siguieron las ideas de Cruveilhier, quien sostenía que los cambios en órganos y tejidos también corrrespondían a variaciones funcionales; junto con Magendie, llegó a sostener que una vez muerto el organismo, seguía habiendo funciones cadavéricas, ahora de descomposición. La aceptación de tales ideas llevó a una práctica temprana de las autopsias, como lo documentan las realizadas por Isidro Olvera y Miguel Jiménez en los cuarenta para determinar la evolución de las neumonías y las que llevaron a este último a describir las diferencias entre las lesiones intestinales de la tifoidea en los pacientes franceses de Andral y los mexicanos.

La asociación estrecha entre la clínica ejercida al lado del enfermo y la práctica de las autopsias permitió integrar el nuevo saber biológico-lesional. En el hospital de San Andrés se enseñó la clínica con pacientes y los profesores realizaron observaciones directas. Se introdujo la técnica de la percusión, modificada y difundida por Corvisart, y se mantuvo vigente el pensamiento de Laennec, con su descubrimiento de la auscultación y su método anatomoclínico. Carpio hizo con él estudios sobre los ruidos cardiacos, inmediatamente después de que Bouillaud los describió por primera vez y Miguel Francisco Jiménez, considerado el fundador de la nueva escuela clínica mexicana, aportó métodos de percusión y auscultación; hizo estudios diferenciando el tabardillo y la fiebre tifoidea, las cuales publicó en 1846 como "Apuntes para la historia de la fiebre petequial o tabardillo que se observa en México". Veinte años después, en 1865, él y Carmona y Valle insistieron en la distinción clínica y patológica entre tifo y tifoidea.

Manuel E. Carpio también inició acciones para eliminar el uso de sanguijuelas y, sobre todo, desechar la vieja y perniciosa idea de someter a dieta a los enfermos con padecimientos febriles agudos; propuso la administración de atoles, lo que modificó radicalmente la evolución de los pacientes con tifoidea. En 1852 Rafael Lucio identificó la lepra manchada, que lleva su nombre, y las características clínicas para su temprana detección, publicándolas junto con Ignacio Alvarado en el *Opúsculo sobre el mal de San Lázaro o elefantiasis de los griegos*.

La farmacia y el nacimiento de la farmacología. Una nueva disciplina, la farmacología, fue incrementando el caudal de sus conocimientos al realizar estudios de laboratorio para demostrar tanto las acciones como la toxicidad de las sustancias.

Minerales y sustancias químicas cobraron poco a poco importancia, obligando a un enlace estrecho con esta disciplina que, sin desligarse de diversas ramas de la ingeniería, se aproximaba cada vez más a la medicina. Los artículos publicados por Leopoldo Río de la Loza sobre el azoturo de hidrógeno y el laparolato de estramonio (Río de la Loza, 1838), así como los del añil en el tratamiento de la epilepsia de Carpio (Carpio, 1838, p. 75), del mercurio en el de erisipela de Ramón Alfaro (Alfaro, 1838) o el de Gabriel Villette sobre los usos del cuernecillo del centeno (Villette, 1836), son sus primeras expresiones publicadas en México. Uno de sus primeros exponentes fue Leonardo Oliva, médico tapatío que se desempeñó como profesor de la materia en su ciudad natal de 1840 a 1870. Su obra *Lecciones de farmacología* fue publicada en dos tomos en 1853 (Fernández del Castillo, 1953; Díaz, 1945; Beltrán, 1963).

El naturalismo. En 1840 llamó la atención un pensamiento teleológico entre algunos científicos mexicanos; tal vez ejemplo de una reacción contra las ideas de Comte que comenzaban a ser conocidas en nuestro medio, o quizá de las consecuencias de nuevas visiones de la naturaleza que dejaban fuera, acaso tentativamente, la idea de una intención rectora de su curso. La preocupación central del autor —que firmó L.R.— del artículo sobre la *Nephentes Indica* o planta pichel, era determinar cuál había sido el designio de la naturaleza al dotarlas de esos apéndices en forma de jarritos que la caracterizan y a los que se atribuían diversas funciones. Concluyó que se trataba de "un mecanismo prodigioso, un designio que no conocemos todavía y una inteligencia siempre superior a la capacidad del hombre..." (L.R., 1843). Por supuesto, estas palabras denotan un pensamiento creacionista. Pero el asunto no se limita a una situación esporádica: en su descripción de la vida y el ambiente en el que se manejan los hidrófilos o diablos de agua, que pasan de larvas a coleópteros (mayates), el autor —quien se firma J.O.—, tras describir su transformación, se centra en su voracidad y en la forma de alimentarse utilizando sus tentáculos y mandíbulas; mas su consideración final no se enfoca en la descripción biológica, sino en señalar que esta voracidad no opera en detrimento de la felicidad de sus víctimas, quienes —dice— no tienen idea de la muerte. La idea de que la liebre es un animal muy feliz a pesar de ser de los más perseguidos en la naturaleza, expresada en el mismo texto, va más allá al ubicar esa felicidad en satisfacer su preocupación de ocultarse para no ser victimada, que es donde estriba su "satisfacción y goce" (Trabulse, 1985, pp. 78-80).

Matemáticas. No faltaron en el Colegio de Minería trabajos de interés sobre geometría euclidiana, pero no puede decirse que fueran investigaciones novedosas.

En otro terreno de las matemáticas, un intento serio lo constituyó el *Examen del cálculo infinitesimal bajo el punto de vista lógico* de Gabino Barreda, dirigido a destacar y enmendar el error de Comte, quien sostuvo el valor lógico de los cálculos de Leibnitz a partir de criterios derivados de los silogismos tradicionales en lugar de, como sostiene Barreda, apegarse a las leyes de la inducción y mantener el valor hipotético, jamás absoluto, de los teoremas matemáticos. El papel de la lógica es puesto en relieve al exponer Barreda cómo una operación analítica está siempre implícita en la resta, en la obtención de cocientes, en las raíces, en la función logarítmica y en la función circular directa, mientras la síntesis se expresaría mediante la suma, la multiplicación y la obtención del producto, en las potencias, en la función exponencial y en la función circular inversa. De allí que el método lleve a la conjugación de propieda-

des analíticas hasta llegar a la síntesis expresada mediante la ecua-
ción establecida como resultado del proceso.

La adopción del sistema métrico decimal. Empero, un hecho de fundamental importancia práctica fue la adopción oficial del sistema
métrico decimal. Su propuesta de una medida racional que fuera
referencia para todas las otras y se basara en fijar el diezmillonési-
mo del cuadrante del meridiano terrestre, fue implantada en Francia el 4 de julio de 1837 y ocasionaría oleadas de apoyos y recha-
zos. En México fue Melchor Ocampo quien propuso la adopción
del sistema, considerándolo una herramienta útil para eliminar los
abusos generados por la multiplicidad de pesos y medidas. En
tal sentido trabajaron juntos él y Pedro García Conde, redactando
el borrador de un decreto —que nunca llegó a tener efecto— según el cual el sistema métrico decimal sería el único oficial en el país
a partir del 1 de enero de 1850 y agregándose que, además de en-
señarlo teórica y prácticamente en todas las escuelas, se establece-
rían oficinas de pesas y medidas públicas y se emplearía en todas
las oficinas y tribunales. Tras un periodo de reacomodo de cinco
años, después del 1 de enero de 1855 los contraventores incurrirían
en multas. La discusión en las Cámaras y la votación del decreto quedaron en suspenso, pero fue el mismo Ocampo quien retomó el tema en 1856. Esta vez logró un decreto firmado por Ignacio
Comonfort, con fecha 15 de marzo de 1857, que estableció la obli-
gatoriedad de su empleo en todas las dependencias, para todos los
tratos, y tipificó como delito de fraude usar otras pesas y medidas.
Con ese objeto, la sección de pesas y medidas del Ministerio de
Fomento e Instrucción Pública publicó una *Tabla* para su utilización. La fecha para unificar su manejo cotidiano sería el 1 de enero
de 1862 (Cruz, 2003, p. 129). Para facilitar su implantación, Manuel
Ruiz Dávila publicó en 1865 una *Cartilla* explicativa, la cual fue
examinada y aprobada por la Sociedad de Geografía y Estadística
y por el Ministerio de Fomento. El Ministerio de Instrucción Pública la impuso como libro de texto forzoso en las escuelas (Trabulse,
1997, p. 218). Paradójicamente, el gobierno de la intervención no

apoyó este proyecto, el cual quedó nuevamente en suspenso y hasta 1882 no se logró unificar e implantar en todo el país.

Física. En 1835 tuvo lugar la primera ascensión en globo aerostático, realizada por Eugenio Robertson, quien reportó observaciones acerca de los accidentes del terreno en el interior del cráter del Xitle. Siete años después, el mexicano Benito León Acosta iniciaría sus ascensiones. Obtuvo la exclusiva por tres años para volar en globo en todo el territorio de la República; sin embargo, este hecho, que tuvo una gran repercusión como acontecimiento social, no prosperó en resultados científicos, ni en el sentido de coadyuvar a la exploración de partes poco accesibles del territorio ni en el desarrollo de instrumentos más complejos o novedosos.

Paralelamente al cultivo de la física en el Colegio de Minería, se introdujo la materia en otras áreas del conocimiento, como fue el caso de la medicina. En 1853, el doctor Ladislao de la Pascua, que antes de ser médico había estudiado en Minería, publicó su *Introducción al estudio de la física* con el objeto de utilizarlo como libro de texto para su curso en la Escuela de Medicina. En él convirtió a la física en sinónimo de la filosofía natural en cuanto estudio de todos los cuerpos de la naturaleza, siendo la ciencia natural por excelencia. En sus páginas expone el conocimiento de la física consagrado en su época, haciendo referencia a los autores más connotados además de describir sus experimentos y aparatos y de insistir en la pluralidad de sistemas de medición. En 1870, siendo profesor de física en la preparatoria, reeditó el libro (Cruz, 2003, p. 148).

Geología. En 1842 se adquirió la importante colección geológica del explorador Friskeinovski, quien enfermó en México y necesitado de dinero la ofreció en venta con seis mil especímenes por conducto del embajador de Prusia. Este acervo, reunido en Europa, los Estados Unidos, Cuba y México, formó el núcleo del gabinete de geología del colegio, al que pronto se sumó la que regaló un señor de apellido Duport. Pero esto contrasta con el hecho de que todavía en 1843 Del Río pugnaba por establecer una cátedra independiente de geología, aparte de la de mineralogía. En cambio —exaltación del sentido práctico—, por ese mismo tiempo se insistió en que Del Río, Herrera y Del Moral asesoraran al gobierno a fin de producir porcelana, de la que ellos tenían la fórmula.

Química. Como pionero de la química en México, con un laboratorio en su propia casa desde inicios de los años cuarenta, es reconocido Leopoldo Río de la Loza por Gabino Barreda. Según él, sin sus esfuerzos y aportaciones la química no se hubiera desarrollado en nuestro país, quedando en el nivel de intentos aislados y manuales para impartir cursos. Su *Introducción al estudio de la química*, con dos ediciones, constituye el primer libro serio sobre el tema escrito en nuestro medio. Una importante sección de cristalografía y una introducción a la química orgánica le dan la actualidad requerida, planteando problemas esenciales de la química de su época. Su interés lo llevó desde modificar técnicas, búsqueda de nuevos papeles reactivos o hallazgo de propiedades tintóreas en un liquen procedente de Baja California, hasta la química médica, con sus estudios sobre el mejor efecto purgante del protocloruro de mercurio comparado con los vapores del mismo elemento o el examen químico del líquido vomitado, y la preocupación por la potabilidad de las aguas, estableciendo tablas analíticas al respecto.

Todo esto complementó y ofreció un marco estructural a los intentos de varios médicos por aislar principios activos útiles en la terapéutica. Se pueden mencionar al respecto el ácido pipitzahuico, aislado del pipitzáhoac en 1856, algunos derivados del maguey, ensayos químicos sobre la florisina o incluso la alcoholización de semillas de jícama para curar la sarna.

Las instituciones

Las sociedades científicas. Sociedad Mexicana de Geografía y Estadística. En 1835 se reabre el instituto y se renueva el proyecto de abrir cátedras públicas sobre geografía y estadística. Los impulsores eran los mismos que en 1833: José Gómez de la Cortina en la presidencia, Andrés del Río en la vicepresidencia, Miguel Bustamante y Cástulo Navarro, secretarios; los miembros correspondientes fueron Alejandro de Humboldt, cuya obra seguía siendo modelo; Arago, del Observatorio Nacional de París, y José María Aubin, célebre coleccionista de antigüedades que entonces vivía en la ciudad de México. Las secciones previstas, geografía, estadística, observaciones geográficas, astronómicas y meteorológicas y adquisición de materiales, continuaron vigentes y se consolidaron. En 1839 se logró imprimir un primer número del *Boletín del Instituto Mexicano de Geografía y Estadística*.

Pero el año siguiente no fue posible mantener viva la publicación, a pesar de que los textos comenzaban a fluir hacia ella; sólo en 1849, ya en vías de convertirse el instituto en sociedad, salió a luz un segundo volumen que tendría continuidad. La iniciativa para su conversión en sociedad se debe a José Gómez de la Cortina, quien, como se mencionó, fue el primer presidente del instituto y continuaría siéndolo bajo su nueva denominación y cambio de carácter.

Academia Nacional de la Historia. Se fundó en 1834. Al decir del ministro de Relaciones Gutiérrez Estrada, contrastaban la oscuridad de los tiempos y sucesos, y la pobreza de los materiales y conocimientos derivados de ellos, con la gloria y el lustre que su cultivo daría a la República: la historia debería llegar a un encuentro benéfico con la tendencia, que se denotaba en la geografía, a incluir los factores humanos al llegar a considerar las producciones del país, su riqueza, población, instituciones, ilustración, industria y, sobre todo, "el engrandecimiento al que es llamado por la Providencia".

Academia Nacional de la Lengua. Su creación data también de 1834, con la finalidad de conservar la pureza de la lengua castellana, promover la reimpresión de nuestros clásicos, formar el diccionario de voces hispano-mexicanas, gramáticas y diccionarios, acopiar materiales referentes a lenguas que debían contribuir al Atlas de la República.

Sin embargo, quedó en proyecto, ya que su establecimiento formal se pospuso hasta 1864.

Academia de Medicina de Mégico. En 1836, los doctores Manuel Carpio, Casimiro Liceaga e Ignacio Erazo convocaron a un grupo de médicos, la mayoría profesores del Establecimiento de Ciencias Médicas, y formaron la primera Academia de Medicina. En ese mismo año iniciaron la publicación del *Periódico de la Academia de Medicina de Mégico,* del cual hubo seis volúmenes. Uno más, publicado en 1851, corresponde ya a la Academia organizada y dirigida por Leopoldo Río de la Loza. En efecto, el 30 de noviembre de 1851, 27 médicos encabezados por Río de la Loza fundaron en casa de éste una segunda Academia, continuadora de la anterior. Cinco años después y con Gabino Barreda como editor, publicaron dos tomos de una nueva revista llamada *La Unión Médica de México,* que apareció de 1856 a 1858. Esta asociación, a pesar de aparentes interrupciones de labores, logró mantener vivo un espíritu de comunidad científica, enterada de lo que sucedía en otras partes del mundo en el terreno de las ciencias médicas.

Baste mencionar al respecto los primeros informes sobre la enfermedad de Addison, la introducción en México del oftalmoscopio y la traducción de los trabajos de Claude Bernard sobre "el calor animal", en 1856.

Otras dos sociedades médicas surgieron en el mismo periodo. La Sociedad Filoiátrica, fundada en 1842, con su periódico, el cual circuló manuscrito entre los socios ese año y luego fue publicado en 1844; cubrió el lugar dejado a la deriva por la Academia en sus años de receso, aunque estuvo formada por la mayoría de los académicos a los que se sumó la nueva generación de sus discípulos, como Rafael Lucio, Ladislao de la Pascua y Leopoldo Río de la Loza. Y la Sociedad Médica Familiar, derivada de la Sociedad Médica Hebdomadaria, fundada mucho después, en 1867 y reunida en torno a Carmona y Valle, en la que un grupo de jóvenes médicos, entre ellos Eduardo Liceaga, Francisco Chacón y Juan María Rodríguez, presentaba a discusión temas de actualidad en su profesión; el primer pretexto fue estudiar los descubrimientos en oftalmología, en los que Carmona y Valle era experto.

Publicaciones científicas. Durante este periodo y dependiendo muchas veces de las sociedades que agrupaban a los profesionales de diversas materias, surgieron varias publicaciones periódicas. Algunas mantuvieron su continuidad por largo tiempo. Entre ellas destacan las publicaciones médicas iniciadas por la revista *Higia*, de efímera existencia, debida a los doctores Villette y Leger en 1833; el *Periódico de la Academia de Medicina de Mégico*, aparecido en 1836, órgano oficial de la recién fundada institución del mismo nombre, que tuvo dos épocas, de 1836 a 1840 y de 1843 a 1851, del que se publicaron solamente dos volúmenes; fue seguido por *La Unión Médica de México*, emanada del mismo cuerpo colegiado, que se publicó de 1856 a 1858 dirigido por Gabino Barreda. Al renovarse la Academia de Medicina, en 1864 se inició la publicación de la *Gaceta Médica de México*, que continúa hasta la fecha. El *Periódico de la Sociedad Filoiátrica*, manuscrito, circuló de julio de 1840 a julio de 1841, e impreso en 1844 y 1845.

Desde 1857 se comenzó a difundir el *Boletín del Cuerpo Médico Militar de la República Mexicana*. A fin de concentrar la información incluimos aquí publicaciones que corresponden a la parte final del capítulo: en 1868 apareció *El Porvenir Filoiátrico*; en 1869, *El Observador Médico*; la *Revista Hebdomadaria de Ciencias Médicas* en 1872 y 1873; *La Fraternidad* de San Luis Potosí en 1874, y *Anales de la Sociedad Larrey* en 1875.

El *Boletín de la Sociedad Mexicana de Geografía y Estadística* apareció por primera vez en 1839; el segundo volumen vio la luz 10 años después por la carencia de fondos; tras ello su publicación continuó de manera regular. Un *Anuario del Colegio Nacional de Minería* salió de prensas en 1846. A partir de 1854 se publicaron los *Anales de la Secretaría de Fomento*, en los que se difundía información referente a los diferentes tipos de industria. Otras revistas que incluían artículos sobre aspectos científicos en su contenido fueron *Revista Científica y Literaria de México*, en 1835, 1845 y 1846; *Diccionario Universal de Historia y Geografía*, editado por Manuel Orozco y Berra, con 10 volúmenes publicados de 1836 a 1849; *Mosaico Mexicano*, cuyos siete volúmenes cubren de 1837 a 1842; *Semanario de Agricultura*, en 1840; *Semanario de la Industria Mexicana*, en 1841 y 1842; *El Ateneo Mexicano*, en 1844, y *México Científico*, del que sólo hemos localizado el número correspondiente a septiembre-octubre de 1867.

LA REFORMA Y LAS CIENCIAS (1857-1862)

Hacia una política de impulso a la ciencia

El 5 de febrero de 1857 se promulgó una nueva Constitución, en la cual se establece un régimen republicano, representativo y federal; asimismo su articulado consigna las garantías individuales y el juicio de amparo, establece la educación secular y garantiza la libertad de prensa; además, es claramente anticlerical.

Cabe mencionar que el 25 de junio del año anterior, el ministro de Hacienda del presidente Ignacio Comonfort, Sebastián Lerdo de Tejada, había promulgado la Ley de Desamortización de Bienes en Manos Muertas, cuyo propósito era confiscar los bienes de la Iglesia. En 1859, Benito Juárez, desde Veracruz, promulga las Leyes de Reforma que nacionalizan los bienes eclesiásticos y se establece la separación definitiva entre Iglesia y Estado.

Dentro de esta restructuración del Estado, se estableció que la instrucción primaria fuera gratuita en la ciudad de México; además, que en sus contenidos la enseñanza fuera laica, sin ningún tipo de influencia religiosa tanto en este nivel como en la "secundaria" y superior, es decir, las escuelas de Medicina, Jurisprudencia, Bellas Artes y Música (Bravo, 1972, p. 10). El 14 de septiembre de 1857, Comonfort decretó que la Universidad quedaba suprimida y su edificio, libros, fondos y demás bienes se destinarían a la creación de la Biblioteca Nacional. Se agregarían las bibliotecas eclesiásticas y demás documentos importantes, conservados en conventos y otras instituciones religiosas; asimismo se ordenó, como había sucedido casi un siglo atrás, la salida de los jesuitas.

Está claro que los gobiernos liberales que impulsaron la Constitución de 1857 y las Leyes de Reforma tuvieron un genuino interés por el desarrollo de la ciencia, aunque nunca disfrutaron de la mínima tranquilidad ni bonanza económica que les permitieran llevar a cabo acciones de altos vuelos. Sin embargo, en medio de guerras y levantamientos fomentaron la creación de instituciones científicas, como el Observatorio Astronómico, y apoyaron a las que ya funcionaban, como la Escuela de Medicina, el Colegio de Minas, la Escuela de Agricultura y la Sociedad de Geografía y Estadística.

Las ideas científicas

Lo más importante en cuanto a educación es el establecimiento del positivismo como ideología científica dominante, situación que tuvo repercusiones en todas las ciencias. La nueva filosofía fue promovida principalmente por Gabino Barreda, médico que había regresado a México en 1851 deslumbrado por la nueva visión de la ciencia experimental forjada en Francia y por la sistematización metodológica del catecismo positivo (Fernández del Castillo, 1984, I, p. 731). Esta doctrina habría de constituir un elemento de superación y avance para la ciencia mexicana hasta que, 20 años más tarde, intentó mantenerse como sistema único.

Medicina. En medicina privaba todavía la influencia vitalista, pero sobre todo se mantenía vigente la observación clínica directa, tanto en el sentido de poder describir las enfermedades y establecer criterios taxonómicos con base en síntomas y en las partes del cuerpo afectadas, como en el de registrar los resultados de tratamientos aplicados. En cierto sentido puede afirmarse que un empirismo sistemático precedió al positivismo, el cual se reforzó con la aparición de instrumentación clínica y métodos de laboratorio.

Geografía. Antonio García Cubas logró reunir material suficiente, mediante documentos de la Comisión de Límites, para publicar en 1858 una obra que sigue siendo considerada clásica en la materia: *Atlas geográfico estadístico e histórico de la República mexicana*, constituido por dos mapas generales y 29 de los estados. Para realizarlos tomó en cuenta toda la información disponible hasta el momento, desde Clavijero y Humboldt hasta Terán y Orbegozo (García Cubas, 1858). En 1863 García Cubas amplió de modo notable esa obra e hizo la *Carta general de la República mexicana*, sumando una gran cantidad de datos proporcionados por Manuel Orozco y Berra, quien, a partir de labores simples en expediciones geográficas y naturalistas, fue cobrando paulatinamente la dimensión integradora del historiador que llegaría a ser.

Por otra parte, las actividades gremiales fueron cubiertas en esa época con el surgimiento de la Sociedad Científica Barón de Humboldt, fundada en la ciudad de México en 1861 por un grupo de jóvenes ingenieros encabezados por Francisco Díaz Covarrubias. Bajo su dirección levantaron la *Carta hidrográfica del Valle de México*, en la cual situaron geográficamente a la ciudad de México con aproximaciones hasta de centésimos de segundo, superando en precisión los cálculos que hiciera el sabio alemán (Cruz, 2003, p. 119). La Sociedad desapareció dos años después, resurgiendo en 1869 para organizar los festejos por el centenario del nacimiento de Alejandro de Humboldt.

Las instituciones

Escuela de Agricultura y Veterinaria. Con el antecedente del brevísimo periodo de estudios de agricultura en 1833 y algunos intentos infructuosos en el ínterin, en 1851 se logró mantener en el Colegio de San Gregorio a cuatro alumnos dedicados a los estudios agronómicos. En 1854 se pudo adjudicar de modo formal el edificio de San Jacinto para la escuela; de inmediato se iniciaron las cátedras y, para fines del año siguiente, se terminó un curso de química agrícola. Éste se siguió impartiendo gracias a la actividad de Río de la Loza, primer director del plantel, mientras las clases de agricultura sufrieron graves retrasos por falta de personal capacitado. En 1857 la remodelación del edificio estaba avanzada, se abrieron fuentes brotantes y se dotó a la escuela "de máquinas, instrumentos, utensilios y aparatos".

La Escuela de Veterinaria, aunque desde 1854 tenía ya estructurado el plan de estudios, solamente dos años después fue organizada oficialmente al declarársele parte formal de la Escuela de Agricultura. Para 1860 había estudiantes de los tres años de la carrera, así como algunos de veterinaria, en donde sólo había una cátedra de zootecnia. Finalmente, en 1865 la institución fue mantenida con las dos carreras, enfocándose la de agricultura a formar "mayordomos inteligentes", agricultores teórico-prácticos con cinco años de estudios, y profesores de agricultura con siete; por su parte, veterinaria formaría mariscales en tres años, y médicos veterinarios y profesores en seis.

Observatorio Nacional. Una de las últimas acciones del gobierno republicano, ya bajo la presión de la intervención francesa, fue la fundación, en enero de 1863, del Observatorio Astronómico Nacional en el Castillo de Chapultepec. En septiembre de 1862, el encargado del Despacho de Fomento, Luis Terán, encomendó a Francisco Díaz Covarrubias reunir aparatos e instrumentos astronómicos de varios establecimientos —entre ellos el Colegio Militar y el Colegio de Minas— para crear un observatorio astronómico. Fue nombrado director el mismo Díaz Covarrubias. Todo ello resultaba de varios años de intentos y trabajos preparatorios; pero solamente duró cuatro meses. En mayo del mismo año debieron interrumpirse las labores al ocupar los franceses la capital, y al llegar Maximiliano, las instalaciones del observatorio fueron derruidas durante las obras de remodelación del castillo para convertirlo en residencia imperial. El frustrado director lo narra de la siguiente manera:

> fue preciso abandonar la Capital a consecuencia de la invasión francesa [...] A mi salida de México, con el Gobierno Nacional, el 31 de mayo, encomendé el cuidado de los instrumentos al señor Lacunza, por orden del Ministerio. Lo que pasó después no lo sé, pero a mi vuelta a la ciudad he sabido que las construcciones de Chapultepec fueron destruidas para ejecutar las de ornato [...]

Entretanto, los franceses montaron un observatorio en la azotea del Palacio de Minería (Cruz, 2003, p. 119).

LAS CIENCIAS BAJO EL IMPERIO (1862-1867)

Hacia una política de impulso a la ciencia

Llama la atención que en ninguna de las obras históricas dedicadas al estudio del segundo Imperio se hable de políticas relacionadas con la ciencia, de apoyos concretos a proyectos o instituciones, excepción hecha del irrestricto que recibiera el naturalista Dominio Billimeck por parte de Maximiliano y de la libertad para reunir antigüedades de la que tanto se aprovechó el padre Fischer. La historia de ambos tomaría rumbos divergentes, pues mientras Billimeck logró en 1866 la reinstalación —con ayuda de Manuel Villada— del Museo Nacional, las colecciones de Fischer fueron exportadas a Europa y vendidas, quedando la parte más importante en el Museo Etnográfico de Basilea. Billimeck fue asimismo quien organizó un Gabinete de Historia Natural en la Casa Borda de Cuernavaca, Morelos; recolectó gran cantidad de insectos y arácnidos en los alrededores de México y Morelos, y describió por primera vez animales cavernícolas de México, descubiertos en las grutas de Cacahuamilpa (Hoffmann et al., 1993, p. 15).

Sin embargo, en medio de su gusto por el fasto y los paseos, quedan pruebas del interés de Maximiliano por promover el conocimiento en la medida en que lo hacían los monarcas europeos, a lo cual debe sumarse su postura liberal y su convicción de que de la ciencia depende el progreso de las naciones.

Maximiliano expidió la Ley de Instrucción Pública del Imperio el 17 de diciembre de 1865, "dirigida hacia el cultivo de una ciencia muy poco conocida en nuestra patria, es decir la filosofía. Porque ésta ejercita la inteligencia, enseña al hombre a conocer a sí, a reconocer el orden moral de la sociedad como una consecuencia emanada del estudio de sí mismo". Se fundaron las cátedras de geografía, historia de México, aritmética común y comercial, teneduría de libros y química. "También debían enseñarse las ciencias naturales, porque nos enseñan a ver las cosas que nos rodean." Dispuso que la instrucción fuera accesible a todos, pública y, en lo referente a la primaria, gratuita y obligatoria. La secundaria, orientada a la clase media que supiera leer y escribir, debería ser de cultura general. Por último, facultó a los estudios superiores y especiales para que siguieran impartiéndose las carreras tradicionales, como derecho y medicina (Ratz, 2002, pp. 98-100).

Por otra parte, una condición esencial determinada por los franceses fue la exploración científica de México con el fin de planear mejor la explotación de sus recursos y obtener las condiciones más ventajosas para hacerlo. Para ello se creó en París la Commission Scientifique du Mexique y se presumía que los datos obtenidos por quienes vinieron a trabajar y que serían luego analizados en Francia por el resto del equipo, permitirían obtener los mejores resultados. Este esquema corresponde punto por punto a lo que tanto habían requerido los políticos mexicanos desde que se logró la independencia y que se resumía en lo que llamaban economía política. Se instrumentó cuando ya ocupaban el territorio mexicano las tropas francesas y se negoció antes de que Maximiliano arribara al país. Para Napoleón III era la réplica de la célebre expedición científico-militar que su tío, Napoleón I, había guiado a Egipto. En París, el 27 de febrero de 1864 y por decreto imperial, quedó establecida la comisión, cuyos trabajos se iniciaron el 2 de marzo siguiente. Su presidente fue Victor Duruy, ministro de Instrucción Pública, y su vicepresidente Jean Louis Armand de Quatrefages. Se designó para sus gastos, que incluirían la publicación de sus resultados, una suma extraordinaria de 200 mil francos oro. El conocimiento exhaustivo del país, incluyendo por supuesto recursos y riquezas naturales, las características de su cultura y habitantes, garantizaba para los economistas de esa época una explotación ampliamente redituable. Francia, se dijo oficialmente, aportaría el conocimiento que no se pudo reunir en los 40 años previos y el beneficio sería para México. El discurso del colonialismo científico se sumaba a las acciones del militar. Sin embargo, se definió una política clara y auspiciada por el Estado, en este caso el francés que se pretendía instalar aquí. Resta saber cómo se hubiera negociado el asunto si Maximiliano dura un poco más en el Imperio.

Las ideas científicas

Geografía. Pocas fueron las aportaciones teóricas del periodo, pudiendo citarse como dato interesante la aplicación de líneas telegráficas para calcular la longitud geográfica, como hizo Francisco Jiménez con la línea México-Cuernavaca. Se retomaron los trabajos de comisiones formadas bajo los auspicios de la Sociedad de Geografía y Estadística, continuándose trabajos topográficos y geológicos en el valle de México, con Francisco de Garay como director de las obras hidráulicas que aprovecharían dichas exploraciones. Entre 1864 y 1866 se hicieron nuevos levantamientos por triangulación y un nuevo plano de la ciudad de México; en el primero de estos años, Orozco y Berra publicó *Geografía de las lenguas* y *Carta etnográfica de México*, precedidas por un ensayo clasificatorio sobre lenguajes indígenas.

Medicina. La aportación de médicos franceses llegados con la Commission Scientifique o relacionados con ella dados sus puestos en el ejército invasor no dejó de tener importancia. Así lo muestra la obra de David Jourdanet, quien había trabajado en México 19 años, principalmente en la costa del Golfo de México, y publicado en París *Du Mexique au point de vue de son influence sur la vie de l'homme* (Jourdanet, 1861). En ella analizaba dos aspectos fundamentales: las enfermedades tropicales, en particular la fiebre amarilla y el paludismo, que explicó todavía en función de la teoría de los miasmas —es decir, de las emanaciones de los pantanos—, y las diferencias en el funcionamiento del organismo por vivir en los altiplanos, es decir, a más de dos mil metros sobre el nivel del mar. Más tarde publicaría, ya en Francia, otro libro con un álbum de grabados acerca de la influencia del aire en la vida humana, en particular de la atmósfera rarefacta de las zonas altas (Jourdanet, 1876). En 1865, al conformarse lo que sería la Academia de Medicina, uno de los grandes temas de discusión fue la fisiología, en especial de la respiración, en altiplanos y grandes montañas; destacan las memorias presentadas por León Coindet, el propio Jourdanet y Carlos A. Ehrmann; el otro, solamente unos meses después de que se abriera la discusión sobre él en París, fue el de la introducción de la vacuna de origen bovino para producir linfa antivariolosa, proyecto presentado por Ángel Iglesias y discutido acremente por figuras de la talla de Rafael Lucio, Agustín Andrade, Lino Ramírez y Manuel Carmona y Valle.

A su vez, la influencia de la medicina mexicana en Francia tiene como ejemplo el libro de Lino Ramírez en el que refiere y detalla los trabajos de Jiménez sobre clínica y punción de abscesos hepáticos, traducido al francés y publicado en París.

Las instituciones

Comisión Científica de México. Recién instalada y apenas hechos los nombramientos del grupo de trabajo en París: Bousingault, naturalista y químico; Joseph Decaisne, botánico; Henri Milne-Edwards, zoólogo; Charles Saint Claire Deville, químico industrial; Marié-

Davy, astrónomo; Vivien de Saint Martin, geógrafo; Pierre Brasseur de Bourbourg, etnólogo y arqueólogo; Aubin, anticuario; Viollet Leduc, arquitecto; barón Félix Hippolyte Larrey, médico. El mismo día, 10 de marzo, fueron nombrados los miembros correspondientes en México, invitándose a Joaquín Velázquez de León, José Fernando Ramírez, al alemán J. Burkart y a H. De Saussure, ambos con exploraciones importantes en México. Las diversas secciones fueron diseñadas para cubrir todo el rango de las ciencias: naturales y médicas, físico-químicas, historia, lingüística, arqueología, etnología, economía política, estadística y obras públicas. No es de extrañar que el mayor porcentaje de estudios realizados correspondió a mineralogía y geología, ciencias naturales y arqueología, ya que la mayor parte de quienes vinieron a México trabajaba en esos campos y, además, fueron estas comisiones las que mayor interrelación tuvieron con los científicos mexicanos. Los resultados de sus trabajos se publicaron, entre 1865 y 1869, en tres tomos titulados *Archives de la Commission Scientifique du Mexique* y en otra obra, *Mission Scientifique du Mexique et de la Amérique Central*, pues también se llevaron a cabo indagaciones en otros países de Centroamérica (Maldonado-Koerdell, 1964, I, pp. 239-247).

Aquí, se organizó la Comisión Científica, Literaria y Artística de México "con el objeto de estimular las ciencias y las artes y elevarlas a la misma altura que las de las naciones más adelantadas". La responsabilidad de hacerlo recayó en el mariscal Francisco Bazaine, jefe del ejército expedicionario, y en el licenciado José Salazar Ilarregui, subsecretario de Obras Públicas. El 19 de abril de 1864 se hizo la inauguración oficial de la Comisión en el salón de actos de la escuela de Minas. De sus secciones cabe señalar que en la de historia y literatura fue nombrado Manuel Larráinzar; la de ciencias médicas reunió a un distinguido grupo, encabezado por Miguel Jiménez, con su contraparte europea que, como Carlos Alberto Ehrmann, León Coindet y David Jourdanet, representaba lo más selecto del saber médico del momento; en ciencias naturales se estableció una relación directa con la Sociedad de Geografía y Estadística, primero a través de su vicepresidente,

Urbano Fonseca, y luego con quienes estaban en activo, como Velázquez de León, García Cubas, Orozco y Berra, Francisco Jiménez y Manuel Villada, entre otros. Para trabajar en esta última comisión vinieron E. Guillemin-Tarayre, Coignet, Dollfüss, Montserrat y Pavie.

Dignas de mención fueron las labores de la Comisión de Pachuca, integrada en 1864 como parte de la Commission Scientifique. En ella trabajó un grupo de ingenieros, entre quienes se contaban Ramón Almaraz, Juan F. Martín, Javier Yáñez, José María Romero, José Serrano, Rafael Barberi, Antonio García Cubas, Manuel Espinosa y el médico y naturalista Manuel Villada. Los logros se refirieron a campos tan diversos como el estudio de la flora y la fauna de la región, la exploración de la zona arqueológica de Teotihuacan, así como su determinación astronómica, un plano topográfico del valle de México —el cual dio continuidad a los trabajos de la comisión que para realizar su estudio hidrográfico se había formado tres años atrás—, y los planos mineros de Pachuca y Real del Monte. Ésta puede considerarse una comisión modelo de lo que pretendía la Commission Scientifique a nivel regional, aunque destaca la intensa actividad de científicos mexicanos y la casi nula de la parte francesa, que en otras áreas estuvo muy dignamente representada. Mencionemos al respecto la actividad de Brasseur de Bourbourg en el estudio de las antiguas culturas mexicanas, y la importante acción, posterior a su regreso a Francia, de David Jourdanet, quien contribuyó a la publicación de la primera versión francesa de la *Historia* de fray Bernardino de Sahagún y a la integración del diccionario nahua-francés conocido como de Rémi Simeon. Asimismo, es muy meritoria la labor de Guillemin-Tarayre y su grupo, que llena prácticamente el último tomo de las publicaciones de la Commission con su *Exploration Minéralogique des Régions Mexicaines suivi des Notes Archéologiques et Ethnographiques*, de franco corte humboldtiano.

Academia Nacional de Medicina. La sexta sección de la Comisión Científica, Literaria y Artística de México correspondió a las ciencias médicas; estaba presidida por el doctor Carlos Alberto Ehrmann, médico militar francés. Inició sus actividades el 30 de abril con 19 miembros. Inmediatamente inició la publicación de una revista, la *Gaceta Médica de México*, que ha continuado hasta nuestros días como órgano oficial de la Academia Nacional de Medicina de México. En 1865, la Sección de Ciencias Médicas cambió su nombre al de Sociedad Médica de México, y finalmente tuvo, en 1873, el de Academia de Medicina de México (Fernández del Castillo, 1956). La primera mesa directiva estuvo conformada de la siguiente manera: Carlos A. Ehrmann, presidente; Miguel F. Jiménez, primer vicepresidente; Julio Clement, segundo vicepresidente; Agustín Andrade, primer secretario; Carlos A. Shultze, segundo secretario, y Rafael Lucio, tesorero.

El 10 de abril de 1865, Maximiliano dictó un decreto para la creación de la Academia de Ciencias y Literatura donde una vez más, se reunía a representantes de todo género de actividades intelectuales; se instaló en Palacio Nacional tres meses después, en la ceremonia del cumpleaños del emperador. José Fernando Ramírez fue electo su primer presidente.

LA REPÚBLICA Y EL POSITIVISMO CIENTÍFICO (1867-1876)

En julio de 1867 Benito Juárez asumió nuevamente la Presidencia de la República, restaurando el régimen republicano. Como parte del nuevo proyecto de gobierno reivindica la Constitución del 57 y las Leyes de Reforma. Uno de los puntos fundamentales que consideró para llevar a cabo la reforma del país fue restructurar la enseñanza, impulsar la educación y, con ello, el desarrollo de las ciencias y de la tecnología mexicanas, para lo cual se creó una comisión que se ocupara de ello.

La Comisión del Plan General de Estudios, que dio origen a la Ley Orgánica de Instrucción Pública del Distrito Federal, tuvo su parte revolucionaria con la creación de la Escuela Nacional Preparatoria; además, se reorganizaron actividades internas y planes de

estudio de las escuelas de enseñanza superior o de "segunda enseñanza", que eran Derecho, Minería y Medicina.

Las actividades se iniciaron en septiembre de 1867, cuando
Juárez convocó a notables personalidades de la política y de las
ciencias. Este grupo, encabezado por el ministro de Justicia e Instrucción Pública, licenciado Antonio Martínez de Castro, estaba
integrado por los hermanos Francisco y José Díaz Covarrubias, los
doctores Pedro Contreras Elizalde e Ignacio Alvarado, uno casi yerno y el otro médico de cabecera de Juárez, y el licenciado Eulalio M.
Ortega, conocido jurisconsulto que participó en la defensa de los
jefes imperialistas procesados en Querétaro. Además, hay indicios
para agregar a los anteriores los nombres de Leopoldo Río de la
Loza; el licenciado Agustín de Bazán y Caravantes, colaborador de
Martínez de Castro en el Ministerio de Justicia; el licenciado Anto-
nino Tagle, último director del Colegio de San Ildefonso y primero
de la nueva Escuela de Jurisprudencia, y Alfonso Herrera. Su de-
signación provino del presidente Juárez, el 21 de septiembre de
1867, al igual que la de Gabino Barreda, quien se incorporó a ella
al frente del grupo (Lemoine, 1995, p. 17).

El resultado de tres arduos meses de trabajo fue la promulgación, el 2 de diciembre de 1867, de la Ley Orgánica de la Instrucción Pública en el Distrito Federal, también conocida como Ley
Martínez de Castro. Su punto medular fue la Escuela Nacional
Preparatoria, "columna vertebral de la nueva ley, por cuanto representa en lo social, en lo doctrinario y en lo pedagógico, el paso
más audaz que en materia educativa se había dado hasta entonces
en México" (Lemoine, 1995, p. 15). En ella, además, se sostiene que
es fundamental el estudio de las ciencias físicas y naturales, pero
sin descuidar la filosofía y las letras. La filosofía que guió los trabajos de conformación de la ley fue el positivismo.

José Díaz Covarrubias sostenía que en la educación preparatoria

deben adquirirse los conocimientos que han llamado enciclopé-
dicos, porque es indispensable que la inteligencia que se dedica a

profundizar cualquier ramo del saber humano, sepa el objeto y
los principios fundamentales de todas las que le preceden o acom-
pañan en el encadenamiento científico o imprescindible [...] la
instrucción preparatoria debe darse en una escuela enciclopédica
de preparación universal [Díaz y de Ovando, 2006, I, p. 16].

Para ello era necesario saber matemáticas, uranografía, física, química, geología, biología, geografía, historia, idiomas y literatura.

La Ley de Instrucción Pública introdujo importantes reformas
en las actividades desarrolladas en la Escuela de Medicina. En lo
relativo al plan de estudios para el año 1868 se eliminaron las materias de física, química e historia natural médica; además se sus-
pendieron el quinto y sexto años preparatorios, y se agregaron
cuatro nuevas cátedras: anatomía topográfica, patología general,
higiene (que se separó de fisiología) y clínica de partos. Para la
carrera de farmacia se aumentaron en su plan de estudios las materias de historia de las drogas y análisis químico (Sanfilippo y
Viesca, 2002, p. 151). En este mismo marco se inscriben los *Apuntes
de física, Apuntes de química* y *Apuntes de historia natural* redactados
por Aniceto Ortega.

En el informe que presentó el ministro de Justicia e Instrucción Pública Antonio Martínez de Castro un año después, el 28 de
marzo de 1868, se hizo una síntesis de los nuevos y viejos establecimientos educativos: escuelas de instrucción primaria, 245 en el
Distrito Federal además de 24 particulares, todas lancasterianas;
Escuela Secundaria para Niñas, preparaba a las jóvenes en economía doméstica; Escuela de Sordomudos; Escuela Preparatoria, establecida en el antiguo Colegio de San Ildefonso, contaba con 700
alumnos externos y 200 internos; Escuela de Jurisprudencia, con
un nuevo plan de estudios; Escuela de Medicina y Farmacia; Escuela de Agricultura y Veterinaria, de nuevo ubicada en el ex convento de San Jacinto; Escuela de Ingenieros, o sea la antigua de
Minas, con un tronco común y diversificación en especialidades,
como ingenieros de minas, topógrafos, hidrógrafos, de ferrocarriles y caminos, etcétera; Escuela de Comercio, con un primer plan

de estudios en proceso de elaboración; Escuela de Artes y Oficios, fundada en 1856, que continuó en el ex convento de San Lorenzo, y estaba orientada a formar artesanos con instrucción científica. En esta última se enseñaba carpintería en sus aplicaciones a la *tonotecnia*, la ebanistería; herrería aplicada a la cerrajería y la construcción de instrumentos de ciencias, agricultura e industria; fundición de metales para toda clase de vaciados; construcción de objetos de goma elástica, "y otras industrias de no menor importancia". Además, estaban la Escuela Nacional de Bellas Artes, el Jardín Botánico y el Museo Nacional, creado a principios de siglo y que fue reorganizado "para que sirva a la instrucción y recreo de los habitantes de la capital y pueda dar a los extranjeros que nos visiten una idea ventajosa del estado de cultura que ha alcanzado nuestro país"; ubicado originalmente en salas de la antigua Universidad, se le asigna la Casa de Moneda a un costado del Palacio Nacional, contando con nueve salones, en donde se pondrán las colecciones de mineralogía, geología, paleontología, zoología, botánica, historia natural y antigüedades, agrupadas en cuatro secciones: historia natural, antigüedades, histórica y artística. Al Jardín Botánico, que seguía en el marasmo, se le pretendió establecer en el edificio de la Ciudadela y el jardín contiguo. A ellos se sumaron una Academia de Ciencia, que actuaría como junta directiva para organizar todos estos planteles y que nunca se conformó, y la Biblioteca Nacional, ubicada en la iglesia de San Agustín, que reunió las de los conventos suprimidos y de la antigua Universidad, con una meta inmediata de tener 100 mil volúmenes (Massieu, 1972, p. 96; Martínez de Castro, 1868).

Para dar continuidad a los estudios de los diferentes planteles, en 1869 se hicieron tres planes de estudios preparatorios, uno para cada escuela superior en donde se cursaban diferentes carreras: abogados, ingenieros, arquitectos, ensayadores y beneficiadores de metales y, la última, para médicos, farmacéuticos, agricultores y veterinarios (Díaz y de Ovando, 2006, II, p. 14).

Un programa de divulgación, instrumentado por autoridades y profesores de la Preparatoria en febrero de 1871, fue llevar los conocimientos científicos al pueblo, con la finalidad de que fueran aprovechados en la industria y las artes u oficios; para ello se dieron lecciones públicas de física, zoología y química, impartidas por los profesores más destacados: Manuel M. Contreras, Gabino Barreda, Alfonso Herrera y Leopoldo Río de la Loza (Díaz y de Ovando, 2006, II, p. 18).

Un hecho curioso: durante los meses de abril y mayo de 1875 surgió el primer conflicto estudiantil digno de mención en la capital de la República. Fue un intento por crear una universidad libre y autónoma, concebido y planeado por jóvenes estudiantes. Su lema era: "Enseñanza libre, en el Estado libre".

El 1 de septiembre de 1867 apareció un nuevo periódico en la ciudad de México, titulado *México Científico. Periódico de Ciencias, Arte, Industria, Minas, Agricultura, Química Industrial y Economía Política*; el jefe de redacción firmaba El Progreso. Buscaba defender la ciencia mexicana, que no era ajena a su tradición ante Europa, sobre la que se había triunfado; tampoco en este aspecto podría ésta seguir desdeñándonos, pues México "poseía en su seno cuantos elementos constituyen realmente la civilización de las naciones, la ilustración de los pueblos" (Díaz y de Ovando, 2006, I, p. 14).

Las ideas científicas

Medicina. Durante este periodo la medicina mexicana tuvo un desarrollo importante. En su práctica sobresale una pléyade de figuras. Miguel Jiménez fue uno de los más importantes clínicos: llevó a cabo 287 estudios sobre el absceso hepático y creó la técnica del vaciamiento hepático por medio de una punción con trocar, en vez de una incisión quirúrgica, la cual debería ser cubierta de toda influencia exterior para evitar una septicemia. Publicó sus resultados en la *Unión Médica de México* entre 1856 y 1857. Otra contribución de Jiménez de suma importancia a nivel mundial fue la distinción entre dos enfermedades consideradas una misma hasta esa época: el tifo y la fiebre tifoidea, conocidas comúnmente por tabardillo (Chávez, 1947, p. 80).

La aplicación del conocimiento anatómico y la anatomía patológica permitió a Francisco Montes de Oca crear técnicas quirúrgicas muy superiores a las habidas en ese momento, muchas de ellas desarrolladas durante la guerra contra el Imperio; por ejemplo, una modificación para la desarticulación del hombro publicada en 1874, y las técnicas para la amputación de una pierna que mejoraba las condiciones del colgajo y de la amputación metatarsofalángica.

Juan María Rodríguez realizó por primera vez la versión del producto mediante maniobras externas en 1869, y la operación de Porro, cesárea seguida de histerectomía en 1884; enseñó a diagnosticar el embarazo por palpación externa y auscultación; en 1897 publicó el primer libro de texto mexicano sobre la materia: *Guía clínica del arte de los partos*.

Justo es mencionar a Manuel Carmona y Valle, quien hizo modificaciones fundamentales en la extirpación de cataratas y en la resección del maxilar superior; fue el primero que habló de infarto pulmonar e inició los estudios en México sobre la etiología de la fiebre amarilla y del cólera, simultáneamente a los estudios de Koch sobre la tuberculosis.

Botánica. En esta disciplina se continuó el empeño de estudiar las zonas inexploradas, y describir y clasificar nuevas plantas. Se pueden documentar los trabajos de Rafael Dondé, oriundo de Campeche, quien cursó la carrera de farmacia en Puebla, bajo la tutela de Mariano Cal, recibiendo su título en 1847. Al lado de José María Vargas, en México obtuvo un segundo título en ese mismo campo. Sus obras *Apuntes sobre las plantas de Yucatán* (1874) y *Lecciones de Botánica* (1875), ambas realizadas con su hijo Juan, son muestra de dicho interés. Algo semejante puede decirse de Alfonso Herrera, quien no pudo concluir sus estudios de medicina y se graduó en farmacia en 1855. Sus intereses fueron múltiples, contribuyendo al desarrollo de la química y la botánica, pero sobre todo a formar una escuela a través de sus largos años de docencia en botánica y zoología en la Escuela Nacional de Agricultura; de historia natural en la Escuela Normal para Profesores; de historia de las drogas en la Escuela Nacional de Medicina, y también de historia natural en la Escuela Nacional Preparatoria, donde desarrolló el Jardín Botánico y el Gabinete de Historia Natural (Villada, 1901).

Astronomía. El 9 de diciembre de 1874 tuvo lugar uno de los sucesos astronómicos más importantes de esa época: el paso de Venus por el disco solar se vería en Oriente. El presidente Sebastián Lerdo de Tejada convocó a una comisión de científicos para que asistiera a observarlo. Nombró al ingeniero Francisco Díaz Covarrubias al frente de ella, y a los siguientes ingenieros: Francisco Jiménez como segundo astrónomo; Manuel Fernández Leal como fotógrafo y calculador; Agustín Barroso como fotógrafo, y Francisco Bulnes como cronista de los trabajos realizados.

El viaje se inició el 18 de septiembre del siguiente año y, según los cálculos, debería durar 55 días. Como México no tenía relaciones con Japón, el plan era llegar a China y de ahí a Japón. El 30 de noviembre la comisión científica se instaló en la ciudad de Nogueno-yama, y finalmente el 9 de diciembre se presentó el fenómeno astronómico. El regreso se efectuó por Europa, haciendo escala en París para publicar sus resultados y cálculos antes que cualquier otro grupo (Cruz, 2003, p. 131). El informe de la misión fue publicado por el mismo Díaz Covarrubias en 1876, en el libro titulado *Viaje de la Comisión Astronómica Mexicana al Japón.* El ingeniero Luis G. León dijo al respecto: "Fue aquélla la primera ocasión en que el nombre de México se dio a conocer en un concurso científico de tanta importancia..."

Las instituciones

Observatorio Astronómico Nacional. Apenas restaurada la República se volvió al proyecto del observatorio astronómico. Sin poder contar con las modestas instalaciones que tenía en Chapultepec—que fueron destruidas—, se decidió instalarlo en la azotea de Palacio Nacional, hecho simbólico del interés y la estrecha relación con la ciencia que mantenía el nuevo gobierno. Esto sucedió en 1867. Los primeros trabajos se orientaron a reunir la información astronómica dispersa y crear comisiones que establecieran las coordenadas geográficas de las ciudades más importantes del país. En 1874, Francisco Díaz Covarrubias organizó una expedición marítima, comandada en lo científico por él y en lo naval por el comodoro Ortiz Monasterio, para ir a Japón y tomar lectura del paso de Venus por el disco solar. En 1879 el Observatorio volvería a ocupar su lugar en el Castillo de Chapultepec, antes de ser instalado cinco años después en el palacio arzobispal de Tacubaya. Díaz Covarrubias fue un prolífico autor a la vez que inventor de algunos métodos astronómicos relevantes. Estos últimos están descritos en su libro *Nuevos métodos astronómicos*, publicado en México; entre ellos destaca el elaborado para calcular la hora utilizando las alturas iguales de dos estrellas, con lo que evitó errores de refracción y el empleo de ángulos verticales. Éste fue descrito muchos años después en Alemania como "método Cinger", además de otros para calcular el acimut, la latitud y la longitud. Sus obras incluyen además el *Tratado elemental de topografía, geodesia y astronomía práctica* y *Cálculo diferencial e integral*, ambos pensados como textos para sus cursos, y *Memoria sobre una expedición científica al Japón*.

El Colegio de Minas. Para 1868 contemplaba la existencia de dos grandes áreas: la Escuela Práctica de Minas y la Escuela Especial de Ingenieros; en esta última, se abrió una cátedra de estereotomía y se estableció una oficina de ensaye de la Junta Calificadora de Monedas. También, a instancias de José Bustamante, se integró en una cátedra de física matemática la antigua de hidrografía y física del globo, dando un marco general a lo que consideraron quedaba como contenidos sueltos. En 1874 se publicaron adendas a la Ley de Instrucción Pública; de acuerdo con ellas, las carreras impartidas en la escuela serían ingeniero de minas, beneficiador de metales, ensayador y apartador, ingeniero topógrafo e hidromensor, ingeniero mecánico e ingeniero geógrafo e hidrógrafo. En sus programas quedaron incorporados estudios de geología, paleontología, astronomía —lo que explica el especial interés de los miembros del colegio en la expedición a Japón— y física experimental; en cuanto a la química, se insistió en el análisis químico y la docimasia, subrayándose por igual la importancia del conocimiento práctico y la experimentación. Fruto y muestra del apoyo que recibieron los trabajos científicos desarrollados a la sombra del Colegio de Minas son las publicaciones de Santiago Ramírez: en 1875, *Apuntes sobre la formación mineralógica y geográfica del Distrito de San Nicolás del Oro*, y en 1877, *El Mineral del Oro*, descripción de un nuevo mineral, al que llamó *medinita*; en 1875, su libro de *Aerometría subterránea. Análisis del aire en las minas*, en 1877, y la publicación de los aportes de otros ingenieros de minas, como José María Romero y José María Gómez del Campo, con observaciones realizadas respectivamente en Querétaro y San Luis Potosí. También al empeño de Ramírez se debió la publicación de *Instrucciones de laboratorio o ejercicios progresivos de química práctica por Carlos Soudon Bloxam*.

Sociedades científicas. Durante este periodo surgen algunas agrupaciones con fines científicos. Unas se refuerzan y consolidan, como es el caso de la Sociedad Mexicana de Geografía y Estadística y la Sociedad Médica de México, que en 1874 tomó el nombre definitivo de Academia Nacional de Medicina. A estas corporaciones se suman otras dos que tuvieron un papel importante en el desarrollo de la cultura mexicana.

La primera es la Sociedad Mexicana de Historia Natural, que se fundó el 29 de agosto de 1868 para "dar a conocer la historia natural de México y fomentar el estudio de la misma en todas sus ramas y en todas sus aplicaciones". Sus fundadores fueron José Joaquín Arriaga, Antonio del Castillo, Alfonso Herrera, Gumersindo Mendoza, Antonio Peñafiel, Manuel Río de la Loza, Jesús Sánchez, Manuel Urbina y Manuel Villada. Al poco tiempo se unieron

Gabino Barreda, Lauro María y Miguel Jiménez, Leopoldo Río de la Loza, Ignacio Alvarado, Agustín Andrade, Ignacio Altamirano y José María Velasco. Para llevar a cabo sus trabajos se dividió en cinco sesiones: botánica, zoología, mineralogía, geología y paleontología y ciencias naturales. Para dar a conocer sus investigaciones publicaron la revista *La Naturaleza*, la cual apareció en junio de 1869. Se hicieron 11 tomos, con un total de 690 trabajos. Continuó su publicación hasta 1914, año en que se disolvió la sociedad (Rodríguez de Romo, 1999).

En *La Naturaleza*, Alfredo Dugés publicó su descripción de la nueva especie de ajolotes que encontró en la laguna de Pátzcuaro (Dugés, 1870), y José María Velasco, pintor y naturalista, escribió reflexiones desarrolladas a lo largo de 12 años de estudios, en las que analiza una nueva especie hallada en el lago de Santa Isabel, en el valle de México; con este trabajo, Velasco complementó lo que se sabía hasta entonces acerca del batracio que se transforma en reptil, trayendo a colación las hipótesis de Cuvier y las últimas teorías y demostraciones de Auguste Duméril (Velasco, 1879, pp. 209-233; Duméril, 1866, p. 265). En esa revista también apareció en 1870 la interesante memoria de Juan María Rodríguez, uno de los primeros textos modernos en nuestro país sobre teratología: describió un cerdito clasificado como autósito *Cyclocephalico* del género *Rhinocephalo*, caracterizado por atrofia importante "del aparato nasal y la alteración de los ojos, dirigidos hacia la línea media y confundidos hasta parecer uno solo" (Rodríguez, 1870, I).

La otra agrupación surgió en 1870, durante la presidencia de Sebastián Lerdo de Tejada, cuando se revivió el proyecto de crear la Academia Mexicana de la Lengua, ahora correspondiente de la Real Española. Se reunieron el obispo de Tulancingo, doctor Juan Bautista Ormaechea; el deán de la Catedral Metropolitana, Manuel Moreno y Jove, además de empresarios e intelectuales importantes como Alejandro Arango y Escandón, José María de Bassoco, Casimiro del Collado, Joaquín Cardoso, José Fernando Ramírez, Joaquín García Icazbalceta y José Sebastián Segura. Después de cinco años de trabajos durante los cuales murieron dos miembros del cónclave —Moreno y Jove y Ramírez—, se decidió incorporar a Francisco Pimentel, José María Roa Bárcena, Rafael Ángel de la Peña, Manuel Peredo y Manuel Orozco y Berra (Dávila Garibi, 1971, pp. 7-10).

El 19 de abril de 1864 se creó la Academia Nacional de Medicina de México. En su inicio correspondió a la sección sexta de la Comisión Científica, Literaria y Artística de México. Su primer presidente fue el francés Carlos Alberto Ehrmann y el total de miembros eran 18 médicos, dos farmacéuticos y dos veterinarios. Se dividió en seis áreas: patología; higiene; medicina legal y estadística médica; medicina veterinaria; materia médica y farmacología; fisiología y antropología.

El 15 de febrero de ese año esa Comisión publicó su órgano científico oficial, *Gaceta Médica de México*. El 13 de diciembre de 1865, sus miembros cambiaron el reglamento y decidieron darle el nombre de Sociedad Médica de México. Su presidente Miguel F. Jiménez estableció que las sesiones fueran periódicas y que se añadiera a la *Gaceta* la leyenda explicativa de "Periódico de la Sociedad Médica". A partir de 1866 se reunió en la Escuela Nacional de Medicina y cuatro años después tomó definitivamente el título de Academia Nacional de Medicina de México.

Otras sociedades aparecieron con actividad restringida y vida efímera. El 23 de enero de 1868, el *Monitor Republicano* anunció que en la Academia de Frenología se llevaría a cabo un curso de 30 lecciones a cargo del señor Díaz de las Cuevas. Tenía por objeto el conocimiento de sí mismo y de los demás, para evitar vocaciones erradas, pasos falsos en la vida, alianzas infelices, como consecuencia del desconocimiento "de la clave de los propios y de los ajenos instintos" (Díaz y de Ovando, 2006, I, p. 24). No se conocen más datos de la agrupación, pero es interesante que hubiera interés en el estudio de una doctrina médica para el estudio de la localización de las funciones cerebrales, creada en Francia cuatro décadas atrás por el médico austriaco Franz Joseph Gall.

El 4 de febrero de 1877 se fundó la Asociación Metodófila Gabino Barreda con la intención de "discutir todo género de cuestiones científicas bajo el punto de vista lógico o del método". La integraban 26 estudiantes de las escuelas de Medicina, Jurisprudencia, Farmacia e Ingeniería; entre ellos se encontraban Manuel Gómez Portugal, Miguel S. Macedo, Porfirio Parra, Joaquín Robles y Salvador Castellot. El presidente era el propio Gabino Barreda. Publicó un tomo con las conferencias quincenales llamado *Anales de la Asociación Metodófila Gabino Barreda*. El 31 de enero de ese mismo año obtuvo reconocimiento oficial y apoyo gubernamental la Sociedad Familiar de Medicina, surgida en torno a Miguel F. Jiménez. Tenía como finalidad discutir casos médicos de sus miembros (Cárdenas de la Peña, 1976, p. 156). Entonces varias sociedades médicas se mantenían activas, contándose las de San Luis Potosí, Guadalajara, Toluca y Mérida. Asimismo, se habían constituido sociedades médico-farmacéuticas a raíz de la regularización de estudios y la expedición de títulos; en 1874, la Sociedad de Farmacia daba forma al proyecto de publicar la *Nueva farmacopea mexicana*.

Escuela Nacional Preparatoria. Dentro de las modificaciones radicales de la enseñanza de las ciencias destacó la creación de la Escuela Nacional Preparatoria, puesta en marcha a fines de 1867, apenas instalado el gobierno republicano en el poder. Su principal actividad fue el apoyo a todas las manifestaciones de la ciencia, incluidas las ciencias sociales y del espíritu.

El plan de estudios consideró matemáticas, lógica, química, física, historia natural, geografía, cosmografía, historia patria y economía política. Para llevar a cabo las prácticas de algunas asignaturas se crearon gabinetes o laboratorios para física, química e historia natural, además de una biblioteca y un pequeño jardín botánico, repositorios importantísimos de materiales de investigación.

El plan de estudios comprendía cinco años: en el primero, se estudiaba aritmética, álgebra, geometría, gramática española, francés y taquigrafía; trigonometría, cosmografía, raíces griegas, latín e inglés en el segundo; física, geografía, latín e inglés en el tercero; en el cuarto, química, historia, cronología, latín, alemán y teneduría de libros; y en el quinto, historia natural, lógica, ideología, gramática general, moral y alemán.

Esto representó un gran estímulo para el cultivo de las ciencias entre la juventud mexicana, que comenzó a utilizar gabinetes y laboratorios. Fue la generación que en los años siguientes se encaminaría hacia la experimentación científica y sus aplicaciones prácticas. Hacia fines de los años setenta se manifestó una grave crítica al positivismo hasta entonces reinante en la institución: no debía mantenerse una ideología exclusiva en un medio de universalidad del conocimiento. Así se abrió la puerta a otros sistemas de pensamiento, no todos los cuales resultaron adecuados y tampoco todos de carácter progresista.

Conclusiones

En síntesis, el estudio de las ciencias y la investigación científica en el México independiente fueron dirigidos hacia la configuración de una ciencia nacional que respondiera a necesidades políticas y sociales bien definidas. El esquema al que se ajustan es ilustrado en sus inicios, orientándose hacia exploraciones y formación de colecciones, y solamente es objeto de una lenta transformación hacia conceptos de carácter experimental a mediados de siglo. Un objetivo claro, por lo menos desde las reformas político-educativas de 1833, es la incorporación del país al escenario mundial, lo que incluía también a la ciencia. El intercambio, particularmente con Europa, de conocimientos y preocupaciones científicas cobró gran auge, a pesar de que el común denominador en el Viejo Mundo seguía siendo la expansión colonialista. A fin de cuentas, una vez restaurada la República quedó conformada una comunidad científica que se expresó en los más diversos ramos disciplinarios, poseedora, además, de una conciencia nacional que le permitió interactuar con el extranjero sin perder su identidad.

BIBLIOGRAFÍA

Alamán, Lucas, *Memoria que el secretario de Estado y del Despacho de Relaciones Exteriores e Interiores presenta al Soberano Congreso Constituyente*, México, Imprenta del Supremo Gobierno, 1823.

————, *Memoria presentada a las dos Cámaras del Congreso General de la Federación por el secretario de Estado y del Despacho de Relaciones Exteriores e Interiores*, México, Imprenta del Supremo Gobierno, 1825.

————, *Memoria de la Secretaría de Estado y del Despacho de Relaciones Interiores y Exteriores*, México, Imprenta del Águila, 1830.

————, *Obras*, 12 vols., México, Jus, 1942-1952.

Alfaro, Ramón, "Uso del mercurio en la erisipela", en *Periódico de la Academia de Medicina de Mégico*, núm. 3, 1838, p. 299.

Anónimo, "Exploración geológica de Tehuacán", en *Boletín del Instituto Mexicano de Geografía y Estadística*, núm. 3, 1850, p. 300.

Arnaiz y Freg, Arturo, *Semblanza e ideario de D. Lucas Alamán*, México, UNAM, 1939.

Arreguín Vélez, Enrique, "Discurso conmemorativo del sesquicentenario de la fundación de la primera cátedra de medicina en Morelia", en J.M. González Ureña, *Lecciones de anatomía, patología y diabetes en Michoacán*, Morelia, Gobierno del Estado de Michoacán / Universidad Michoacana de San Nicolás de Hidalgo, 1984.

Beltrán, Enrique, "La biología mexicana en el siglo xix", *Memorias del Primer Coloquio Mexicano de Historia de la Ciencia*, México, 2 vols., Sociedad Mexicana de Historia de la Ciencia y la Tecnología, 1963, vol. I, pp. 271-296.

Bichat, Xavier, *Elementos de clínica interior, muy útiles no sólo a los que principian sino también a los profesores por contener las doctrinas de los mejores autores antiguos y modernos*, Luis Guerrero (trad.), Puebla, Imprenta del Hospital de San Pedro, 1832.

Bravo Ahuja, Víctor, "Breve relación de la enseñanza y la investigación tecnológica en México", en *Anales de la Sociedad Mexicana de la Historia y la Tecnología*, núm. 3, México, 1972.

Cal, Antonio de la, *Ensayo para la materia médica mexicana*, Puebla, Academia Médico Chirúrgica, 1832.

Cárdenas de la Peña, Enrique, *Historia de la medicina en la ciudad de México*, México, Departamento del D.F. (Metropolitana, 50), 1976.

Carpio, Manuel, "Añil en la epilepsia", en *Periódico de la Academia de Medicina de Mégico*, núm. 3, 1838, p. 75.

Cervantes, Julián, *Tablas botánicas que para el más fácil estudio de esta ciencia...*, presentadas por Antonio de la Cal a la Academia Médico Chirúrgica, Puebla de los Ángeles, 1826.

Chavert, L., "El huaco", en *El Fénix*, Veracruz, 24 de febrero de 1832.

Chávez, Ignacio, *México en la cultura médica*, México, El Colegio Nacional, 1947.

Chinchilla, Perla, "Introducción", en E. Trabulse, *Historia de la ciencia en México. Siglo xix*, vol. IV, México, Conacyt / fce, 1985.

Cortés Riveroll, J.G. Rodolfo, *Enseñanza de las ciencias médicas en la Puebla de los Ángeles*, Puebla, buap, 2005.

Cruz Manjares, Héctor, *La evolución de la ciencia en México*, México, Anaya, 2003.

Dávila Garibi, José Ignacio, "Origen y breve reseña histórica de la Academia Mexicana correspondiente de la Española", en *Anuario*, México, 1971, pp. 7-10.

Díaz, Severo, "La tradición científica de Guadalajara", en *Boletín de la Junta Auxiliar de la Sociedad Mexicana de Geografía y Estadística*, núm. 8, 1945, pp. 269-271.

Díaz y de Ovando, Clementina, *Los veneros de la ciencia mexicana. Crónica del Real Seminario de Minería (1792-1892)*, 3 vols., México, Facultad de Ingeniería, unam, 1998.

———, *La Escuela Nacional Preparatoria. Los afanes y los días. 1867-1910*, 2 vols., México, unam, 2a. ed., 2006.

Dugés, Alfredo, "Una nueva especie de ajolote de la laguna de Pátzcuaro", en *La Naturaleza*, vol. I, 1870, pp. 241-243.

Duméril, Auguste, "Observations sur la reproduction dans la Menagérie des Reptiles du Museum d'Histoire Naturelle des axolotis, batraciens...", en *Nouvelles Archives du Museum d'Histoire Naturelle*, núm. 2, 1866, p. 265.

Espinosa de los Monteros, Juan José, *Memoria del Ministerio de Relaciones Interiores y Exteriores (sic) de la República mexicana*, México, Imprenta del Supremo Gobierno, 1828.

Fernández del Castillo, Francisco, "Las lecciones de farmacología por el doctor Leonardo Oliva, catedrático de la Universidad de Guadalajara, publicadas en 1853", en *Gaceta Médica de México*, núm. 83, 1953, pp. 503-507.

———, *Historia de la Academia Nacional de Medicina de México*, México, Fournier, 1956.

———, "El positivismo de Gabino Barreda y su influencia entre los médicos mexicanos durante el siglo xix", en *Antología de escritos histórico médicos*, 2 vols., México, 1984, vol. I, p. 731.

García, Tarcisio, "Alamán ilustrado", en *Memorias del Primer Coloquio Mexicano de Historia de la Ciencia*, 2 vols., México, Sociedad Mexicana de Historia de la Ciencia y la Tecnología, 1962, vol. II, pp. 405-415.

García Cubas, Antonio, *Atlas geográfico, estadístico e histórico de la República mexicana*, México, 1858.

Gómez de la Cortina, Juan, "Introducción", en *Boletín del Instituto Mexicano de Geografía y Estadística*, vol. I, 1839, p. 4.

González Ureña, Juan Manuel, *Compendio elemental de anatomía general*, Morelia, Imprenta de Juan Evaristo de Oñate, 1834.

———, *Elementos de patología general*, Morelia, 1844.

Gortari, Eli de, *La ciencia en la historia de México*, México, FCE, 1963.

Guzmán, Martín Luis, *Escuelas laicas. Textos y documentos*, México, Empresas Editoriales, 1948.

Herrera, José Manuel de, *Memoria presentada al Soberano Congreso Mexicano por el secretario de Estado y del Despacho de Relaciones Interiores y Exteriores*, México, en la oficina de D. Alejandro Valdés, impresor de Cámara del Imperio, 1822.

Hoffmann, Anita, José Luis Cifuentes y Jorge Llorente, *Historia del Departamento de Biología de la Facultad de Ciencias*, México, UNAM, 1993.

J.O., "La larva del hidrófilo o diablo de agua", en *El Mosaico Mexicano, o Colección de Amenidades Curiosas e Instructivas*, 7 vols., México, Ignacio Cumplido, 1840-1842; reproducido en E. Trabulse, *Historia de la ciencia en México*, vol. IV, pp. 78-80.

Jourdanet, David, *Du Mexique au point de vue de son influence sur la vie de l'homme*, París, J.A. Baillière et Fils, 1861.

———, *Influence de l'air sur la vie de l'homme*, París, Masson, 2a. ed., 1876.

L.R., "La planta pichel (*Nephentes Indica*)", *El Museo Mexicano o Miscelánea Pintoresca de Amenidades Curiosas e Ilustrativas*, México, Ignacio Cumplido, 1843-1845.

Lemoine, Ernesto, *La Escuela Nacional Preparatoria en el periodo de Gabino Barreda, 1867-1878*, México, UNAM, 2a. ed., 1995.

Llave, Pablo de la, "Botánica", *Registro Trimestre o Colección de Memorias de Historia, Literatura, Ciencias y Artes, por una Sociedad de Literatos*, vol. I, México, 1832, p. 449.

———, "Sobre las busileras u hormigas de miel", *Registro Trimestre*, vol. I, 1832, p. 463.

———, y Juan José Martínez de Lejarza, *Novorum Vegetabilium Descriptiones*, México, Imprenta de Martín Rivera, 1825; reproducido en *La Naturaleza*, 1888.

Maldonado-Koerdell, Manuel, "La Commission Scientifique du Mexique (1854-1869)", en *Memorias del Primer Coloquio Mexicano de Historia de la Ciencia y la Tecnología*, 2 vols., México, 1964, vol. I, pp. 239-247.

Martínez Cortés, Fernando, *La Ilustración y la medicina mexicana*, conferencia dictada en la Facultad de Medicina de la Universidad Michoacana de San Nicolás de Hidalgo, Morelia, 2005.

Martínez de Castro, Antonio, *Memoria que el secretario de Estado y del Despacho de Justicia e Instrucción Pública presenta al Congreso de la Unión*, México, Imprenta del Gobierno, 1868.

Martínez de Lejarza, Juan José, *Análisis estadístico de la provincia de Michoacán en 1822*, México, Imprenta de los Estados Unidos en Palacio, 1824.

Massieu-Helguera, Guillermo, "Centros de enseñanza tecnológica (elemental, media y superior)", en *Anales de la Sociedad Mexicana de la Historia y la Tecnología*, núm. 3, México, 1972, p. 96.

Mora, José María Luis, *Memoria del Ministerio de Relaciones Interiores y Exteriores (sic)*, México, Imprenta del Supremo Gobierno, 1827.

Ocampo, Melchor, *Su obra científica*, Raúl Arreola (pról., selec. y notas), Morelia, Universidad Michoacana de San Nicolás de Hidalgo, 1988.

Ocaranza, Fernando, *Historia de la medicina en México*, México, Laboratorios Midy, 1934.

Oliva, Leonardo, *Lecciones de farmacología*, 2 vols., Guadalajara, 1855.

Orbegozo, Juan, "Resultado del reconocimiento hecho en el Istmo de Tehuantepec por orden del supremo gobierno", en *Boletín del Instituto de Geografía y Estadística*, vol. I, 1839, pp. 130-143.

Ortiz de Ayala, Tadeo, *Resumen de la estadística del Imperio mexicano*, México, Imprenta de Doña Herculana del Villar y Socios, 1822.

————, *México considerado como nación independiente y libre*, Burdeos, Imprenta de Carlos Lavalle Sobrino, 1832.

————, *Ideario republicano*, anexo I en la edición de *Resumen de la estadística...*, México, UNAM, 1968.

Parcero, Luz, "Lorenzo de Zavala. Político y escritor", tesis, México, Facultad de Filosofía y Letras, UNAM, 1962.

Ratz, Konrad, *Maximiliano de Habsburgo*, México, Planeta DeAgostini, 2002.

Raudón, Juan N., Manuel Méndez y Mariano Escalante, *Trimestre de las enfermedades constitucionales que reinaron en la estación de estío del presente año*, Puebla, Academia Médico Chirúrgica, 1825.

Río, Andrés del, "Del Zimapanio", en *Revista Mexicana. Periódico Científico y Literario*, vol. I, núm. 2, México, Ignacio Cumplido, 1835, pp. 83-85.

Río de la Loza, Leopoldo, "Azoturo de hidrógeno", en *Periódico de la Academia de Medicina de Mégico*, núm. 3, 1838, p. 32.

———, "Liparolado de estramonio", en *Periódico de la Academia de Medicina de Mégico*, núm. 3, 1838, p. 38.

Rodríguez, Juan María, "Descripción de un monstruo cíclope perteneciente al género cerdo", en *La Naturaleza*, vol. I, 1870, pp. 268-282.

Rodríguez de Romo, Ana Cecilia, "Las ciencias naturales en el México independiente", en Hugo Aréchiga y Carlos Beyer, *Las ciencias naturales en México*, México, FCE, 1999.

Rosal, José A. del, "Anatomía y fisiología vegetales", en *El Ateneo Mexicano*, México, Imprenta de Vicente G. Torres, 1844, pp. 230-238.

Sanfilippo B., José y Carlos Viesca T., "Alfonso Herrera Fernández y la medicina mexicana decimonónica", en Patricia Aceves Pastrana y Adolfo Olea Franco, *Alfonso Herrera: homenaje a cien años de su muerte*, México, UAM-Xochimilco (Biblioteca de Historia de la Farmacia, 5), 2002, p. 151.

Sierra, Carlos, "Tadeo Ortiz de Ayala, viajero y colonizador", en *Boletín Bibliográfico de la Secretaría de Hacienda y Crédito Público*, núms. 331 y 332, México, 20 de noviembre y 1 de diciembre de 1965.

Tavera, Xavier, "Martínez de Lejarza, ilustrado mexicano", *Memorias del Primer Coloquio Mexicano de Historia de la Ciencia*, 2 vols., México, Sociedad Mexicana de Historia de la Ciencia y la Tecnología, 1962, vol. II, pp. 391-404.

Trabulse, Elías, *Historia de la ciencia en México*, 4 vols., México, Conacyt / FCE, 1985.

———, *Historia de la ciencia en México* (versión abreviada), México, FCE, 1997.

Velasco, José María, "Descripción, metamorfosis y costumbres de una especie nueva del género Siredón. Encontrado en el lago de Santa Isabel, cerca de la Villa de Guadalupe, Valle de México", en *La Naturaleza*, vol. IV, 1879, pp. 209-233.

Victoria, Guadalupe, *Derrotero de las islas Antillas, de las costas de Tierra Firme y de las del Seno Mexicano*, corregido y aumentado y con un apéndice sobre las corrientes del Océano Atlántico, ha mandado reimprimir el Excelentísimo señor don Guadalupe Victoria, Presidente de la República mexicana, México, 1825.

Villada, Manuel, "Biografía del profesor Alfonso Herrera", en *La Naturaleza*, segunda serie, núm. 3, 1901, pp. I-V.

Villette, Gabriel, "Reflexiones sobre el uso del cuernecillo de centeno", en *Periódico de la Academia de Medicina de Mégico*, núm. 3, 1836, p. 143.

Zavala, Lorenzo de, "Programa, objeto, plan y distribución del estudio de la historia", en Juan Ortega y Medina, *Ensayos y polémicas mexicanos en torno a la historia*, México, Instituto de Investigaciones Históricas, UNAM, 1970.

La ciencia y la política en México (1850-1911)

Juan José Saldaña
Seminario de Historia de la Ciencia
y la Tecnología, Facultad de Filosofía y Letras,
Universidad Nacional Autónoma de México

Los términos de un (interminable) debate nacional

México inició su vida como nación independiente de España en 1821, con ilusión y con expectativas por lo que podría conseguirse con un Estado nacional para la libertad ciudadana, para el bienestar general y, especialmente, el de los grupos sociales emergentes durante la larga guerra de Independencia. En cuanto a la ciencia y la tecnología acontecía lo mismo; el notable químico y geognosta Andrés Manuel del Río señalaba: "en tiempos de servidumbre estaba nuestra ilustración atrasada respecto a la de Europa; mas ahora por fortuna pronto nos pondremos de nivel" (Díaz y de Ovando, 1998, I, p. 522). Sin embargo, estas esperanzas muy pronto se vieron acotadas por una aguda crisis económica y por las atrasadas estructuras sociales, políticas, económicas y educativas heredadas del periodo colonial. Todo ello volvía confusas las opciones de los ciudadanos y los medios para actuar no eran tan evidentes. Sobre lo que se debía realizar para construir el futuro del país poco a poco se conformaron dos opciones políticas principales entre los grupos dirigentes, quienes con gran pasión las defendieron: una, sustentada por la ideología liberal en boga, propugnaba el librecambio en la economía, los derechos individuales y la democracia; la otra se apoyaba en una ideología conservadora que defendía políticas fiscales proteccionistas para la endeble industria local y, en materia política, el mantenimiento de privilegios corporativos y el establecimiento de un gobierno centralizado. En cuanto a ciencia y tecnología, como se verá después, estos grupos también mantenían particulares puntos de vista.

Los conservadores representaban los intereses de la antigua oligarquía comercial de la ciudad de México, que había mantenido bajo su control los circuitos comerciales con España, las principales vías de comunicación existentes en el país y, en consecuencia, el comercio interno. Estos grupos pugnaban por la continuación de los privilegios económicos y políticos de que habían gozado durante el periodo colonial. Para ello postulaban un gobierno central fuerte frente a las clases políticas de los estados o, si resultara necesario, una república centralista e inclusive una monarquía.

De estos grupos (luego llamados los "hombres de bien") eran aliados muy importantes las corporaciones civiles y religiosas, y la Iglesia católica misma, pues estaban unidos por fuertes intereses económicos y la exigencia de restablecer los tribunales especiales y fueros creados para ellos durante la Colonia. Los militares también contaban con fueros y constituyeron un apoyo importante para estos grupos en su lucha contra los estados y sus milicias civiles. Un sector entre los conservadores buscaba promover la innovación técnica en campos como la minería y la industria textil con recursos públicos y, desde luego, nuevos negocios protegidos por un control de aduanas. En materia educativa eran partidarios de la enseñanza confesional tradicional, bajo control eclesiástico o bien privado. Esto último era el caso de las pocas instituciones educativas modernas y de carácter laico que existían en el país, mismas que habían surgido al finalizar el periodo colonial a iniciativa de los criollos ilustrados y de los propietarios de minas (la Escuela de Minería o la Academia de San Carlos, por ejemplo).

Los liberales, por su parte, representaban intereses económicos y políticos que en buena medida se formaron en las diversas regiones del país durante la crisis económica generada por la guerra de Independencia, o que ya existían, como el Consulado de Comercio de Veracruz, y buscaban mantener una economía exportadora basada en el libre comercio. Estos grupos del interior del país entraron así en conflicto con los intereses que defendían los conservadores, lo que los llevó a formar sus propias clases políticas (la llamada "democracia baja") y milicias, que acudieron en 1824 al Congreso Constituyente con intereses y con pasión para fundar una república federal, representativa y democrática.

Los liberales pugnaban por el establecimiento de la libertad plena mediante un régimen federal. Igualmente, abogaban por la terminación de los privilegios y fueros del clero, del ejército y de las corporaciones, lo que conduciría naturalmente a la igualdad de los ciudadanos ante la ley y a la separación de Iglesia y Estado. Deseaban la activación de la economía mediante la desamortización de bienes eclesiásticos y de las corporaciones, y en el plano social proponían la secularización de la sociedad. Entre los liberales se encontraban pequeños comerciantes locales que deseaban acabar con la oligarquía; asimismo, agricultores que deseaban desarrollar una agricultura comercial terminando así con la gran propiedad de la tierra en manos de la Iglesia para formar la pequeña propiedad rural; también artesanos interesados en romper los secretos de los oficios y los gremios mediante el establecimiento de escuelas que diseminaran el saber técnico y fueran fuente de promoción agrícola e industrial, y, finalmente, profesionales (médicos, farmacéuticos, abogados, ingenieros de minas, etcétera) que esperaban obtener una promoción social y reconocimiento a su saber, haciendo con ello que el mérito fuera el único elemento de distinción en la sociedad republicana. En cuanto a educación y ciencia, eran partidarios de convertirlas en bien público y medio de movilidad social, poniendo a las instituciones de investigación también en manos del Estado.

Por otra parte, la Constitución federal de 1824 había establecido una distribución en el ejercicio del poder y en la recaudación fiscal entre la federación y los estados. Éstos veían en el régimen político federal el principio de la solución a los ingentes problemas económicos y sociales, y la base legal para el establecimiento de políticas públicas saludables para el país. Entre otras, estimular la movilidad social y territorial de las personas; generar una dinámica de bienes y capitales en el país; establecer la secularización de la sociedad; formar una hacienda estatal y federal para la reconstrucción del país; establecer un sistema educativo de carácter público en los estados y en la capital, que impartiera conocimientos actualizados y útiles para las necesidades de todos los sectores. Al liberalismo se le concebía entonces como técnica de gobierno para obtener el progreso material y moral de la sociedad mexicana, pues habría de conducir, como en los países avanzados, a la creación de instituciones y normas para alcanzar una vida pública racional, organizada e igualitaria ante la ley para los ciudadanos. El doctor José María Luis Mora, principal ideólogo liberal de esta época, lo formulaba así:

> Por marcha política de progreso entiendo aquella que tiende a efectuar de una manera más o menos rápida la ocupación de los bienes del clero; la abolición de los privilegios de esta clase y de la milicia; la difusión de la educación pública en las clases populares, absolutamente independiente del clero; la supresión de los monacales; la absoluta libertad de opiniones; la igualdad de los extranjeros con los naturales en los derechos civiles, y el establecimiento del jurado en las causas criminales. Por marcha de retroceso entiendo aquella que pretende abolir lo poquísimo que se ha hecho en los ramos que constituyen la precedente (Mora, 1937, p. 294).

Conforme con las teorías del desarrollo entonces vigentes y según la experiencia europea, el conocimiento científico y sus aplicaciones técnicas debían ser en México un elemento coadyuvante en la gobernabilidad del país, es decir, para conseguir el progreso material y moral de la sociedad. La exposición de motivos de la Constitución de 1824, bajo influencia liberal, no dejó de invocar esta nueva fuerza actuante en las sociedades modernas que era la ciencia, así como a sus "campeones" Newton y Franklin (Saldaña, 1989). Durante los años que siguieron a la Independencia se formularon diversos proyectos para organizar la vida científica del nuevo país y, en algunos casos, fueron puestos en práctica por sus promotores en función de lo que el entorno social y político les permitía en cada ocasión. Hubo, por ejemplo, el proyecto de Tadeo Ortiz para desarrollar una ciencia "monárquica" o "imperial" bajo el efímero imperio de Agustín de Iturbide; Severo Maldonado proponía una ciencia republicana y un instituto científico nacional que la sostuviera, así como escuelas (de medicina, por ejemplo) al margen de la Universidad, que se mostraba refractaria al cambio y la modernización científica. En 1825, inclusive, se inauguró con solemnidad en la capital un Instituto de Ciencias y Literatura, de carácter privado, promovido por Lucas Alamán (también algunos estados, como Oaxaca, Jalisco, Guanajuato, Zacatecas, y en Tlalpan, entonces capital del Estado de México, crearon institutos, pues la Constitución de 1824 los facultaba para ello). Sin embargo, ninguno de estos proyectos de institucionalización de la ciencia consiguió el aval pleno del Estado mediante su incorporación a los planes de gobierno, ni el reconocimiento por parte de los diversos sectores sociales que podían estar interesados en ellos. La ciencia no formaba aún parte efectiva de las ideologías de modernidad que entonces se abrían paso en el país por la propuesta que de ellas hacía cada grupo político (Saldaña, 2005b).

Asimismo, luego de más de una década de vida independiente, se vivía una continua lucha militar y política entre estos grupos para hacer avanzar sus respectivas propuestas sobre el régimen de gobierno (federalista o centralista), y el país se encontraba endeudado, con arcas públicas exiguas y, sobre todo, viviendo un profundo enfrentamiento político.

En 1830 se creó un proyecto gubernamental de modernización "conservadora" para apoyar a la industria con algunas implicaciones educativas en materia técnica: el Banco de Avío de México. Este proyecto fue concebido por el líder político conservador y empresario minero Lucas Alamán (antiguo alumno de Minería, quien viajó extensamente por Europa para hacer diversos estudios), y fue puesto en marcha por la administración de Anastasio Bustamante.

El objeto del banco era proveer con fondos públicos de capital, maquinaria importada y ayuda técnica extranjera a los industriales (del ramo textil principalmente). Este proyecto incluyó también un programa de publicaciones técnicas (manuales y cartillas) para diseminar entre artesanos y pequeños productores la instrucción necesaria a fin de mejorar los ramos agrícola e industrial, así como la creación de algunas escuelas técnicas, de las cuales llegó a funcionar una en Coyoacán para enseñar en forma práctica la sericultura a estudiantes provenientes de diversas partes del país (Potash, 1986, pp. 89-90). Tal proyecto de modernización evidenciaba la concepción sólo utilitarista de ésta (pues la educación técnica y científica era un medio para otros fines de naturaleza principalmente económica), haciéndola depender mayormente de la importación de tecnología.

Dos años después de su creación, el banco debió enfrentar numerosos problemas operativos y financieros como consecuencia del levantamiento que se produjo en Veracruz contra el gobierno que lo auspiciaba. En el puerto quedaron abandonados los equipos y la maquinaria comprados en el exterior con fondos del banco sin que llegaran a utilizarse. Al personal técnico extranjero contratado se le debieron seguir pagando sus retribuciones aun sin trabajar. En la breve administración de Gómez Pedraza el banco perdió, además, la autonomía con la que había sido creado y que no recobraría sino hasta más de una década después. Para 1834 solamente una fábrica textil financiada por el banco estaba "casi terminada", Constancia Mexicana, perteneciente al industrial poblano Esteban de Antuñano. En 1842, bajo un gobierno conservador, el banco fue liquidado y sustituido por una Dirección de Industrias que representaba al recién constituido gremio de industriales, formado a semejanza del de mineros aunque contando con recursos públicos para su funcionamiento. Al restablecerse la vigencia de la Constitución de 1824 por el arribo de los liberales al poder, en 1846, se creó la Dirección de Colonización e Industria, y en 1853, bajo la dictadura santannista, se convirtió en el Ministerio de Fomento, Colonización, Industria y Comercio.

Los liberales, por su parte, pusieron en marcha en 1833 un proyecto de modernización "liberal" cuyo objetivo era una reforma educativa completa, e inclusive de la sociedad toda. El día 1 de abril de ese año, el médico, político liberal y vicepresidente electo Valentín Gómez Farías asumió el Poder Ejecutivo del gobierno por ausencia del presidente electo, general Antonio López de Santa Anna.[1] Se trataba de un gobierno constitucional surgido de elecciones, ellas mismas consecuencia de un pacto entre el ejército y las clases políticas de los estados (Acuerdos de Zavaleta, 1832), por el cual se ponía fin al gobierno inconstitucional de Anastasio Bustamante y se restauraba la legalidad llamando al general Manuel Gómez Pedraza a concluir el periodo presidencial para el que había sido electo, a cuyo término (cuatro meses) se convocaría a elecciones.

Durante el gobierno de Bustamante, él y el ministro de Relaciones, Lucas Alamán, llevaron a cabo una ofensiva política de los llamados "hombres de bien", encaminada a crear un gobierno central fuerte en detrimento de las facultades constitucionales de los estados de la República y de sus milicias civiles, contando para ello con la participación abierta de la Iglesia. La estrategia de los conservadores marcó el inicio de lo que llegaría a ser un abismo entre ellos y los liberales. Los estados se sintieron agraviados y deseosos de obtener la influencia necesaria para realizar un proyecto de nación de corte liberal. La oportunidad se les presentó cuando el Congreso, que se eligió en la misma ocasión, quedó integrado mayoritariamente por diputados liberales radicales, quienes procedieron a expedir un conjunto de leyes para atacar a la Iglesia (principalmente con la desamortización de sus bienes y la eliminación de su control sobre la educación) y someter al ejército (mediante supresión de fueros y reducción de efectivos). Para ese momento, las posiciones de los principales grupos políticos que existían en el país habían sido llevadas a extremos tales que

---

[1] En varias ocasiones entre ese año y el siguiente dejó el cargo, permitiendo que Gómez Farías gobernara en forma intermitente durante unos 10 meses.

volvían imposible un acuerdo para gobernar. De hecho, se iniciaba una lucha de partidos que continuó más de tres décadas, hasta la liquidación de uno de los adversarios, lo cual consiguieron los liberales en 1867.

Gómez Farías, haciendo uso de las facultades que le concedió extraordinariamente el Congreso, expidió varios decretos sobre educación pública por los cuales este ramo, en todos sus niveles, dejaba de estar en manos del clero o, como en algunos casos, de corporaciones civiles y religiosas, y pasaba al Estado. En materia de enseñanza profesional se dispuso, por una parte, la creación de seis "Establecimientos", en dos de los cuales (medicina, y ciencias físicas y naturales) se impartiría enseñanza de ciencias modernas (ciencias físicas, ciencias naturales, matemáticas, química, medicina, farmacología, cirugía, agronomía, etcétera) y, por otra, la clausura de colegios y de la Universidad heredada del periodo colonial. Asimismo, se creó el primer instituto nacional de investigaciones científicas del país (geografía y estadística principalmente) y una Biblioteca Nacional Pública. Estas instituciones docentes y de investigación dependían financiera y estratégicamente de una Dirección General de Instrucción Pública, que les señalaba objetivos cognoscitivos y sociales, es decir, generalizar los conocimientos necesarios entre el pueblo y reunir información útil sobre el país.

La creación de instituciones públicas en las que se cultivaría la ciencia moderna constituyó el mayor embate producido hasta entonces por parte de los liberales contra instituciones heredadas del periodo colonial. Acudir a la noción de "instrucción pública" era una verdadera novedad ideológica en el país, la cual conllevaba el establecimiento de una política del Estado en ese campo, y una ideología consecuente, para los ramos científicos y profesionales considerados en el plan de reformas. En efecto, con anterioridad los establecimientos científicos habían tenido un carácter privado y, por ese motivo, recibían un arreglo institucional acorde con los objetivos que les fijaban sus patronos o las corporaciones que los sostenían económicamente. Así, por ejemplo, el Real Seminario de Minería (o Colegio de Minería en esos años), que había sido fundado hacia el final del periodo colonial (1792) para impartir enseñanza científica y técnica, era sostenido económicamente por el gremio de mineros. Esto se hacía a través del Fondo Dotal de Minería constituido en 1783 con impuestos a las "platas", administrado por el Real Tribunal o Cuerpo de Minería para, entre otros propósitos, mantener una escuela técnica. Luego de la Independencia, el Tribunal de Minería fue sustituido por una Junta de Mineros con funciones análogas. Esta forma de financiamiento privado imponía a los estudios impartidos en el Colegio de Minería un carácter sesgado, pues siempre y para todo estaban orientados a la minería.

Lo que en 1833 proponían liberales como el doctor José María Luis Mora, el médico y diputado Casimiro Liceaga, el abogado Juan Rodríguez Puebla y el político y médico Valentín Gómez Farías, miembros de la comisión encargada de estudiar el asunto, era poner en manos del Estado la educación y la investigación científicas, pues solamente así se conseguiría que el cultivo y la enseñanza de las ciencias se realizaran con un sentido republicano (es decir, para todos: *res publica*) y, muy importante, como un fin en sí mismos. En realidad, esta propuesta era intrínsecamente "antiliberal" pues significaba la intervención del Estado en asuntos educativos, eliminando con ello la iniciativa individual en este campo (no así en el de la economía) e imponiendo coercitivamente el carácter público de su proyecto educativo y científico. Con ello, las tesis liberales empezaban a abandonar el carácter meramente doctrinario (que concebía al Estado como ideológica y políticamente "neutral") con el que habían sido formuladas originalmente, para adecuarse, reinventándolas, a la relación de fuerzas existente en ese momento entre los actores políticos. Lo mismo acontecería con otras tesis del liberalismo mexicano en los años siguientes para permitir su realización en el país (Reyes Heroles, 1988).

Por otra parte, es importante observar que estas disposiciones modernizadoras se apoyaban en las ciencias modernas (experimentales). En efecto, con la reorganización de los estudios científicos y la creación de nuevas cátedras se establecían las bases institucionales para proporcionar formación científica y técnica de interés para toda la sociedad y no solamente para un sector (como los mineros o los industriales); e, igualmente, para proporcionar formación científica experimental actualizada en ramas profesionales estratégicas, como medicina, farmacia, obstetricia, cirugía, mineralogía, metalurgia, química, agricultura, geografía, arquitectura, etcétera. Este plan, además, correspondía a las ambiciones cognoscitivas que albergaban la élite cultural y las profesiones liberales, con lo cual el gobierno aseguraba seguir contando con este influyente sector entre sus cuadros políticos. El carácter teórico-práctico de los estudios se contemplaba igualmente, pues se disponía la creación de espacios idóneos y el empleo de aparatos necesarios para realizar prácticas y experimentos, lo que se correspondía con el ideal de la utilidad en las actividades productivas modernas, como eran las de carácter industrial o agrícola. Otra innovación era la fusión de estudios de medicina, cirugía y farmacia, también de conformidad con los criterios modernos. Todo ello, junto con la elaboración de mapas que permitieran el reconocimiento físico del territorio y la reunión de datos estadísticos (demográficos, fiscales, médicos, industriales, etcétera), armaba una política pública para conseguir el bienestar material (la "felicidad pública") y la prosperidad del país con la intervención de las ciencias.

Respecto de los medios económicos para que las instituciones contempladas en los decretos pudieran iniciar sus actividades, el gobierno dispuso que a la Universidad y a los establecimientos religiosos dedicados a la enseñanza les fueran confiscados sus bienes (edificios, bibliotecas, fundaciones, etcétera), para formar con ellos un fondo que permitiera financiar la instrucción pública. La Universidad y las corporaciones religiosas y civiles se opusieron a estas medidas expropiatorias alegando ilegalidad en las mismas. Esta reacción vino a sumarse a la oposición política conservadora que encontraron los otros aspectos de la reforma liberal (como la ocupación de los "bienes de manos muertas") y que acusaba a los liberales de "jacobinismo". Todo ello condujo, finalmente, a una sublevación que derrocó al gobierno de Gómez Farías. Santa Anna, al reasumir la presidencia, disolvió las Cámaras y procedió a la abrogación de los decretos y otras disposiciones reformistas. Con ello quedó cancelado el primer ensayo de organización pública de las ciencias a los pocos meses de su puesta en marcha, habiendo sido notoria la falta de apoyo al mismo por parte de importantes sectores sociales y políticos. Para el verano de 1834 se había vuelto a la situación anterior en prácticamente todos los ámbitos objeto de las reformas. La Universidad y el Colegio de Minería fueron reabiertos y los "establecimientos" suprimidos, con la excepción del de Ciencias Médicas, que continuó sus actividades aunque, al decir de su director, el doctor Casimiro Liceaga, "con una existencia precaria" (Liceaga, 1839, p. 3).

El gobierno que vino a continuación se desentendió de la educación y el ministro del Interior, José María Gutiérrez Estrada, solamente recomendaba, como medio útil para difundir la ilustración en todas las clases de la sociedad, la libre circulación de periódicos "sin pago alguno de portes". En 1836 se estableció la primera república centralista y se promulgaron las "Siete Leyes" que creaban al Supremo Poder Conservador y declaraban el catolicismo como religión única, sin que los asuntos educativos y científicos fueran objeto de la atención del nuevo régimen constitucional. Con ello empezaron también los cambios de constituciones para modificar el régimen de gobierno durante los siguientes 20 años.

La ciencia librada a sus propios medios

Así, al iniciarse el segundo tercio del siglo xix, la enseñanza científica en México había vuelto a tener un carácter privado, pues recibía fondos de particulares para su funcionamiento, como era el caso del Colegio de Minería; ayudas personales benévolas, como en el caso de la Escuela de Medicina, o bien, los beneficios de la Lotería, como en el caso de la Academia de Bellas Artes (donde se enseñaba la arquitectura). En cuanto a la investigación, de plano no había quien la apoyara. Esta situación motivó el surgimiento de otro tipo de libres, esforzadas y meritorias organizaciones de los científicos y profesionales mismos, como academias y sociedades científicas que se constituyeron para dar a conocer los trabajos de sus miembros. Estas agrupaciones tuvieron una permanente escasez de medios para funcionar, por lo cual sus publicaciones fueron irregulares en su aparición, y en general tuvieron una vida efímera. Así ocurrió con las academias de farmacia y las varias de medicina creadas en esa época, o con la Sociedad de Agricultura. El doctor Manuel Carpio decía en 1839 que la de medicina existía "por los solos esfuerzos individuales de las personas que la componen" (Carpio, 1839, p. 83), y todavía en 1851 el doctor Leopoldo Río de la Loza, en su carácter de presidente de la segunda Academia de Medicina que se creó en el país, afirmaba:

> Si el establecimiento de academias científicas es un bien positivo para las sociedades, el de la de medicina en la capital de México es un verdadero servicio para la humanidad y para la ciencia. Desde que la nación se hizo independiente en 1821, se han sucedido las corporaciones médicas, y [...] cuando [...] han tocado a su término, muy pronto se ha levantado otra, aprovechando los más floridos escombros de la antigua [Fernández, 1956, p. 18].

En cuanto a la geografía y la estadística, estas disciplinas resurgieron como objeto de una comisión militar establecida en 1839, aunque contaba también con civiles entre sus miembros. En ese mismo año se publicó el primer número del *Boletín* del instituto que había sido creado en 1833. En 1849, a propuesta de José Justo Gómez de la Cortina, fundador del primitivo instituto y promotor de su desarrollo, la comisión adoptó el título de Sociedad Mexicana de Geografía y Estadística por ser más conforme con "la naturaleza y extensión de sus trabajos", pero no con un carácter totalmente autónomo, pues quedaba bajo la "protección" del gobierno (situación que luego alteraron los acontecimientos políticos), el cual determinó, por ejemplo, que cuidara "prudentemente" el número de socios propietarios.

Las publicaciones científicas propiamente dichas que existían en el país eran muy pocas y, como antes se dijo, irregulares. Algunas de las asociaciones que se empeñaban en publicar llegaron a contar con apoyos ocasionales de mecenas o del gobierno. Los apoyos gubernamentales los obtenían a través de aquellos de sus miembros que contaban con afinidad política y buenos contactos en el gabinete gubernamental, y pocas veces como parte de una subvención permanente entendida como responsabilidad del gobierno.

También se formaron otras asociaciones integradas por particulares para divulgar la "ilustración". Tal fue el caso del Ateneo Mexicano (fundado en 1840 a iniciativa del embajador de España), cuya misión era "proporcionar al pueblo la instrucción necesaria para hacer llegar hasta él los valores de la ciencia y el arte" a través de conferencias públicas gratuitas y la publicación de una revista. Científicos reputados de la época, como los botánicos Miguel y Pío Bustamante, el geógrafo Manuel Orozco y Berra, y el médico y químico Leopoldo Río de la Loza, alimentaban con su pluma la revista del Ateneo junto con periodistas y poetas. Otras revistas y periódicos, tanto de la ciudad de México como de otras ciudades, también incluían en sus páginas regularmente temas científicos y técnicos al lado de los literarios o políticos, de tal manera que este carácter erudito llegó a convertirse en una de las características de las publicaciones periódicas de la época.

Durante la cuarta y quinta décadas del siglo, la vida científica del país continuó dependiendo de la buena voluntad de sus benefactores o del gobierno en turno, del entusiasmo de los *amateurs* que la cultivaban, o asociada a la práctica profesional de aquellas profesiones en las que las ciencias intervenían (como la minería, arquitectura y medicina). Se trataba de acciones aisladas, aunque entusiastas, para promover la ciencia, pero en general resultaron ser impotentes para infundir aliento verdadero, profesional, a la ciencia mexicana.

Una excepción, aunque de naturaleza distinta (militar), fue la Comisión de Límites binacional creada como consecuencia de la guerra de 1846-1848 con los Estados Unidos de América, para establecer la demarcación de límites de la nueva y muy extensa línea fronteriza (Tratados de Guadalupe Hidalgo y posteriormente de la Mesilla), la cual contó, por la parte mexicana, con la participación, entre otros, de Pedro García Conde (primer comisario hasta su muerte en 1851), José Salazar Ilarregui (segundo comisario), Agustín Díaz y Francisco Jiménez. La parte mexicana, aunque dispuso de escasos recursos económicos y técnicos, logró sin embargo llevar a cabo importantes trabajos geográficos y astronómicos entre 1848 y 1855 para dar cumplimiento a su misión.

En lo que se refiere a la promoción industrial y la enseñanza técnica, objeto principal de la modernización "conservadora", en 1843 (año en que se estableció la segunda república centralista que favorecía al clero y al ejército), el gobierno decretó la creación de dos instituciones: la Junta de la Industria Nacional, cuyo presidente era Lucas Alamán (también director de Industrias) y que agrupaba a los industriales para promover la defensa de sus intereses, y la Junta de Fomento de Artesanos, con la participación de artesanos de la capital. Esta última tenía una organización interna basada en los oficios (llamados juntas menores) para impartir educación técnica a través de una Escuela y Conservatorio de Artes, e inició la publicación de un periódico, *El Semanario Artístico*. Pero para 1846 esta institución había cesado sus actividades. En 1844, también a iniciativa de un grupo de artesanos de la capital, se constituyó la Sociedad Mexicana Protectora de Artes y Oficios, con un carácter de agrupación para la ayuda mutua aunque preocupada también por la educación, pues en sus estatutos señalaba el objetivo de enseñar a los jóvenes ciertos elementos de matemáticas, geometría aplicada a las artes, dibujo lineal y natural (además de doctrina cristiana, urbanidad y deberes del hombre en sociedad). Esta asociación publicó un periódico, *El Aprendiz* pero, al igual que el publicado por la Junta, estaba más preocupado por cuestiones morales (como combatir el ocio, los vicios y actitudes "negativas" de los artesanos) que por las de carácter técnico. Así, por ejemplo, se decía en *El Aprendiz* del 10 de julio de 1844:

> El artesano que subsiste de su arte, contribuye a cada paso al aumento de la riqueza y gloria de su nación [...] Este artesano, mirado con orgullo y desdén, es sin embargo un hombre positivamente necesario y útil [...] La pobreza activa y laboriosa jamás debe ser vista con desprecio: la pobreza aplicada e industriosa es generalmente honesta y virtuosa: tan sólo se hace merecedora de desprecio cuando se entrega al ocio y al vicio [Pérez, 2003, p. 95].

En 1843, Alamán elaboró una extensa memoria (con apéndices estadísticos y noticias sobre la industria en algunos de los estados) sobre la situación que guardaba la industria en ese momento, con propuestas para su mejoría y mencionando los antecedentes históricos de cada uno de sus ramos. Alamán concluía con lo siguiente: "Esta industria no está tan en su principio como vulgarmente se cree [...] y dentro de poco tiempo podrá competir con las más felices del universo" (Chávez, 1952).

La primera escuela formal de Artes y Oficios que hubo en el país se fundó en 1856, bajo el gobierno liberal de Ignacio Comonfort, para "dar instrucción, educación y moralidad a las clases trabajadoras", renovar las artes industriales y servir de centro directivo a la industria y el trabajo. Pero, por la guerra civil que se desató entre liberales y conservadores, esta escuela se vio obligada a suspender sus actividades y durante el Imperio no las tuvo.

Era claro que en materia de ciencia y tecnología no se avanzaría si se seguía dependiendo solamente de las iniciativas de los particulares. Se requería la intervención del Estado para establecer una política pública viable, así de enseñanza como de investigación científica y tecnológica, en tanto que proyecto ideológico-político de modernización de toda la sociedad mexicana (y no sólo de los partidos), y que fuera considerado valioso en sí mismo.

La ausencia de una política semejante hizo que, por ejemplo, la temprana traducción mexicana (en 1850) del libro *Química aplicada a la agricultura* de Justus von Liebig (1841), publicada por el Semanario de Agricultura, no alcanzara un impacto verdadero. Fue en esta obra donde se expusieron las bases de la química orgánica y agrícola, las cuales vinieron a revolucionar la agricultura mediante su aplicación a la regeneración de los suelos por el uso de fertilizantes químicos. Esta traducción probablemente fue hecha por el militar e ingeniero jalisciense Vicente Ortigosa, quien había sido discípulo de Von Liebig en Alemania entre 1839 y 1842 (Estrada, 1984). Sin embargo, el impacto de esta obra en México fue en extremo reducido, pues más de medio siglo después el uso de la química agrícola no se había generalizado ni se contaba todavía en el país con una industria para la producción de abonos químicos (Urbán, 2005). Para comprender la trascendencia que esta obra hubiera podido alcanzar en México dada su temprana difusión, tengamos presente que, en la misma época y por un procedimiento similar (la difusión que hicieron los discípulos estadunidenses de Von Liebig de su obra), en los Estados Unidos, merced a la intervención gubernamental, se propagó rápidamente la química orgánica y su aplicación práctica a la agricultura impulsando el desarrollo de la agricultura comercial, de las agroindustrias y de la enseñanza agrícola. En efecto, el gobierno federal estadunidense ya había asumido, desde 1838, la obligación de fomentar la modernización de la agricultura y había procedido a formar estadísticas agrícolas poniéndolas a cargo de la Oficina de Patentes (Dupree, 1986, p. 113). Posteriormente, en coordinación con las partes interesadas (agricultores y científicos), el gobierno federal intervino para crear un sistema de escuelas de agronomía en donde se enseñaban los usos de la química en el mejoramiento de suelos y en la nutrición vegetal; igualmente autorizó la utilización de terrenos federales para la experimentación e investigación agrícolas, etcétera. Desde luego, también fueron significativos los dos millones de millas cuadradas de territorio que le fueron arrebatados a México en 1847, y que proporcionaron a los naturalistas (la llamada "Great Reconnaissance") y a los agricultores estadunidenses un vasto y nuevo campo para sus investigaciones científicas y para el desarrollo agrícola de ese país.

En México, lo que aconteció en materia de enseñanza agrícola fue muy diferente por la ausencia de una intervención efectiva del

Estado en ese ramo. Desde los años treinta habían surgido varios intentos por parte de particulares y de los gobiernos para promover la agricultura, mismos que no prosperaron por la falta crónica de recursos económicos y los continuos cambios en el régimen de gobierno o del Presidente de la República. En 1845, durante el breve gobierno de José Joaquín Herrera, que reunió ministros tanto liberales como conservadores en un último intento de salvar al país, Lucas Alamán, en su carácter de director de Industria, promovió la creación de una escuela de agricultura que impartiera enseñanza moderna (se llegó a contar con un edificio y una hacienda para ello). Inclusive se designó al liberal Melchor Ocampo como su director, pero la escuela nunca llegó a funcionar por los cambios políticos que tuvieron lugar, la guerra con los Estados Unidos (1846-1848) y la falta de recursos económicos.

No sería sino hasta 1853, cuando el gobierno de Santa Anna creó el Ministerio de Fomento, Industria y Comercio, a cargo de Joaquín Velázquez de León, que se dispuso la creación del Colegio Nacional de Agricultura (reuniendo los estudios de agricultura y veterinaria), en cuyo plan de estudios se encontraba incluida la química agrícola. La escuela fue puesta bajo la administración de la Compañía de Jesús y se llamó a un extranjero para dirigirla. Durante las siguientes dos décadas la escuela tuvo múltiples obstáculos que sortear y varias veces fue cerrada por los diversos gobiernos que se sucedieron. Su alumnado, además, fue extremadamente reducido desde el principio, lo que hizo que su influencia en la transformación de la agricultura en el país fuera mínima. Pareciera que la presencia en México de un discípulo directo de Von Liebig y la traducción oportuna al español del libro seminal de éste no representaron ningún estímulo para la ciencia química, la modernización tecnológica de la agricultura ni para su enseñanza científica.

Otro ejemplo de iniciativas que tuvieron lugar en la época, pero que también se vieron afectadas negativamente por la ausencia de un sistema político funcional en el país, fue la propuesta del ingeniero Francisco Díaz Covarrubias para que se creara un observatorio astronómico. A este establecimiento se le fijaban objetivos no solamente "especulativos" sino también prácticos, pues habría de ocuparse de organizar y dirigir las operaciones geográficas, entre otras cosas. La creación del observatorio fue autorizada en 1862 por el gobierno del presidente Juárez y en 1863 ya se contaba con las construcciones indispensables, un ayudante y cuatro instrumentos montados, entre ellos el telescopio meridiano que yacía abandonado hasta entonces en el Colegio Militar. Sin embargo, en mayo de ese año, como consecuencia de la invasión francesa auspiciada por los conservadores, Díaz Covarrubias debió salir de la ciudad de México junto con el gobierno republicano, al que era afecto. Este hecho motivó que el proyecto se suspendiera.

Otro caso es la modernización de estudios que ofrecía la Academia de San Carlos y que tuvo lugar en 1857. A propuesta del profesor italiano Javier Cavallari, especialmente traído de Italia para ello, se reunieron en una sola las carreras de arquitectura e ingeniería civil, con lo cual se ampliaba y adecuaba el perfil profesional de estas carreras a la nueva situación que se estaba creando en el ámbito de la construcción con la desamortización de bienes eclesiásticos. Con este proyecto, además, se establecía una benéfica interrelación entre materias científicas, maestros e instituciones que existían en la ciudad de México, para ofrecer a los estudiantes una formación completa y hacer un uso eficiente de los recursos académicos disponibles. No obstante, este plan se frustró en 1863, cuando el presidente Juárez pidió a los profesores y empleados de San Carlos que firmaran una protesta por la intervención francesa. Como los profesores extranjeros Cavallari, Clavé y Landesio, y el mexicano Flores se negaron a firmarla, en cumplimiento de la Ley de Infidencia fueron destituidos y el autor de la modernización del plan de estudios, Cavallari, debió salir del país. Otro tanto ocurrió con el médico Miguel Jiménez y su cátedra en la Escuela de Medicina.

Desde el gobierno también se emprendieron algunos trabajos de investigación científica, pero de la misma manera resultaban entorpecidos o interrumpidos por la rivalidad y los trastornos políticos que con tenacidad tenían lugar en esos años. Un ejemplo de ello fue la Comisión Científica del Valle de México, que fue constituida por el Ministerio de Fomento en 1856 con el propósito de realizar un conjunto de observaciones que dieran impulso a la ciencia, ayudaran a resolver problemas como el del desagüe y dieran prestigio a los científicos del país. Este proyecto surgía luego de que la Revolución de Ayutla contra la dictadura santannista cundiera por todo el país y un gobierno compuesto por liberales asumiera el mando y promulgara leyes para la modernización social y económica del país: las Leyes de Reforma. La pasión política hacía que, al mismo tiempo, se suprimiera la Compañía de Jesús y fuera expatriado el obispo de Puebla por su intervención en las luchas políticas al apoyar el levantamiento militar conservador de Félix Zuloaga y Antonio de Haro y Tamariz, quienes desconocían al gobierno surgido de la Revolución de Ayutla; también el papa Pío IX, por su parte, entraba en la liza y condenaba las leyes de desamortización de los bienes eclesiásticos y de supresión de los tribunales especiales. En el campo liberal, entretanto, se preparaba una nueva constitución (promulgada en 1857) que plasmara el ideario liberal moderado y que remplazaría a la de 1824.

Pero volvamos a la instrucción ministerial que dio vida a la Comisión del Valle de México, pues era sin duda ambiciosa ya que pretendía formar un "Atlas nacional que comprenda la historia y geografía antiguas, la geología, la zoología, la botánica, la estadística, las cartas geológicas y geodésico-topográficas del valle de México". Más aún, se esperaba que un trabajo así despertaría el deseo de emulación por parte de los estados para hacer lo propio, hasta llegar a contar con un atlas verdaderamente nacional. Llegado el caso, se preveía, los estados obtendrían el beneficio de la experiencia y de la formación de ingenieros que resultarían de este primer proyecto. La comisión la integraron, para historia y arqueología, José Fernando Ramírez; zoología y botánica, Leopoldo Río de la Loza y Julio Laverrière; geografía antigua y estadística, Manuel Orozco y Berra; astronomía y geodesia, Francisco Díaz Covarrubias; topografía, Manuel Fernández, Miguel Iglesias,

Francisco Herrera, Ramón Almaraz, José A. de la Peña y Mariano Santa María. Los trabajos fueron iniciados en septiembre de 1856 y proseguidos hasta diciembre de 1857, en que, nos dice Manuel Orozco y Berra, "los trastornos políticos vinieron a enervarlos" (Orozco, 1881, p. 386), con referencia al golpe de Estado del presidente Comonfort y el consecuente establecimiento de un gobierno constitucional interino encabezado por el presidente de la Corte, Benito Juárez, quien tuvo que salir de la capital e iniciar un gobierno itinerante (posteriormente tuvo lugar el desconocimiento de Comonfort por los conservadores y el establecimiento de un gobierno conservador con Félix Zuloaga como presidente). No obstante lo breve del periodo de actividad de la comisión, se obtuvieron algunos resultados importantes, como fueron los varios planos y cartas que se levantaron, un informe sobre una exploración hecha en el valle de México (con una ascensión al volcán Popocatépetl) y la determinación de la posición geográfica de la ciudad de México elaborada por Francisco Díaz Covarrubias y que vino a superar en precisión a la de Alexander von Humboldt. Como resultado de esta comisión se publicaron las siguientes obras: *Atlas nacional que comprende la historia y la geografía antiguas, la geología, la zoología, la botánica, la estadística, las cartas geológicas y geodésico topográficas del Valle de México* y *Carta hidrográfica del Valle de México*.

Pero a partir de entonces, en los hechos la Comisión del Valle de México quedó reducida únicamente a la parte topográfica. Y, finalmente, en 1859, ante la imposibilidad de contar con recursos económicos del gobierno republicano para cumplir con su cometido, la comisión se vio en la necesidad de suspender sus actividades, no sin antes obtener y dar a conocer algunos resultados topográficos y geodésicos debidos a su director, Francisco Díaz Covarrubias.

Una vez más la guerra civil había estallado y se prolongaría tres años (Guerra de Reforma: 1858-1860) con muy graves consecuencias para el país, tanto internas como internacionales. En este periodo se impusieron las posiciones radicales entre los liberales, quienes procedieron a la nacionalización de los bienes eclesiásticos para financiar la guerra (vendiéndolos luego a bajo precio y a quien fuera), y establecieron la separación de Iglesia y Estado. Consecuentemente, a esa espiral de pasiones ideológicas enfrentadas siguió una fuerte reacción política y militar conservadora, y varias potencias extranjeras apoyaron al gobierno de Zuloaga buscando la defensa de la religión católica y de sus privilegios. El gobierno interino constitucional e itinerante de Juárez, por su parte, continuó durante esos años con su importante obra legislativa reformista y logró obtener el reconocimiento del gobierno estadunidense. Y, tras varios triunfos militares en su haber, logró poner fin a la Guerra de Reforma.

El 11 de enero de 1861 el gobierno constitucional de Benito Juárez pudo retornar a la ciudad de México luego de tres años de ausencia. El 9 de mayo siguiente, Juárez informaba al Congreso que la guerra había permitido a su gobierno interino no sólo defender las instituciones republicanas sino perfeccionarlas, evitando con ello que se volviese "al punto de partida" y avanzando en la senda del progreso con reformas radicales (las Leyes de Reforma). En la misma oportunidad reiteraba el interés de su gobierno por promover mejoras materiales y anunciaba la construcción del ferrocarril entre México y Veracruz, y entre Chalco y México. Sobre la instrucción pública en la capital, informaba que, habiendo estado algunos colegios a punto de perecer y otros completamente cerrados, el gobierno había procedido a restaurarlos encontrándose para la fecha ya abiertos y mejorados.

En efecto, desde el 18 de febrero Juárez había decretado la creación del Ministerio de Justicia e Instrucción Pública, cuyo titular fue el literato y naturalista Ignacio Ramírez, y el 6 de abril siguiente este ministerio se convirtió en la Secretaría de Justicia, Fomento e Instrucción Pública, con el mismo titular. De esta manera, una vez más revenía al Estado la responsabilidad de la instrucción según lo establecido por la ley del 15 de abril, y a los liberales la oportunidad de hacer avanzar su noción de modernidad. En lo que se refiere a la enseñanza de las ciencias, en este ordenamiento se dispuso la creación de una escuela de enseñanza preparatoria (enseñarían matemáticas, física, geografía, cosmografía y dibujo natural y lineal, además de materias humanísticas y lenguas clásicas y modernas), necesaria para ingresar en las escuelas especiales o profesionales (excepto para la carrera de agronomía), y nuevamente se suprimía a la Universidad por ofrecer sólo estudios generales y desactualizados. Las cátedras se obtendrían, según esta ley, mediante exámenes de oposición y se imponía a los profesores la obligación de escribir cada año una memoria de la materia de su cátedra, la cual contendría los adelantos de la ciencia habidos hasta la fecha de esa memoria. También se creaba una escuela normal para algunas materias científicas. En cuanto al financiamiento, esta ley establecía la creación de un fondo para la instrucción pública con 10 por ciento del impuesto sobre herencias y legados, con aportaciones de la Lotería (un equivalente al presupuesto de las escuelas de agricultura y bellas artes); los capitales y las rentas de los antiguos colegios; los bienes del Seminario Conciliar, y parte de los impuestos sobre la plata, dándole así una base financiera apropiada y legal a la instrucción pública.

Pero muy pronto el gobierno (desde el 11 de junio de 1861 Juárez había tomado posesión como presidente constitucional) se encontró con serias dificultades económicas derivadas de la guerra civil que había mantenido por tres años, las cuales lo obligaron a declarar la suspensión de pagos de la deuda pública a los acreedores extranjeros por dos años y a establecer un riguroso plan de austeridad en sus gastos. Como reacción, de inmediato Francia e Inglaterra rompieron relaciones con México, y España se les agregaría posteriormente. A pesar de que para noviembre ya se había derogado el decreto de suspensión de la deuda pública, se iniciaron acontecimientos que desembocaron en la intervención militar francesa a partir de 1862 y en la posterior formación de un gobierno monárquico en México en 1864, promovidas ambas por los conservadores del país.

Como hemos visto, en las diferentes oportunidades en que liberales y conservadores se hicieron del poder, intentaron hacer avanzar sus respectivos proyectos científicos y técnicos, tanto para satisfacer los requerimientos de los grupos sociales que los apoyaban como sus propias estrategias de modernización de la sociedad. Así, los liberales pretendieron establecer el uso público de la razón —siguiendo ideas de la Ilustración— mediante programas de enseñanza de las ciencias para todos los ciudadanos y el estudio del territorio y de los recursos naturales y humanos del país para su conocimiento y mejor explotación. Los conservadores, por su parte, siguiendo un punto de vista practicista que se remontaba a la Colonia,[2] promovían acciones gubernamentales para utilizar la ciencia y la técnica como medio para el establecimiento de empresas industriales y agrícolas modernas, y además reteniendo siempre en sus planes a la cada vez más inoperante Universidad (clausurada y reabierta en cinco ocasiones desde 1833 hasta su clausura definitiva en 1865). Pero si bien las turbulencias políticas y militares y el permanente estado de crisis del erario público explican por qué en cada ocasión se volvieron nugatorios los esfuerzos para hacer avanzar tales proyectos, queda claro igualmente que el factor decisivo fue el radicalismo ideológico en que ambos bandos habían caído y que volvía imposible el establecimiento en el país de un sistema científico-técnico coherente. Como consecuencia de ello se perdió para el país por tres décadas la posibilidad de volver viable un plan para impulsar la enseñanza, la investigación y la aplicación de las ciencias. Para 1862 únicamente subsistían en la capital las escuelas profesionales de minería, medicina, agricultura y la Academia de San Carlos, cuyas vidas se desenvolvían en condiciones precarias (salvo Minería, que seguía recibiendo un subsidio de los mineros y del fondo de azogues), y unas cuantas sociedades científicas mantenidas sólo con el esfuerzo de sus miembros. En algunos estados, determinadas escuelas

---

[2] En la *Representación* que en 1774 elevaron al rey los criollos Joaquín Velázquez Cárdenas de León y Juan Lucas Lassaga, en la que proponían la creación del Seminario de Minería, demandaban que algunos alumnos se dedicaran al estudio de las ciencias exclusivamente, es decir, con independencia de sus aplicaciones técnicas en la minería. Sin embargo, las reales ordenanzas expedidas en 1783 hicieron caso omiso de esta iniciativa y definieron la enseñanza que se impartiría en el seminario en forma únicamente practicista.

profesionales y varios institutos científicos y literarios existían, pero con una vida científica por demás raquítica.

Esta polarización ideológica era, por otra parte, irreversible con la legislación liberal derivada de la Revolución de Ayutla (Constitución de 1857 y Leyes de Reforma), así como por la violenta respuesta conservadora que propició la intervención militar francesa en el país y el establecimiento de una monarquía con un príncipe extranjero. Fue esa misma polarización la que mostró la inutilidad de arreglos sólo constitucionales para dirimir las diferencias políticas entre liberales y conservadores desde el inicio de la vida independiente del país. Ante la imposibilidad de llegar a acuerdos mediante negociaciones políticas, sólo la derrota militar de uno de los partidos podría marcar un fin a esta lucha de más de cuatro décadas de duración entre rivales con dos proyectos políticos antagónicos de los que la ciencia también había formado parte con el mismo título que otros temas de la confrontación.

La vida científica de México durante el segundo Imperio

El presidente Benito Juárez fue investido con facultades extraordinarias el 31 de mayo de 1863, al clausurarse las sesiones de la Cámara de Diputados de ese año, y salió inmediatamente de la ciudad de México con destino a San Luis Potosí. Ante la inminencia de la entrada de las tropas francesas a la capital, fue en esta ciudad donde se instalaron los poderes de la República (luego debieron moverse a otras en el norte del país) para mantener "a todo trance incólumes la defensa de la autonomía y las instituciones democráticas del país". Al día siguiente, 1 de junio, algunos partidarios de la intervención francesa (iniciada desde abril del año anterior) se reunieron en el edificio de correos para manifestar que aceptaban "gustosa y agradecidamente" la intervención y se ponían bajo la protección del general Forey (comandante del ejército francés), al que solicitaban convocara a una junta de notables para definir la

forma de gobierno deseable para el país. Entretanto, se nombró una
Junta de Gobierno compuesta por los generales Juan N. Almonte
y Mariano Salas, el arzobispo de México, otro representante eclesiástico y varios personajes más.

El 10 de junio entró en la ciudad de México el ejército invasor.
Un mes después, la junta de notables dio a conocer que se adoptaba
como forma de gobierno una monarquía moderada, hereditaria,
con un príncipe católico, y que el trono se ofrecía al archiduque
Fernando Maximiliano de Austria, con el título de emperador de
México. Se creaba también la Regencia del Imperio, que habría
de gobernar al país en tanto Maximiliano llegaba a México. Maximiliano hizo finalmente su entrada a la capital el 12 de junio de
1864 para encabezar el que sería el segundo régimen monárquico
que hubo en el país pero, en este caso, contando con el apoyo de
un ejército extranjero.

Los conservadores que habían traído a México a Maximiliano
para asegurar la promoción y defensa de sus intereses, se encontraron muy pronto con que el emperador organizaba su gobierno
sobre la base de ideas liberales, que él mismo compartía, y ello motivó airadas protestas del arzobispo de México y de grupos conservadores. En efecto, Maximiliano aceptó las leyes reformistas sobre
la nacionalización de los bienes eclesiásticos, la libertad de cultos, la
libertad de imprenta, el registro civil de nacimientos y matrimo-
nios, etcétera, e inclusive invitó a Juárez a sumarse a su gobierno
(lo cual no sucedió). En materia educativa se oponía a la intervención de la Iglesia y promovió, en cambio, el papel activo del Estado. También puso en vigor nuevamente la ley que había clausurado a la Universidad. Entre sus planes estuvo la erección de una
escuela politécnica que, junto con la escuela de minería, se ocupa-
ría de las ciencias exactas y naturales, sin que este proyecto lograra
ser realizado. Lo que sí logró poner en marcha fue la Academia de
Ciencias y Literatura en 1865, compuesta por científicos residentes
en el país, con el objetivo, decía Maximiliano en su discurso de
instalación de la Academia, de "reunir las primeras capacidades
de nuestra patria en una sociedad permanente y duradera, la cual

estimulase a todos nuestros compatriotas a lucir en la carrera científica, y pudiese, por otra parte, iluminar al gobierno con sus sabios consejos y sus proposiciones de mejoras en el vasto campo intelectual" (Maximiliano, 1865).

Y en un alarde de nacionalismo científico señalaba que desde antes de la "noche artificial de tres siglos", gracias a los restos arqueológicos de Uxmal, Teotihuacan y otros, era posible constatar que

> hubo un día triunfos de ciencia y de arte en este suelo, que había jenios [*sic*] que unidos por grandes fines creaban obras milagrosas, jenios que se habían encumbrado en muchos puntos á una posición más elevada que la vieja Europa. Estos hechos son consoladores, porque nos demuestran que después de la noche puede en este país llegar el día, día más luminoso que el de ayer.

Era todo un exhorto a los científicos del país a continuar el redescubrimiento de México iniciado por Humboldt (a quien cita) a principios del siglo y a poner esos conocimientos al servicio de la "felicidad del hombre". Por ello, concluía con una incitación a mantener una actitud firme y confiada en el talento de los mexicanos, diciendo: "dejad á un lado la infundada humildad que hasta ahora desgraciadamente ha caracterizado este país; obrad con celo y valor porque de hoy en adelante el mundo será vuestro juez".

A la manera del Institut de France, la Academia se organizó en tres clases: ciencias matemáticas, físicas y naturales la primera; filosofía e historia la segunda, y la tercera dedicada a filología, lingüística y bellas artes. Como presidente fue designado el historiador mexicano José Fernando Ramírez, "un hombre que ha sabido adquirirse un nombre que suena hasta del otro lado de los mares".

Con anterioridad, en abril de 1864, se había creado en la ciudad de México la Comisión Científica, Literaria y Artística de México, a propuesta del mariscal Bazaine, comandante del ejército francés, e integrando en esta comisión a miembros del propio ejército francés y a intelectuales y científicos mexicanos. Su programa de trabajo incluía:

propagar en México el gusto y el cultivo de las ciencias, las letras
y las bellas artes; favorecer por medio de publicaciones apropia-
das los progresos de la agricultura y la industria; sacar a la luz
cuanto este país, tan ampliamente dotado por la Providencia, posee de riquezas de toda especie, y establecer entre México y Francia un comercio intelectual, igualmente provechoso a los intereses
de ambos pueblos [Maldonado, 1965, p. 161].

El presidente honorario de esta comisión era José Salazar Ilarregui,
entonces subsecretario de Estado y de Fomento, quien se había
distinguido años atrás por su participación en la Comisión de Límites, y el presidente era el ingeniero Doutrelaine, coronel del
ejército francés. La comisión estaba compuesta por 10 secciones
dedicadas a biología y botánica; geología y mineralogía; física y
química; matemáticas y mecánica; astronomía, física del globo,
geografía, hidrología y meteorología; medicina, cirugía, higiene,
estadística médica y materia médica; estadística general, agricultura, comercio e industria; historia y literatura, arqueología, etnología
y lingüística, y bellas artes, pintura, escultura, agricultura, música y
grabado. Participaban, como miembros de las secciones, empresarios, funcionarios públicos, intelectuales, miembros de la comunidad científica mexicana, varios militares franceses con formación
científica y técnica y algunos franceses residentes en México. Entre
los científicos mexicanos se encontraban el naturalista Pío Bustamante; los ingenieros Santiago Ramírez, Antonio del Castillo,
Francisco de Garay, Francisco Jiménez, Eleuterio Méndez, Ignacio
Mora y Villamil y Santiago Méndez; los médicos Ladislao de la
Pascua, Miguel Jiménez, Ignacio Erazo, Luis Hidalgo Carpio, Rafael Lucio, José María Vértiz y Leopoldo Río de la Loza; el geógrafo
Antonio García Cubas, etcétera.

En el discurso de instalación de la comisión, el general Bazaine hizo un efusivo llamado a naturalistas, geólogos, mineralogistas, astrónomos, geógrafos, médicos, agrónomos, industriales y
comerciantes, financieros y economistas, estadígrafos, historiadores, arqueólogos, artistas de todas las ramas, residentes extranje-

ros en México y miembros del ejército francés, para que con sus talentos respectivos contribuyeran a "estudiar de concierto los medios para extraer los maravillosos recursos de esta tierra fecunda y explotar tantas riquezas naturales mantenidas durante tanto tiempo en estado de esterilidad [...] Todo está por hacerse, o al menos deberá recomenzarse con un estudio metódico y general" (Bazaine, 1864).

Casi simultáneamente al anuncio de la creación de esta comisión, el emperador Napoleón III y su ministro de Instrucción Pública constituían otra comisión en París, con el nombre de Commission Scientifique du Mexique, para organizar y dirigir una expedición científica a México integrada por prestigiados hombres de ciencia, militares, marinos, empresarios y funcionarios franceses. Esta comisión seguiría la huella del ejército francés en el territorio mexicano y, con su apoyo, reuniría información sobre la naturaleza y los habitantes de México y su historia, que luego sería enviada a la capital francesa a una comisión central para su estudio sistemático (que tendría a su cargo la dirección y la supervisión del desenvolvimiento de los trabajos). Igualmente se notificó a la Sociedad Mexicana de Geografía y Estadística la creación de esta comisión con la intención de entrar en contacto con los científicos mexicanos y crear una biblioteca que auxiliara en los trabajos de la Commission, y así llevar a cabo "la conquista científica de este gran país para la ciencia".

Una vez designados los comisionados entre varios miembros distinguidos del Institut de France (como el químico Boussingault, el geólogo Saint-Claire Deville, el naturalista Quatrefagues, y el geógrafo Saint-Martin), y los expedicionarios (mineralogistas y geólogos Guillemin-Tarayre, Dolfus y Coignet, naturalistas Bocourt y Lami, arqueólogos Méhédin y Bourgois, Brasseur de Bourbourg, etcétera), se designaron también corresponsales en México (entre los científicos: Miguel Jiménez, Antonio del Castillo, Gabino Barreda, Antonio García Cubas, Francisco Jiménez y Manuel Orozco y Berra). La Commission organizó sus actividades distribuyéndolas en varios comités: de ciencias naturales y médicas; ciencias físico-químicas; historia, lingüística, arqueología y etnología; y economía política, estadística, obras públicas y asuntos administrativos. Estos comités se encargaron de elaborar las instrucciones técnicas sobre objetivos específicos y la metodología científica que se utilizaría en los trabajos. Bien organizada y financiada, con elementos humanos calificados, instrumental científico adecuado, valiosa información proporcionada localmente y, desde luego, el apoyo del ejército invasor, esta comisión inició sus trabajos a finales de 1864 y principios de 1865. Su campo de acción quedó delimitado entre los ríos Bravo del Norte y Colorado en la parte septentrional y el golfo del Darién (Nicaragua) en la meridional.

Los antecedentes y resultados de esta expedición se publicaron en París con los títulos de *Archives de la Commission Scientifique du Mexique* y *Expedition au Mexique* (de carácter más bien militar), y en una serie de monografías publicadas a lo largo de más de 30 años, titulada *Mission Scientifique au Mexique et dans l'Amérique Centrale*, que llegó a sumar varios miles de páginas. En estas obras se presentan monografías o memorias a cargo de ilustres investigadores que constituyeron contribuciones al conocimiento del territorio mexicano y de sus producciones, así como de la bibliografía, mapas y documentos que existían en México y sobre México en esa época.

A la vista de estas tres iniciativas para la organización del trabajo científico durante la intervención francesa y el segundo Imperio (las dos comisiones científicas y la Academia de Ciencias), se imponen algunas conclusiones de interés para la comprensión de la evolución que tuvo la ciencia en México. En primer lugar, es notorio el carácter imperialista de la Commission: tanto en los medios empleados para su realización —como eran la presencia del ejército invasor en el país y su sostén para la ejecución de los trabajos de los expedicionarios y el usufructo de los elementos científicos locales (materiales, institucionales y humanos)— como en los fines, conocimiento y exacción de los productos naturales del país, centralización de la información obtenida para su análisis y conceptualización en París, dejando a los científicos nacionales y a sus instituciones el papel de meros "colaboradores", se muestra que la expedición científica ciertamente correspondía a los planes expansionistas e imperialistas de Francia. Expediciones similares habían sido llevadas a cabo por este país con anterioridad, primero en Egipto y luego en Grecia y Argelia. En el caso de México se perseguían también propósitos geoestratégicos para abrir una vía de comunicación entre los océanos Atlántico y Pacífico que diera al comercio y a las armas francesas presencia planetaria.

En segundo lugar, queda poca duda de que la comisión científica mexicana no fue creada para colaborar con la francesa, pues tanto el origen de la iniciativa que le dio vida cuanto su composición así lo reflejan. Como tal, esta comisión tenía un carácter subordinado frente a la francesa y obedecía al propósito de favorecer la explotación de los recursos naturales (mineros principalmente) en beneficio de los inversionistas extranjeros que se esperaba acudieran a México una vez que el país fuera pacificado por medio de las armas y contara con un gobierno estable.

En tercer lugar, es de observarse que la Academia Imperial de Ciencias y Literatura, creada en abril de 1865, agrupaba solamente a mexicanos y tenía como misión apoyar al gobierno y promover el avance del conocimiento. Su sostén económico provenía del gobierno igualmente. Esto deja ver un diseño institucional y objetivos completamente diferentes a los de las dos comisiones científicas antes mencionadas. Se trataba de un cuerpo científico nacional frente a dos organizaciones de vocación imperialista una y colaboracionista la otra. Aquí también se manifestaba el viraje inesperado que Maximiliano impuso a su gobierno para acercarlo al ideal nacionalista y liberal de contar en el país con una ciencia nacional o patriótica. Sin embargo, la vida de estas instituciones fue corta y sus resultados escasos.

Por otra parte tenemos la participación de mexicanos en estas iniciativas, lo cual expresa, en nuestra opinión, la ambición cognoscitiva de los científicos por llevar a cabo trabajos científicos organizados, con metodología avanzada y recursos técnicos suficientes, sobre todo si se tiene en cuenta el estado lamentable que tenía la organización de la ciencia en el país y que volvía asfixiante esta actividad. En algunos casos también fue importante la vinculación de algunos individuos con la ciencia francesa por haber hecho estudios en Francia, como en los casos de Gabino Barreda, que estudió en la Facultad de Medicina de París, y de Santiago Méndez, que estuvo en la Escuela Central de Artes y Manufacturas de París y en la Escuela de Ingenieros de Metz, lo cual los convertía en interlocutores naturales para los franceses. Pero sobre todo expresa que, independientemente de la filiación ideológica y política individual de los científicos —pues los había tanto liberales (Barreda, Río de la Loza, etcétera) como conservadores (Salazar Ilarregui, Orozco y Berra, etcétera)—, en México ya había empezado a surgir una comunidad con intereses profesionales propios. Esta comunidad científica, bajo formas aún incipientes, empezaba a actuar como actor independiente en la sociedad para conseguir la promoción y la defensa de sus intereses "científicos", encontrando en esta coyuntura una oportunidad para acrecentar su propio saber y para promover a su "gremio". Otros hechos lo mostrarían así poco después.

Hubo, desde luego, quien no entendió entonces esa actitud pragmática de los científicos (aunque fueron pocos los que, como Francisco Díaz Covarrubias, se mantuvieron fieles hasta el final con los liberales), y Juárez les lanzó el epíteto de colaboradores del Imperio y una condena legal. Más tarde, la mayoría de ellos colaboró con su gobierno también. Este hecho muestra que en los años transcurridos desde la Independencia había surgido en el país una nueva generación de científicos, menos dispuesta que sus predecesoras a participar en el incesante y polarizado debate ideológico y político de las décadas anteriores. Se trata de un pragmatismo más propio de lo que empezó a llamarse "visión positivista" de la realidad por oposición a la "metafísica" propia del ideario liberal de los primeros tiempos. Actitud, además, que en los años subsecuentes se generalizaría. A fin de cuentas, una vez que entraron en contacto con los científicos extranjeros se volvieron conscientes de su valía, de sus propias limitaciones y de las derivadas del entorno pues, como observó años después Orozco y Berra:

Con los reconocimientos practicados, aprovechando los mapas que encontraron en el país, y partiendo de los puntos fijos que daban las posiciones geográficas, formaron mapas de algunas comarcas, á veces de buena extensión y con bastante exactitud: estos resultados, empero, no fueron obra exclusiva suya, supuesto que *tomaban de lo nuestro lo que les parecía mejor aunque sin confesar la fuente de donde bebían*. Si los trabajos de los franceses no añadieron mucho á lo que ya conocemos de nuestros Estados centrales, es preciso convenir en que vinieron á dar nuevos datos acerca de los Estados lejanos, principalmente en la parte menos poblada de la República [Orozco, 1881, p. 433].

Es interesante observar que durante el segundo Imperio algunos proyectos del periodo republicano encontraron el apoyo necesario para su continuación. Tal fue el caso de la Comisión Científica de Pachuca (1864), que estuvo integrada exclusivamente por científicos mexicanos. Los orígenes de esta comisión se remontaban a la Comisión del Valle de México del periodo republicano. Llevó a cabo una extensa gama de investigaciones de tipo zoológico, botánico, geológico, mineralógico, geológico, estadístico, manufacturero y arqueológico con la participación de, entre otros, el ingeniero topógrafo Ramón Almaraz (quien fue su director y participó también en la comisión anterior), el ingeniero de minas Manuel Espinosa, el naturalista Manuel María Villada (con el apoyo de Alfonso Herrera y Gumesindo Mendoza) y el geógrafo Antonio García Cubas. Sus resultados fueron publicados en una *Memoria* por el Ministerio de Fomento, del que en ese momento Salazar Ilarregui era el titular y Orozco y Berra el subsecretario.

Otro caso fue el de las investigaciones científicas de interés para los trabajos topográficos y geográficos del desagüe del valle de México. Se trataba de un viejo problema en cuya solución se había trabajado desde el siglo XVI, y que en los años que precedieron al Imperio ocupó la atención de los gobiernos con la participación de los científicos. El caso más reciente había sido el de 1861, cuando el liberal Ignacio Altamirano ocupaba el Ministerio de Fomento e

Instrucción Pública. En 1865 se designó al ingeniero Francisco de Garay director de obras del desagüe y responsable de obras hidráulicas del mismo, quien contó con la colaboración del ingeniero Ramón Almaraz como jefe de la comisión científica. En abril de 1866, un decreto imperial aprobó la ejecución de las obras para un desagüe directo del valle de México siguiendo el proyecto elaborado en 1848 por M.L. Smith, y se nombró para hacer los estudios necesarios a una comisión que encabezaba el ingeniero Miguel Iglesias. Como resultado se publicó en 1866 la *Memoria sobre el desagüe del Valle de México*, que sirvió para que el Ministerio de Fomento acordara el inicio inmediato de las obras de tan necesaria fábrica para la higiene y comodidad de los habitantes de la ciudad.

Otro trabajo fue el destinado a levantar un plano de la ciudad de México con personal científico del Ministerio de Fomento; se inició en 1865, concluyó al año siguiente y se publicó una *Memoria* con los resultados. Como se observa, el Ministerio de Fomento tuvo un papel significativo en la continuación de los trabajos científicos comenzados en el periodo republicano, siendo ello, en gran medida, una preocupación que mantuvieron tanto el ministro Salazar Ilarregui como el subsecretario Orozco y Berra (ambos miembros distinguidos de la comunidad científica). Era también resultado de una visión más técnica y menos ideológica del papel de la ciencia en la sociedad.

El Imperio, como se sabe, tuvo una corta existencia. Napoleón III, ante lo costosa que le resultaba su aventura mexicana y dada su propia situación política comprometida en Europa, decidió retirar sus ejércitos y suspender el respaldo que proporcionaba al Imperio mexicano. El 11 de marzo de 1867 se embarcaron en Veracruz las últimas tropas francesas.

Mientras tanto, el ejército republicano, animado de un fuerte nacionalismo, recuperaba el territorio ocupado por el invasor. Fue significativo también que el gobierno de los Estados Unidos, que recién había terminado su guerra civil, reconociera al gobierno de Juárez y le otorgara un préstamo de 20 millones de pesos para hacer frente a los gastos de la guerra. El 15 de mayo, Maximiliano cayó prisionero en la ciudad de Querétaro junto con sus generales Miramón y Mejía. Luego de ser juzgado conforme a las leyes de la República fue sentenciado a muerte y fusilado. El 21 de junio siguiente, el general republicano Porfirio Díaz tomó la ciudad de México y el 15 de julio, triunfalmente, el presidente Juárez regresó a la capital del país. Así concluía la breve aventura imperial de Maximiliano y se consumaba la derrota final de los conservadores por la vía de las armas.

Los beneficios de la paz

Entre los asuntos que debían ser atendidos para la reconstrucción nacional estaba el hecho de que el país carecía de unificación y predominaban los regionalismos. Su orografía había contribuido mucho a ello, pues las cadenas montañosas que lo atraviesan y la gran extensión del territorio nacional dificultaban enormemente las comunicaciones y el transporte de mercancías y de personas. En los años recientes, además, con el corrimiento hacia el sur de la frontera norte se produjo el surgimiento de nuevas economías comerciales en el norte, como la de Monterrey, con poca o nula comunicación con el resto del país. Los nuevos terratenientes, compradores de bienes nacionalizados, habían hecho nugatoria también la pretendida reforma social en el campo y las ciudades (los pequeños propietarios rurales y urbanos) y habían vuelto a inmovilizar la riqueza en bienes raíces (Bazant, 1995, p. 313), en un proceso que ya se asemejaba a una nueva "feudalización" de México.

Los sucesivos gobiernos de Juárez, reelecto en 1867 (teniendo como contrincante a Porfirio Díaz) y nuevamente en 1871 (con Sebastián Lerdo de Tejada y nuevamente Díaz como sus competidores), y de Lerdo (quien sucedió a Juárez en la presidencia a la muerte de este en 1872) debieron hacer frente a esta situación. El gobierno y los actores económicos estaban interesados en la formación de una economía de mercado, de una demanda interna para los productos locales, así como en el desarrollo de una agricultura extensiva y comercial, para lo cual se necesitaba un mercado nacional unificado. Una parte del problema radicaba en que los constituyentes del 57 habían plasmado principios liberales en la Carta Magna sin que éstos se correspondieran necesariamente con las realidades existentes en el país. Habían garantizado las libertades individuales y dado fuerza a los estados en un régimen federal, pero el Ejecutivo era débil frente al Poder Legislativo. Así, por ejemplo, las ideas librecambistas consagradas en la Constitución chocaban con la necesidad imperiosa que tenía el gobierno de contar con recursos económicos provenientes de las aduanas, por lo que hubo que fijar impuestos a las importaciones; igualmente, el principio de la libertad empresarial colisionaba con la lentitud con que se construía el ferrocarril (concesionado desde los años treinta), lo que volvió necesario que el gobierno otorgara subsidios cuantiosos al concesionario británico para acelerar la terminación del ferrocarril que uniría a la ciudad de México con el puerto de Veracruz y las poblaciones intermedias.

En estos y otros ámbitos de la economía se sentía la necesidad de contar con un Ejecutivo capaz de hacer frente a los regionalismos y de activar la economía nacional. Se necesitaba un gobierno que abandonara el papel que le asignaba el liberalismo clásico de mero árbitro en las disputas. Es decir, se requería una adecuación de la doctrina liberal a las condiciones vigentes en el país, en virtud de la cual el Estado desempeñara un papel activo en el desarrollo económico y social.

Los gobiernos de Juárez y Lerdo, enfrentados con esas realidades, dieron pasos efectivos para lograr, en raro equilibrio, que sin mengua de la libertad añorada se emprendieran por parte del Estado las mejoras materiales que la sociedad requería. Lograron así activar la economía, aunque en forma ciertamente moderada, al autorizar que con financiamiento público se construyeran obras de infraestructura y saneamiento, de extensión de la red de caminos, de mejoría de los puertos y, como ya se dijo, para poner en funcionamiento el ferrocarril (inaugurado finalmente en 1873). Era claro, por tanto, que ya no sería posible hacer convivir más tiempo el progreso material y la modernización que el país necesitaba con la tradicional improductividad de los empresarios (Iglesia, artesanos y agricultores) y el aislamiento de regiones enteras que sólo actuaban en los pequeños mercados locales a su disposición. Era el momento —verdadero punto de no retorno— de iniciar una senda de profundas transformaciones económicas y sociales que necesitaba el país, dejando atrás finalmente las estructuras socioeconómicas heredadas de la Colonia y la inestabilidad de los años de luchas políticas, para dar paso a una modernización con amplio consenso y si fuera necesario, como lo fue, promovida por el Estado.

En materia económica esto significaba obtener facilidad y rapidez para la circulación de bienes, personas (migraciones internas y externas) e informaciones (periódicos, libros, correo, etcétera). En la época, sólo los ferrocarriles y el telégrafo podían proporcionar la movilidad necesaria para lograr esos fines económicos y políticos. En su *Memoria sobre ferrocarriles* leída en la instalación de la Sociedad Mexicana de Ingenieros Civiles y Arquitectos en 1868, Santiago Méndez señalaba:

> Si nuestro país ha de llegar a ser por fin uno de los más florecientes de la tierra, no ha de lograrlo ciertamente sino por el establecimiento de las mejoras materiales que la ciencia y experiencia de muchos siglos han realizado en otras naciones. Verdad es esta que no por ser ya trillada ha perdido nada de su valor. Las mejoras son entre nosotros una verdadera necesidad, una condición indispensable de progreso, una exigencia imperiosa de civilización, son las vías fáciles de la comunicación que proporcionen el tráfico, baratura y seguridad en los transportes [Méndez, 1868, pp. 15-16].

Sin embargo, la noción de "movilidad" implicaba igualmente la movilidad de carácter social: transferencia de empleos y calificaciones técnicas de hombres a mujeres, entre personas independientemente de su sexo, o entre los miembros de una familia considerando los conocimientos y las destrezas como formalmente idénticos e intercambiables. Ello suponía un sistema educativo verdadero y además eficiente que, a 46 años de obtenida la independencia, el país aún no tenía. Su establecimiento sería, por tanto, una prioridad para poder ofrecer la calificación técnica y científica que creara una meritocracia en el país. El sistema capitalista que emergía necesitaba también trabajadores asalariados y libres, pero éstos aún no existían de manera generalizada en el país.

En materia política, de la misma manera, la nueva modernidad significaba el abandono de creencias tenidas por verdades, como que el país se construiría solamente con buenas leyes. Gradualmente se abandonó la idea —que tantas luchas produjo— de que la gobernabilidad dependía de la forma de gobierno, y empezó a aceptarse que la Constitución de 1857 era el marco de referencia obligado para todos, así como su definición de la forma de gobierno de un régimen republicano, federal, democrático y popular. Desde los gobiernos de la restauración hasta el porfiriato, la Constitución se mantuvo intocada en este aspecto. De hecho surgió otra manera, más pragmática, de entender la gobernabilidad y la política, en consecuencia, basada en la negociación y los acuerdos entre los actores políticos y el gobierno. Era obvio que así fuera, pues la sociedad mexicana salía en 1867 de una larga etapa de continuas confrontaciones ideológicas y políticas entre los diversos sectores sociales que la habían dividido en profundidad. La polarización ideológica había llegado a extremos como la Ley de Infidencia de 1862, por la que se castigaba a conspiradores, traidores y colaboradores de potencias extranjeras. Por ello, luego de la derrota de los conservadores había quienes, apoyándose en esa ley, exigían para los vencidos (que sumaban decenas de miles además de sus familias) la pena de infamia, la confiscación de sus bienes, el destierro y hasta la pena de muerte. Otros proponían amnistía para con los vencidos. Esta última fue la actitud que se impuso finalmente, abriendo así la posibilidad de sentar bases nuevas para la gobernabilidad. La cuestión de la pacificación del país no era solamente de naturaleza militar; también podría conducir al gobierno a decidir y poner en práctica políticas públicas de desarrollo viables. Juárez finalmente optó por la reconciliación de los mexicanos, alcanzando resultados significativos durante el tiempo que ejerció la presidencia de la nación.

En el caso de los científicos —tan entusiastas durante el Imperio en un primer momento, luego del triunfo republicano—, la Ley de Infidencia fue implacable con algunos de ellos, como muestra el caso de la Sociedad Mexicana de Geografía y Estadística. Antes de que el nuevo gobierno decidiera seguirla amparando y sosteniendo, durante "nueve meses y veintiún días" (Olavarría y Ferrari, 1901, p. 103) se vio obligada a suspender actividades por sus "complacencias" con el gobierno imperial y los servicios que le prestaron muchos socios en empleos y puestos prominentes. De éstos, José Salazar Ilarregui y Joaquín Mier y Terán fueron enviados al destierro, y Manuel Orozco y Berra fue preso en el ex Convento de la Enseñanza. Además, su membresía fue modificada por orden del gobierno, excluyendo a algunos que formaban parte de ella e incorporando a otros. Pero para 1868 se le había asignado un nuevo local y en 1869 esta asociación ya pudo reanudar la publicación de su *Boletín* (en su segunda época), contando con el apoyo del gobierno. Se puso al frente de ella a Leopoldo Río de la Loza, pues había terminado por imponerse el pragmatismo que recomendaba renunciar a no pocos aspectos de la memoria histórica en beneficio de acuerdos que hicieran viable la política moderna con el concurso de la ciencia.

En efecto, otros muchos científicos que colaboraron con el Imperio fueron aceptados sin ninguna dificultad en el nuevo proyecto que se concibió entonces: Antonio del Castillo, Luis Hidalgo Carpio o Santiago Méndez, entre otros, quienes se identificaron plenamente con la nueva política y asumieron posiciones de liderazgo dentro de ella. Es visible que en esta época los científicos, como antes dijimos, eran conscientes de su valía e integraban ya una comunidad cuyas acciones alcanzaban efectos políticos en ese momento, y no podían ser ignorados por el gobierno. Su poder se extendía a diversos ámbitos de la sociedad, como educación, diseño de planes de desarrollo dentro de ministerios como el de Fomento, Economía y Obras Públicas, Cultura, etcétera, lo que resultaba ciertamente de utilidad para los planes gubernamentales. Así se explica el surgimiento, en ese momento, de un proyecto de desarrollo que era al mismo tiempo el establecimiento de una agenda para la modernización, racionalización y occidentalización de la sociedad mexicana (factores decisivos para el tránsito de las sociedades tradicionales a la modernidad), con la participación de los científicos. En retrospectiva, se puede observar que la ejecución de esta agenda se llevó a cabo a lo largo del resto del siglo sólo con algunas modificaciones impuestas por el entorno político y económico en que se desenvolvió. Igualmente se observa que dicha agenda se había formado a través de la experiencia acumulada por los diversos actores políticos del país desde su independencia.

LA MODERNIZACIÓN EDUCATIVA DEL PAÍS

Éste fue uno de los ámbitos en que se procedió con mayor celeridad, pues el primer paso se dio a los pocos meses de restaurada la República y su influencia fue duradera. Hacia el mes de septiembre de 1867 se formó una comisión para estudiar y proponer un plan general para la enseñanza pública y la promoción de las ciencias bajo la presidencia del nuevo ministro de Justicia e Instrucción Pública, el jurista Antonio Martínez de Castro. La comisión la integraron el ingeniero y astrónomo Francisco Díaz Covarrubias; los médicos Gabino Barreda, Pedro Contreras Elizalde e Ignacio Alvarado; el químico Leopoldo Río de la Loza; el farmacéutico y naturalista Alfonso Herrera, y los abogados José M. Díaz Covarrubias, Eulalio M. Ortega, Antonio Tagle y Agustín Bazán. Dos de ellos, Contreras Elizalde (cercano a Juárez y más tarde convertido en su yerno) y Barreda (recién electo diputado y médico de Juárez), eran firmes partidarios de la filosofía de Auguste Comte (el positivismo), que habían estudiado en Francia y los había llevado a hacer un balance del país, establecer las causas de su atraso y proponer soluciones para el desorden de tantos años a través de la educación. Esto lo había planteado Barreda en su célebre *Oración cívica* ante Juárez, pocos meses atrás. Su influencia fue notable en los trabajos de la comisión y en los resultados que se produjeron después en el ámbito educativo, al introducirse una enseñanza que dejaba atrás el control que había tenido la religión sobre las conciencias, sustituyéndola por una basada en las ciencias exactas y naturales. Así, el 2 de diciembre de 1867 se promulgó la Ley Orgánica de Instrucción Pública y se reafirmaba el ya viejo propósito de los liberales del carácter público de la misma.

Desde el punto de vista formal, esta ley solamente tenía vigencia en el Distrito Federal, pero se quiso que diera a la educación una organización "adecuada a las necesidades del país y acorde con los progresos del siglo", según señalaba Martínez de Castro en su informe rendido al Congreso de 1868. Al respecto, argumentaba que por la situación del país habrían de pasar "muchos años" antes de que los estados "puedan hacer lo que sólo el gobierno federal puede hoy conseguir". Se trataba, pues, de dar a la modernización del sector educativo una dimensión nacional. Por ello, las escuelas de la capital quedaban abiertas para todos los ciudadanos de la República, y algún tiempo después a las escuelas profesionales se les cambio el nombre de "especiales" que tuvieron al inicio por el de "nacionales". Por el mismo movimiento se pretendía dar —señalaba el ministro— un "impulso vigoroso" en el país al "adelantamiento de las ciencias, especialmente de las naturales y de las artes".

El ministro reconocía también que el origen de esta reforma se encontraba en la que había impulsado el gobierno de Gómez Farías en 1833, deplorando que la reacción conservadora de entonces la hubiera "ahogado en su cuna". Los estudios señalados en la ley se referían a la enseñanza primaria y la llamada entonces secundaria (la profesional), la cual se impartiría en escuelas "especiales", como las de Ingenieros (que reunía por primera vez estudios de minería con otras ramas de la ingeniería); Medicina, Cirugía y Farmacia; Agricultura y Veterinaria, y Jurisprudencia. Se creaba también la Escuela Nacional de Profesores para apoyar la enseñanza elemental y se revitalizaba la Escuela de Artes y Oficios con "la instrucción científica" correspondiente para abrir nuevos ramos de industria y fuentes de riqueza. Otro aspecto destacado de la ley era la introducción de la enseñanza de la mujer para abrirle oportunidades de trabajo como acontecía ya, según el decir del ministro, en los Estados Unidos, donde se les daba ocupación "en tiendas, en los escritorios de los comerciantes y hasta en las oficinas públicas". Por otra parte, en un nivel intermedio se establecía la Escuela Nacional Preparatoria (ENP). También estaba contemplada en la ley la creación de las siguientes instituciones científicas: el Observatorio Astronómico, la Academia Nacional de Ciencias y el Jardín Botánico.

Como resultado de la entrada en vigor de la nueva ley de instrucción y de la política de la que formaba parte, se pudieron constatar en lo inmediato varios resultados interesantes para las ciencias. La Escuela Nacional Preparatoria inició actividades el primer día de febrero de 1868, teniendo como director al médico Gabino Barreda, quien había sido designado para el cargo por el presidente Juárez desde el 17 de diciembre anterior. El local que se le asignó fue el antiguo Colegio de San Ildefonso, que si bien requirió rápidas adaptaciones para contar con aulas, auditorios y gabinetes de ciencias, así como con dormitorios y comedor, era un soberbio edificio. Recibió a 700 alumnos externos y a 200 internos. El plan de estudios seguía la clasificación de las ciencias establecida por Comte para pasar de lo más general a lo más particular, es decir, tenía a las matemáticas en la base, las cuales eran seguidas por la física y otras ciencias naturales, a fin de conseguir, decía Barreda:

> Una educación en que ningún ramo importante de las ciencias naturales quede omitido; en que todos los fenómenos de la naturaleza [...] se analicen a la vez teórica y prácticamente en lo que tienen de más fundamental; una educación en que se cultive así a la vez el entendimiento y los sentidos, sin el empeño de mantener por fuerza tal o cual opinión, o tal o cual dogma político o religioso, sin el miedo de ver contradicha por los hechos esta o aquella autoridad [...] [Barreda, 1973, pp. 15-16].

Entre los profesores de la ENP se encontraban los mejores científicos del momento; entre otros, el propio Barreda, Manuel María Contreras, Ladislao de la Pascua, Francisco Díaz Covarrubias (ahora oficial mayor de Fomento), Mariano Villamil, Alfonso Herrera y otros que se distinguieron por su profesionalismo y actualización de conocimientos en las materias que impartían; varios de ellos inclusive eran (o pasaron a serlo) autores de los libros de texto utilizados para la enseñanza. En 1869 se hicieron leves modificaciones al plan de estudios, el cual permaneció sin otros cambios durante 27 años, esto es, hasta 1896. En general, este proyecto educativo cumplió ampliamente con la finalidad perseguida, pues se consiguió crear una cultura de la ciencia entre los ciudadanos (Núñez y Saldaña, 2005) y la homogeneización y alta calidad de los estudios previos al ingreso en una carrera profesional. Otro hecho altamente significativo era que por primera vez se impartieran en el país cursos de física, química, historia natural y otras ciencias con independencia de sus aplicaciones: la "cultura general de la ciencia", como la identificaba Porfirio Parra (Parra, 1901). Este modelo educativo, al difundirse rápidamente en otras escuelas preparatorias en diferentes partes de la República, hizo que las nuevas generaciones de mexicanos en todo el país adquiriesen una cultura científica y literaria, lo que venía a dar cumplimiento al ideal de los liberales de antaño de construir una razón pública en la sociedad.

La Escuela de Agricultura reinició actividades, y a lo largo de 1868 su edificio fue reparado de los daños resultado de batallas que tuvieron lugar en las inmediaciones antes de la restauración de la República, construyéndose un anfiteatro y una enfermería veterinaria para las prácticas necesarias en estos estudios, así como un huerto, caballerizas y establos. Por otra parte, se encargaron a Europa y a los Estados Unidos instrumentos de apoyo para las cátedras de física, química, historia natural, agricultura y veterinaria, así como obras especializadas para la biblioteca y cultivos especiales, con lo cual se pretendía dar cumplimiento a disposiciones legales en el sentido de que la enseñanza fuera teórico-práctica y aplicada a las necesidades del país. Las carreras de agricultor y veterinario se cursaban en tres años. El número de alumnos era el más bajo de todas las escuelas profesionales (sólo cuatro se graduaron en 1869, y a partir de 1883 el número aumentó a 10 cada año en promedio), lo que motivó que en el Senado se llegara a decir: "Los ricos no quieren concurrir, los pobres no encuentran porvenir y así los 35 800 pesos que se emplean cada año son enteramente perdidos". Como director de la escuela se designó al médico Ignacio Alvarado (miembro de la comisión que redactó la ley), quien luego fue sustituido por el médico Gustavo Ruiz Sandoval.

El antiguo Colegio de Minería desapareció como tal y los estudios que en él se impartían pasaron a formar parte de la Escuela Especial de Ingenieros. Esta escuela ofrecía las carreras de ingeniero de minas, civil (separándola de la de arquitecto, que se siguió estudiando en la Academia de Bellas Artes), mecánico, topógrafo, hidrógrafo, de ferrocarriles y caminos, etcétera. Todas estas especialidades recibían una instrucción uniforme en las ciencias que les son comunes. Con la finalidad de que los estudiantes pudieran realizar sus prácticas, Juárez expidió un decreto desde 1867 por el cual se obligaba a empresas ferrocarrileras y directores de caminos a darles facilidades para ello. El aspecto práctico en la formación de ingenieros fue una preocupación constante tanto desde el punto de vista didáctico como del perfil profesional que se pretendía dar a estos profesionistas. Sin embargo, también fueron constantes las denuncias del "teoricismo" con que se enseñaba en la Escuela de Ingenieros, y varios intentos hubo por formar "escuelas prácticas" en apoyo a la enseñanza escolar. A pesar de ello, la Escuela de Ingenieros se encontraba adecuadamente dotada con laboratorios, biblioteca y un cuerpo profesoral de primera categoría que incluía a Antonio del Castillo (subdirector de la escuela), Francisco de Garay, Manuel Fernández Leal, Francisco Chavero, Agustín Díaz y Francisco Díaz Covarrubias, entre otros. Su alumnado no era numeroso.

La Escuela de Medicina tuvo notables mejorías a partir de 1867 para lograr que la enseñanza fuera práctica y actualizada, superando el estado de abandono en que había estado desde su creación en 1833. Su director siguió siendo José Ignacio Durán y a partir de 1868 lo fue José María Vértiz, a quien sustituyó en 1871 Leopoldo Río de la Loza.

La Escuela de Artes y Oficios, a su vez, reanudó sus actividades —interrumpidas durante el conflicto bélico— una vez que se le hicieron reparaciones y reformas a su local del ex Convento de San Lorenzo para adecuarlo a su objeto. De acuerdo con lo dispuesto por la ley, además de dar instrucción científica a sus alumnos, la escuela empezó a promover técnicas poco conocidas o empleadas en México, así como las que pudieran tener una aplicación general en el país. Se dispuso que los artesanos pudieran concurrir a ella.

La creación de una Academia Nacional de Ciencias y Literatura estaba prevista igualmente en la ley de 1867 (artículo 42). Ahí se dice que su objetivo era:

> I. Fomentar el cultivo y adelantamiento de estos ramos. II. Servir de cuerpo facultativo de consulta para el gobierno. III. Reunir objetos científicos y literarios, principalmente del país, para formar colecciones nacionales. IV. Establecer concursos y adjudicar los premios correspondientes. V. Establecer publicaciones periódicas, útiles a las ciencias, artes y literatura, y hacer publicaciones, aunque no sean periódicas, de obras interesantes, principalmente de las nacionales.

Su inauguración tuvo lugar el 5 de febrero de 1870 y el discurso inaugural lo pronunció quien había sido designado su vicepresidente, Ignacio M. Altamirano (el presidente era por ley el ministro de Fomento). En una amplia pieza oratoria dedicada a la historia de las academias y sus valores, Altamirano señalaba que la Academia de Ciencias mexicana coronaba el sistema establecido en el país, el cual tenía en su base instituciones educativas creadas por la República mediante la Ley de Instrucción Pública, dando con ello "el impulso más eficaz a la ilustración en México". De esta manera, protestaba a nombre de la institución: "tenemos confianza en el porvenir y creemos que a pesar de los sacudimientos de la política y más fácilmente bajo el régimen de la paz, la academia podrá llevar a cabo proyectos de verdadera utilidad práctica". Un año después, el mismo Altamirano presentó un informe de labores. En él destacaba la redacción del reglamento de la academia y el establecimiento de un concurso anual para premiar obras científicas y literarias, señalando que el primero estaría dedicado a reconocer autores de libros de texto. Igualmente indicaba la intención de apoyar la realización de viajes de exploración, el establecimiento de jardines de aclimatación, las clasificaciones zoológicas y las observaciones físicas, colaborando para ello con las sociedades científicas creadas para esos fines. En el aspecto financiero señalaba que la subvención gubernamental otorgada a la academia casi no había sido tocada, por lo que se mantenía íntegra para los proyectos mencionados, a la vez que reconocía que los miembros de la academia (representantes de las escuelas superiores y de la Sociedad de Geografía y Estadística) hubiesen renunciado a percibir la remuneración asignada para aumentar así el fondo de la academia. En cuanto al local de la academia, informaba que le había sido asignado uno en reparación y también se contaría con espacio suficiente para albergar la biblioteca. Finalmente, aseguraba que la academia había establecido contacto con sociedades científicas similares de buen número de países, excepto la de Francia (por encontrarse ese país en guerra).

En cuanto a la Escuela de Naturalistas prevista en la ley para impartir las carreras de profesor de zoología, geología y botánica, no inició actividades en 1868 y se pospuso indefinidamente. Las ciencias que debieron ser la finalidad de su atención se estudiaban de cualquier forma en escuelas de medicina (botánica y zoología aplicadas) e ingeniería (geología, paleontología, botánica y zoología). Pero fue sobre todo la Sociedad Mexicana de Historia Natural, constituida en 1868, la que se ocupó de estos campos. El Jardín Botánico y el Observatorio Astronómico previstos tampoco iniciaron actividades en lo inmediato y el primero no lo haría del todo.

De esta manera, partiendo de elementos preexistentes y creando otros, la Ley de Instrucción Pública sentó inmediatamente las bases para la edificación de un sistema científico y técnico moderno en el país. En cuanto a la investigación científica se refiere, con la salvedad de la academia antes mencionada, la ley no incluía disposiciones específicas. Sin embargo, puede observarse que en forma implícita hubo también una política al respecto al crearse, por vez primera en la historia del país, la posición de investigador científico en el Museo Nacional, y al promoverse en 1868 la formación de dos sociedades científicas, la de historia natural y la de ingenieros y arquitectos. Otras, como las de geografía y medicina, también continuaban sus actividades en ese periodo.

El Museo Nacional era una institución de larga data, pues sus orígenes se encuentran en las postrimerías del régimen colonial, y en cuanto a la historia natural se refiere había un precedente en el museo que montó, en 1790, José Longinos Martínez, miembro de la Expedición Botánica. A lo largo del siglo xix el museo tuvo poca atención y durante el Imperio de Maximiliano se le prestaron valiosos auxilios por los cuales aumentó sus colecciones, contando para ello con la ayuda del naturalista Domingo Billimeck. Sin embargo, lo característico de este establecimiento fue haber sido hasta entonces una institución que formaba colecciones de objetos naturales, arqueológicos e históricos, pero que no hacía investigación propiamente dicha. Era un museo, pero sin musas.

A partir de 1867 el museo recibió un nuevo diseño institucional concebido por Ramón Isaac Alcaraz, nuevo director, quien no era científico sino periodista y poeta, y firme partidario de Juárez, de quien recibió apoyo decidido para el proyecto sometido a su consideración. El museo debía cerrar sus puertas al público temporalmente para efectuar reparaciones, arreglar y clasificar las colecciones y llevar a cabo algunas excursiones con la finalidad de aumentarlas y enriquecerlas. En ese contexto, el 11 y 13 de marzo de 1868 se nombró a los primeros investigadores y ello transformó al museo en un centro de investigación: Antonio del Castillo, profesor de mineralogía y geología, y Gumesindo Mendoza, profesor de zoología y botánica, cada uno con un sueldo anual de 1 200 pesos. El 1 de mayo de ese mismo año entró Antonio Peñafiel y

Barranco como preparador de la clase de zoología y botánica con sueldo de 800 pesos.

La siguiente anécdota muestra cómo se "inventó" en México la investigación científica profesional:

> El 9 de marzo de 1869, Antonio del Castillo escribió una carta al director del Museo en la que le dice: "No habiéndose aún abierto al público el Museo Nacional por estar en composturas materiales y ocupándome sólo en el arreglo y clasificación de las colecciones para pasarlas a los escaparates que se están construyendo, sería ventajoso para aumentarlas y enriquecerlas el hacer algunas excursiones para colectar minerales, rocas y fósiles del país".
>
> Alcaraz, entonces, escribió al ministro de Instrucción Pública para que se diera a Del Castillo una licencia de tres meses con el fin de hacer excursiones de colecta. La licencia fue otorgada, *pero ¡sin goce de sueldo!*
>
> El 26 de abril, Alcaraz volvió a escribir para solicitar respetuosamente que se le diera la licencia con su sueldo, ya que: "El profesor se compromete a traer colecciones que valgan por lo menos el importe del sueldo de los tres meses que debe durar esa licencia".
>
> El permiso fue finalmente concedido [Saldaña y Cuevas, 1999, pp. 315-316].

Y con ello se introducía la figura de "investigador científico" en México, como la de alguien a quien se le pagaría por hacer trabajo de ampliación de conocimientos, lo cual fue un valioso antecedente para los centros de investigación creados después. Esta anécdota deja ver, por otra parte, que la investigación carecía de estatuto definido y normatividad, ignorándose por tanto cómo atenderla, pero también muestra que existía en ese momento la voluntad política del gobierno de favorecerla. En los meses y años siguientes otros investigadores se incorporaron al museo con ese carácter, como Jesús Sánchez y Manuel María Villada.

Otro aspecto de ese primer momento en la nueva vida del museo fue la fructífera colaboración establecida con museos y gabinetes de historia natural, mineralogía, geología y paleontología, que para fines de enseñanza requería el método positivista implantado en las escuelas preparatoria, de ingeniería, de agricultura y de medicina. Fue un intercambio fecundo con naturalistas, médicos e ingenieros que realizaban colecciones como parte de sus propias expediciones científicas y algunos también eran investigadores del museo. Otro tanto puede decirse de la benéfica colaboración que estableció el museo con la Sociedad Mexicana de Historia Natural, varios de cuyos miembros lo eran también del museo. Poco a poco se empezaban a crear las redes científicas (Cuevas, 2005).

EL ASOCIACIONISMO CIENTÍFICO, EXPRESIÓN DE LIBERTAD

La Sociedad Mexicana de Historia Natural (SMHN) se fundó en 1868. De acuerdo con el historiador Jesús Galindo y Villa, emanó naturalmente del cuerpo de profesores del Museo Nacional, quienes "tuvieron la feliz idea de agruparse en Sociedad para unificar e impulsar a la vez sus estudios solicitando también la cooperación de algunos otros compañeros de estudios" (Saldaña y Azuela, 1994, p. 156). Sus fundadores fueron Manuel María Villada, Antonio Peñafiel, Jesús Sánchez, Gumesindo Mendoza, Manuel Urbina, José Joaquín Arriaga, Antonio del Castillo, Francisco Cordero y Hoyos, Alfonso Herrera y Leopoldo Río de la Loza.

Para Antonio del Castillo, su primer presidente, la fundación de la SMHN realizaba "el pensamiento que desde hace algunos años había preocupado nuestros ánimos". La sociedad se fundó como un ámbito institucional donde se cultivarían las ciencias naturales con normas y estándares estrictos para la investigación. Además, su propósito era obtener resultados de inmediata aplicabilidad para el desarrollo del país pues, decía Del Castillo, sólo "el fecundo desarrollo de las ciencias naturales permitiría librarnos del tributo que pagamos al extranjero" (Castillo, 1868). La sociedad quedó organizada en cinco secciones: zoología, botánica, mineralogía, geología y paleontología y ciencias auxiliares. Asimismo, se propusieron la conformación y el perfeccionamiento de las colecciones del Museo Nacional, en su Sección de Historia Natural, y la formación de una biblioteca especializada. Las sesiones se llevaban a cabo en el mismo museo. El primer secretario, Antonio Peñafiel, informó en enero de 1871 de los trabajos científicos emprendidos en 1869 y 1870 por las distintas secciones, los vínculos establecidos con asociaciones similares en el extranjero y con los estados de la república, y de una nómina de socios de varias decenas correspondientes a las categorías de fundadores, de número, honorarios, colaboradores y corresponsales. Lo que llevó a su nuevo presidente a partir de 1871, Leopoldo Río de la Loza, a señalar:

> La instalación de la Sociedad de Historia Natural, la publicación de su periódico y la reorganización del Museo Nacional han contribuido á esa mejora [de las ciencias naturales] de una manera eficaz; y no hay exageración al decir que la unión, la buena armonía y los mutuos auxilios de ambos establecimientos, los han colocado en condiciones favorables para que las ciencias naturales lleguen en nuestro país al grado de cultura á que se encuentran en las naciones civilizadas [Río, 1871].

La sociedad inició, en efecto, la publicación de la revista *La Naturaleza, Periódico Científico de la Sociedad Mexicana de Historia Natural* en junio de 1869, y expresaba el propósito de "reunir y publicar los trabajos de profesores nacionales y extranjeros..." En total, *La Naturaleza* publicó 690 trabajos hasta su último número, aparecido en 1914. Entre otros, se publicaron la "Flora iconográfica" y los trabajos sobre los ajolotes de José María Velasco junto con sus famosos grabados de gran valor científico y artístico; el "Calendario botánico", de Mariano Bárcena; "La sinonimia vulgar y científica de las plantas mexicanas", de Alfonso Herrera, así como trabajos científicos de valor histórico como los del botánico José Mariano Mociño.

La SMHN también mantenía vínculos con otras instituciones además del museo, como la Escuela Nacional de Agricultura, pues varios de sus maestros eran miembros de la SMHN: Gumesindo Mendoza, Manuel María Villada y José C. Segura, en esa época; otros lo serían posteriormente. Algo similar acontecía con la preparatoria, la Escuela de Ingeniería, etcétera.

La Asociación de Ingenieros Civiles y Arquitectos de México quedó formalmente instalada el 13 de enero de 1868, y su primer presidente fue el ingeniero Antonio de Garay, responsable de la obra del desagüe de la ciudad de México. Al igual que la Sociedad de Historia Natural, la fundación de esta asociación correspondió al antiguo deseo de varios miembros por contar con una asociación o cuerpo de este tipo, aprovechando la coyuntura política creada en México en ese momento, favorable para organizar e impulsar a la ciencia y la tecnología en el país, así como a las obras constructivas. El ingeniero-arquitecto Santiago Méndez, entusiasta, lo señalaba así en su discurso de inauguración:

La unión nos hará fuertes y por eso veo en nuestra asociación un objeto noble y elevado. Los arquitectos é ingenieros civiles habían formado hasta aquí una clase de la sociedad, muy estimable en verdad por el insigne mérito de varios de sus individuos y por sus laudables esfuerzos por grangearse [sic] con obras provechosas la gratitud pública; pero hoy la mancomunidad de intereses profesionales y el vigor sostenido que infunde el espíritu de cuerpo, nuestros esfuerzos serán mayores y más fructuosos [...] todos los arquitectos é ingenieros reuniendo su saber y experiencia, como en un depósito común, se encaminarán a la realización de las grandes obras materiales... [Méndez, 1868, p. 16].

Luego de su instalación con 36 socios fundadores ante la presencia del ministro de Gobernación, se acordó realizar sesiones periódicas para la presentación de trabajos científicos, así como la publicación de los *Anales de la Asociación de Ingenieros Civiles y Arquitectos de México*, cuyo primer número apareció en 1869. Infortunadamente, en esos primeros años de vida la asociación languideció y fue dos décadas después cuando retomaría con fuerza sus actividades, que continuarían hasta bien entrado el siglo xx.

El asociacionismo científico se convirtió en lo inmediato en la expresión más acabada del proceso modernizador que se impuso en México luego de la reforma liberal. Con las asociaciones surgieron ideas, valores y comportamientos modernos propios de la razón pública, en el sentido de ir contra el dogmatismo y el autoritarismo, propiciando la participación de actores individuales libres pero de acuerdo con la normatividad de instituciones y la disciplina que cultivaban. También en ese periodo se consolidó el tránsito del amateurismo al profesionalismo científico como pieza principal del proceso, el cual se expresa tanto en el asociacionismo como en la investigación científica puesta en práctica, el mejoramiento de la enseñanza de las ciencias y el reconocimiento que adquirieron la ciencia y los científicos en la sociedad.

En la evolución que tenía el asociacionismo científico en el país era dable identificar las etapas transitadas hasta ese momento. La primera había correspondido a las asociaciones de carácter *amateur*-cultural de las décadas anteriores, cuya misión era esencialmente divulgar conocimientos científicos, médicos y técnicos de la época, limitándose a mantener encendida, por decirlo así, la antorcha de la ciencia. La segunda correspondió a las que tuvieron un marcado carácter estatal (como la de Geografía y Estadística), que desempeñaron un papel a la vez técnico y político. La tercera etapa aún no nacía en la época de la restauración de la República, pero se reunían entonces las condiciones que la posibilitaron; nos referimos a la fundación de la Sociedad Científica Antonio Alzate, que tuvo lugar en 1884 y encarnó un "protoacademicismo" por el cual se reconoce la necesidad de un trabajo científico original, especializado, colectivo, relativamente autónomo y realizado conforme a cánones profesionales. En este punto, como en otros mencionados, los movimientos de reforma y modernización finalmente alcanzaron también a la ciencia mexicana.

LLEGA EL PROGRESO, SE VA LA LIBERTAD

Desde las reelecciones de Juárez en 1867 y 1871 se manifestaron grupos disidentes entre los mismos liberales, como el encabezado por el general Porfirio Díaz. En 1871, el también otrora firme partidario de Juárez, licenciado Sebastián Lerdo de Tejada, se presentó a la contienda presidencial. Estos grupos reclamaban al presidente su perpetuación en el poder desde 1858 (hecho que no dudaban en calificar de dictadura), si bien con dos guerras civiles y una intervención extranjera de por medio, mostrando con ello más bien ambiciones personales que opciones políticas verdaderas. La repentina muerte de Juárez en 1872 dio a Lerdo la presidencia interina y en 1876 se le eligió para ese cargo en una controvertida elección. Estas y otras disensiones durante los gobiernos de Juárez y Lerdo, junto con los problemas económicos que siguieron aguijoneando al país, hicieron que las políticas de estos gobiernos cayeran en descrédito y el país en la inestabilidad. No bastaba el culto a las libertades conseguidas para tranquilizar al país si el prometido bienestar material no llegaba.

Porfirio Díaz había intentado conseguir el poder por todos los medios legales y mediante acciones de fuerza también. Para evitar la reelección de Lerdo, reclamando el respeto a la Constitución de 1857 y el "principio de no reelección", se proclamó el 15 de enero de 1876 en Tuxtepec, Oaxaca, un plan revolucionario a cuyo frente se puso Díaz. Al concretarse la reelección de Lerdo, que el presidente de la Suprema Corte, José María Iglesias, declaró ilegal (y en consecuencia asumió él mismo la presidencia provisional por ministerio de ley), se desató el enfrentamiento armado. Tras varias batallas legales y militares de los "tuxtepecanos" contra lerdistas e iglesistas, el general Porfirio Díaz asumió el poder por vías de hecho. El 5 de mayo del siguiente año Díaz es presidente constitucional por primera ocasión, y lo sería en siete ocasiones más (hasta 1910) en que fue reelecto, con un paréntesis de cuatro años (1880-1884) en que el presidente fue el general Manuel González. Había nacido el porfiriato.

Pero ¿qué fue lo que produjo la estabilidad de este prolongado gobierno y no estuvo al alcance de sus predecesores? Al iniciar su administración, Díaz debió enfrentar varios conflictos internos provocados por los lerdistas y otros grupos inconformes, y también tuvo que resolver un problema internacional: el del reconocimiento de su gobierno por parte de los Estados Unidos. Fue en este marco que empezó a prefigurarse la estrategia que seguiría Díaz. En efecto, en las negociaciones con este país empezó a dibujarse una opción política y económica para su gobierno diferente de la seguida por sus predecesores: la del progreso material impulsado desde el exterior. Las políticas gubernamentales, por lo tanto, se encaminaron a dos metas principales: una, económica, consistente en permitir y alentar la inversión extranjera y la exportación para financiar el desarrollo del país, y, política la otra, conciliación de intereses.

El gobierno estadunidense ejercía presión sobre el de Díaz (promoviendo inclusive incidentes armados en la frontera) y condicionaba el reconocimiento a la solución de varias reclamaciones. En realidad, se buscaba obtener del gobierno mexicano concesiones para facilitar la entrada de productos estadunidenses al mercado mexicano. La economía norteamericana posterior a la guerra civil experimentó un crecimiento inusitado; mantener en funcionamiento sus fábricas exportando a México y obtener materias primas para su industria le era necesario para seguir creciendo. Fue así como se formó un consorcio de capitalistas dispuesto a invertir en la construcción de líneas ferroviarias que conectaran el centro de México y las zonas mineras con varios puntos de la frontera con los Estados Unidos. Minas y comercio fueron entonces exigencias para otorgar el reconocimiento al gobierno de Díaz. Casi al término de su primer periodo presidencial, Díaz concluyó negociaciones y firmó los contratos necesarios para iniciar la construcción de una extensa red ferroviaria.

El gobierno mexicano adquirió la obligación de proporcionar a empresas constructoras subvenciones, tierras, importación de materiales y equipos de construcción sin pago de aranceles, así como otorgar franquicias comerciales y otras garantías que protegían la inversión estadunidense. Durante el gobierno de Manuel González se inició propiamente la construcción de la red ferroviaria y tuvo lugar la llegada al país de cuantiosos capitales que estimularon significativamente la economía (en 1881 hubo un excedente fiscal que permitió iniciar la construcción de obras públicas), dando lugar a la llamada "fiebre ferrocarrilera". Se trató de una opulencia oficial que aumentó de modo notable las importaciones de artículos de lujo. Arribaron también capitales franceses y españoles que incursionaron en la industria textil y el sector bancario.

González continuaba con la misma estrategia iniciada por Díaz e hizo aún más concesiones y subvenciones (hasta de ocho mil pesos por kilómetro construido). Esto terminó por producir una enorme especulación con subvenciones gubernamentales y un déficit en las finanzas públicas, por lo que hacia 1883 el país estaba al borde de la bancarrota. En 1866 fue necesario reconocer la deuda inglesa para obtener nuevos préstamos de ese país que le permitieran al gobierno seguir pagando los onerosos subsidios y contrabalancear la influencia estadunidense.

En cuanto al desarrollo en esos años, a pesar de las continuas promesas seguía sin tener lugar. De hecho, resultaba imposible competir con la vigorosa industria estadunidense, pues fabricar productos industriales en México resultaba caro. La industria nacional tenía un crecimiento muy lento y estaba restringida a los ámbitos que ocupaba con anterioridad. Los ingresos fiscales que empezó a obtener el Estado, sin embargo, permitieron a Díaz anunciar en 1888 el inicio de un conjunto importante de obras públicas, como rehabilitación de puertos y caminos, obras de saneamiento, construcción de una penitenciaría moderna, hospitales y una empresa colosal: el desagüe de la ciudad de México.

En su informe al Congreso de abril de 1889, al iniciar un nuevo periodo presidencial, Díaz reafirmaba su proyecto político de "orden y progreso" para el país: "... el país continúa por la senda de la paz y mejoras que ha adoptado; sin que haya temor de que abandone su camino [...] Por mi parte, y durante el tiempo que ejerza el poder que la nación me ha confiado, debéis contar con mis esfuerzos más ardientes en el sentido del progreso" (*Los presidentes de México ante la nación*, t. II, p. 285).

En efecto, a partir de 1884 las sediciones y el bandolerismo disminuyeron en el país hasta desaparecer finalmente, gracias a la represión o la negociación; la estabilidad hacendaria y el desarrollo igualmente empezaron a ser evidentes como resultado del incremento en los ingresos fiscales, una buena administración y un programa de obras públicas.

En general, la prosperidad del país aumentó dando lugar a un círculo virtuoso que había tenido en su origen inversiones extranjeras, como en el caso de los ferrocarriles, cuyo crecimiento alcanzó la cifra de 24 mil kilómetros construidos hacia 1910 (frente a 640 bajo los gobiernos de Juárez y Lerdo). El sector de exportación de materias primas creció igualmente de modo considerable, en particular la minería de productos metálicos preciosos e industriales, gracias a inversiones extranjeras favorecidas con el Código Minero y la introducción de nuevos métodos de explotación, mediante cianuración de oro y plata. Para acelerar el deslinde de tierras, el gobierno regalaba a compañías extranjeras deslindadoras la tercera parte de ellas a cambio de servicios técnicos (aunque había mexicanos que podrían hacerlo). Ello permitió formar grandes latifundios en manos de nacionales y extranjeros que favorecieron el desarrollo de una agricultura moderna: la agricultura comercial de exportación recibió importantes inversiones extranjeras en fibras duras, algodón, café, tabaco y otros productos que, con el empleo de abonos químicos importados, maquinaria y otros implementos igualmente importados, aumentaron notablemente su productividad. Los hacendados nacionales, en cambio, aún eran renuentes a la modernización si, como era el caso, podían mantener especulativamente precios altos en el mercado interno para sus productos, o bien hacer crecer la frontera agrícola para disponer de nuevas tierras y contar con mano de obra barata. El sector agrícola nacional fue el que más se estancó. Y es que el objetivo del gobierno era prioritariamente conseguir la recuperación de la confianza del capital (extranjero y nacional) y obtener crédito del extranjero, disponiendo en forma libérrima de recursos naturales no renovables del país. A partir de 1890 lo haría también con el petróleo.

En el terreno industrial, paulatinamente empezó a ser visible la existencia de una clase industrial mexicana moderna (con un componente de inmigrantes significativo), beneficiaria de la dinámica económica que finalmente se había impuesto en el país. En ciudades como Guadalajara, Monterrey, Orizaba, Torreón y otras, se establecieron cervecerías, industrias de papel, cemento, explosivos, aceite vegetal, plantas de energía eléctrica y fundidoras (en Monterrey se creó, en 1903, una fundidora de fierro y acero que para 1911 produjo 60 mil toneladas). Y en 1895, con José Yves Limantour como ministro de Hacienda y una estrategia administrativa y financiera adecuada, se consiguió por primera vez un superávit de más de dos millones de pesos en las finanzas públicas. Así, en cerca de 20 años Díaz consiguió sentar las bases económicas y administrativas de la estabilidad que llegó a tener su gobierno.

Otro factor importante para la estabilidad "porfiriana" fue la maquinaria política imaginada por Díaz, basada en la conciliación y la negociación de los intereses de los actores políticos. En ello, dice Medina Peña, "Díaz tuvo éxito en lo que fracasaron Juárez y Lerdo, es decir, en definir e imponer las reglas informales del trato político; en suma, en la confección de un sistema político" (Medina, 2004, p. 280). Se trató de una verdadera técnica de gobierno, que permitió llevar buenas relaciones con otros poderes formales o fácticos en la sociedad y beneficiarse políticamente de ellas. Es decir, se reconocía la influencia social y política ejercida por diversos actores políticos individuales y colectivos. Tal sistema era flexible y contribuía a ampliar el apoyo social que requería el gobierno, a la vez que daba paso a la unidad nacional y a la desaparición de las antiguas divisiones que había generado la pasión ideológica y política (a lo que Díaz manifestó siempre horror), convirtiendo al país en una estructura política funcional.

Díaz negoció con todos: gobernadores de los estados, a quienes dejó manos libres en sus comarcas a cambio de apoyo político; jefes militares, a los que desmovilizó a cambio de negocios, o bien fortaleció pagándoles bien a ellos y a sus tropas, a la vez que los profesionalizaba (con un fuerte componente científico y técnico); terratenientes, a los que ayudó a extender sus propiedades y les facilitó mano de obra barata; intelectuales, a los que ofreció empleos públicos y comisiones diplomáticas; la Iglesia, a la que permitió la reconstrucción de su patrimonio e influencia a cambio de su inmovilidad política. En fin, con todos aquellos que podían proporcionarle votos para sus continuas reelecciones, docilidad política en las cámaras de Diputados y Senadores y medios idóneos para llevar adelante su política de bienestar material y paz para el país.

El único sector con el que no negoció fue el de los trabajadores del campo y de las fábricas, por carecer de organizaciones y porque se encontraban bajo control de sus patrones o de la Iglesia, que sí negociaban con Díaz. Los levantamientos armados y continuas asonadas que habían vuelto inviable todo proyecto de nación, igual que los debates y enfrentamientos sin fin sobre la forma de gobierno, quedaban ahora proscritos, aunque se mantuviera formalmente "el régimen de libertades" establecido en la Constitución de 1857. Y se construyó la "paz" porfiriana, otro pilar de la estabilidad del gobierno de Díaz y base fundamental para la modernidad que entonces se impuso con la participación de las ciencias y de los científicos.

¿Cómo afectó la estabilidad porfiriana a las ciencias? ¿Recibieron los científicos el mismo trato generoso que Díaz tuvo para con otros actores políticos? ¿Las ambiciones cognoscitivas de la comunidad científica poseyeron también un impacto político?

El gobierno de Díaz, en 1876, heredaba un sistema de educación científica y de investigación orientado principalmente a impulsar la "ilustración" en la sociedad en un sentido poco preciso, a la formación de profesionistas liberales y a desarrollar investigaciones con un sentido y en instituciones aún de carácter *amateur*. Al principio sólo el Museo Nacional fue excepción; luego se sumaron otras instituciones creadas por el gobierno con investigadores profesionales también y que, como el museo, resultaron significativas en la nueva situación.

Gabino Barreda, en su informe sobre el estado de la preparatoria del año 1877, afirmaba que se habían mantenido incrementos constantes en el número de alumnos y en la suma de conocimientos que éstos adquirían, y que de continuo se habían hecho mejoras materiales a la institución y en su equipamiento didáctico, por lo que se observaba "un progreso incuestionable". Pero, en realidad, la preparatoria seguía propagando la ilustración entre la clase media y las élites principalmente, y a partir de 1871 ofreció lecciones públicas dominicales impartidas por profesores de la preparatoria.

En el caso de la enseñanza de medicina y farmacia, se continuaba un proceso necesario de actualización de conocimientos de los futuros médicos y se introducían en 1873 las cátedras de histología y patología (interna y externa), y dos de clínicas (el hospital de San Andrés se puso a disposición de la cátedra de clínica externa). Para los farmacéuticos se había introducido la práctica en el Almacén Central de la Beneficencia (Carrillo y Saldaña, 2005, p. 262).

En la Escuela de Ingeniería el plan de estudios fue modificado por iniciativa de su director, Antonio del Castillo, pero para reforzar aspectos teóricos de la formación ahí impartida. En cuanto a la finalidad de la aplicación del conocimiento, estas reformas contribuían poco e inclusive más bien ahuyentaban a los alumnos. En 1874 era tan bajo el número de estudiantes en la escuela que se pensó cerrarla y enviar a ocho o diez alumnos a estudiar en el extranjero (Bazant, 1984, p. 254). Las disposiciones de Juárez para que los estudiantes hicieran prácticas en el ferrocarril y otras obras públicas fueron generalmente desatendidas, con lo cual se perdió la posibilidad de brindarles enseñanza práctica a los estudiantes. En los años siguientes las empresas extranjeras también rehusaron recibir estudiantes (Guajardo, 1998).

En cuanto a sociedades científicas e investigación se refiere, la de historia natural continuaba actividades reuniendo a los pocos profesionales y entusiastas de estas ciencias que había en la ciudad capital y en otras del país; su revista aparecía regularmente y empezaba a rendir algunos servicios, a salubridad por ejemplo, analizando las aguas potables de la ciudad de México. Sin embargo, en 1871 Peñafiel informaba, con tono de lamento presente en todo el documento al referirse a las diversas comisiones:

> Tales son, Señores, los trabajos que ha emprendido la comisión de Botánica; y si ellos son reducidos, debemos abrigar la esperanza de que en el presente año, contando tal vez con mejores elementos, serán desarrollados en mayor escala para que tenga la gloria de dar a conocer la multitud de bellezas que aún permanecen ocultas en los bosques vírgenes, y en las fértiles praderas [...]

Respecto a la de Medicina, que languidecía hacia 1873 porque su organización no estaba a la altura de las necesidades, decidió transformarse en academia bajo la dirección de Lauro María Jiménez. Con ello, esperaba esta corporación contar con miembros en todo el país y realizar investigaciones sobre aguas y plantas medicinales, endemias, estadísticas, etcétera, y formar una geografía médica nacional. La de Geografía y Estadística se recuperaba lentamente gracias al apoyo que desde el Ministerio de Fomento le procuraba Díaz Covarrubias, durante el gobierno de Lerdo.

El museo, como institución gubernamental, continuaba su desarrollo e inclusive incrementaba actividades en áreas de su competencia (arqueología, historia e historia natural), pues en 1877 publicó el primer número de sus *Anales del Museo Nacional*, y contrataba a nuevos investigadores profesionales, como Mariano Bárcena, para el área de paleontología.

Sin embargo, es probable que a Porfirio Díaz le pareciera que no era claro a quién y para qué servía esta organización de las ciencias del país. Al respecto puede ser ilustrativa la siguiente anécdota:

> en 1876, instalado en la Presidencia, el general Porfirio Díaz platicaba con algunos amigos, que hubiera podido hacer sus campañas más rápidas y con menor derramamiento de sangre de haber tenido cartas y mapas, y preguntaba qué se necesitaría para hacerlas. Don Blas Balcárcel y el general Vicente Riva Palacio propu-

sieron formar un grupo de gente bien preparada que recorriese el país, dotada de instrumentos portátiles, determinando posiciones geográficas por métodos astronómicos con precisión, lo que exigía un buen observatorio astronómico bien instalado y mejor dotado que el de Palacio [Taboada, 1969, p. 23].

De este relato se desprende lo siguiente: a la mirada de Balcárcel, de Riva Palacio (ministro de Fomento) y del propio Díaz no "existían" en el país el Observatorio Astronómico Central (la reapertura fue dispuesta por la ley de 1867 y su antecedente era el que fundó en 1862 Díaz Covarrubias) ni astrónomos reconocidos, como Díaz Covarrubias, que dirigió la Comisión Astronómica al Japón en 1874 y había publicado sus resultados en París, o Francisco Jiménez, que trabajaba en el observatorio ubicado en Palacio y contaba con conocimientos y experiencia; ni tampoco la Escuela de Ingenieros o la Sociedad de Geografía y Estadística para hacerse cargo del deseo cartográfico-militar del presidente. En efecto, por una parte se llamó para diseñar y poner en funcionamiento el Observatorio Astronómico a un ¡ingeniero civil!, Ángel Anguiano, y, por la otra, para hacer las observaciones, mediciones y reconocimientos del territorio nacional se dispuso la formación de una comisión militar (aun los civiles que se integraron a ella recibieron grado militar): la Comisión Geográfico Exploradora.

El propósito de esta comisión era elaborar la carta general (a la cienmilésima) y las particulares de cada estado de la república, así como cartas de reconocimiento de algunas regiones, hidrográficas, de poblaciones y militares. La comisión se proponía publicarlas conforme se fueran terminando, a fin de utilizarlas inmediatamente (García, 1975, p. 487). Todas estas tareas tenían un marcado interés político y militar, sólo realizable con una organización altamente centralizada y bajo supervisión gubernamental. Esta comisión quedó a cargo y hasta su muerte, en 1893, del ingeniero militar Agustín Díaz (profesor del Colegio Militar), quien contaba con amplia experiencia por haber participado en la comisión de límites y en otras labores cartográficas.

Estas decisiones de Díaz relativas a astronomía de posición y a cartografía no eran en forma alguna circunstanciales, sino que correspondían a planes para profesionalizar al ejército y, como tales, formaban parte de su estrategia política. En efecto, en ese momento Díaz había puesto en marcha también una serie de reformas que afectaban la legislación militar y la enseñanza científica y técnica que se impartía en el Colegio Militar para las carreras de ingeniero militar y técnico en artillería, y había procedido a la constitución del Cuerpo de Estado Mayor y a la apertura de otras escuelas para entrenar tropa y oficiales subalternos. Se trataba del objetivo político de "contar con un ejército pequeño pero moderno" (Medina, 2004, p. 292). En cuanto al desplazamiento de Díaz Covarrubias de las instituciones creadas, muy probablemente fue consecuencia de su posición política, pues como miembro del gobierno de Lerdo se oponía a los militares "tuxtepecanos" golpistas, algo que Díaz no habría de tolerar. Díaz Covarrubias recibió en consecuencia la misión de representar a México ante las repúblicas centroamericanas (más tarde fue enviado como diplomático a Europa, comisionado para asistir a varias reuniones científicas representando al país).

Lo mismo aconteció con la creación del Observatorio Meteorológico Central el mismo año de 1877, pues con ello, además de que se privaba a la Sociedad Mexicana de Geografía y Estadística (SMGE) de una segunda área que había sido de su competencia, se creaba otra institución bajo control gubernamental y para fines específicos del gobierno. La cartografía, como la meteorología, era de interés político, militar y económico; Díaz consideraba que no debía estar en manos de científicos y de su organización independiente. El meteorológico, adicionalmente, tenía vinculaciones con la meteorología estadunidense mediante un proyecto de la Smithsonian Institution que se remontaban al año 1847,[3] y que, en el marco de la negociación en curso con esa nación para obtener el re-

---

[3] Para llevarse a cabo, el proyecto meteorológico de la Smithsonian Institution necesitó de la colaboración de una red de 600 corresponsales en Canadá, México, el Caribe y el resto de Latinoamérica, contando para ello con el apoyo

conocimiento de su gobierno, le daban un interés político adicional para Díaz.

Poco después, en 1881, se presentó a la Cámara de Diputados una iniciativa para crear una Dirección General de Estadística, con la intención de organizar esa actividad de acuerdo con los nuevos proyectos del Estado. Con este establecimiento se terminaba de atraer para sí tareas que, si bien habían dado vida a la SMGE, ya no le correspondían en el marco de los fines políticos del gobierno.

Otra dependencia gubernamental que realizó tareas científicas —en el pasado incumbencia de la SMGE, pero que ahora eran de significativa importancia económica y política— fue la Comisión Geológica de México (1886), cuyo objetivo consistió en elaborar la Carta Geológica de la República (Azuela, 1994). Para 1888 se autorizó el establecimiento del Instituto Geológico al mostrar la comisión la relevancia científica y económica que tenía el estudio sistemático de los recursos minerales del país en un periodo de intensa explotación de los mismos por empresas extranjeras, y por ser su exportación fuente muy importante de ingresos fiscales. La existencia, por tanto, de un centro de investigaciones resultaba estratégica para el gobierno, y su director, Antonio del Castillo, pudo gestionar con éxito que empezara a operar a partir de 1891.

Por último, en 1895, nuevamente con fines militares y económicos (planos catastrales), Ángel Anguiano propuso la creación de la Comisión Geodésica Mexicana, y Francisco Díaz Rivero escribió al presidente un plan de operaciones para formar una carta del país "sobre una verdadera base científica" (Mendoza, 1993), es decir, diferente de la elaborada por medios sólo topográficos y sin tener en cuenta la figura esferoide de la Tierra.

Era claro que para Porfirio Díaz no toda la actividad científica que se llevaba a cabo en México tenía impacto político, ni todas las instituciones que existían poseían las características necesarias para transformar sus objetivos cognoscitivos en intereses polí-

del departamento de Estado, de Guerra y del Interior de Estados Unidos (Fleming, 1990, p. 75 y ss.).

ticos definidos. Las ciencias que debían ser apoyadas por el Estado requerían también estar en sintonía con los intereses de otros grupos de la sociedad; intereses que, debidamente conciliados por el sistema político, permitirían el establecimiento de políticas públicas con la participación de la ciencia. Díaz no era partidario ni enemigo de las ciencias (ni podría serlo si su formación era de abogado y militar) o de sus practicantes (entre los cuales tuvo muchos "amigos"); lo que buscaba era que tuvieran un efecto político, que contribuyeran a la gobernabilidad del país tal como él la entendía. Los científicos, por su parte, siempre estuvieron anuentes a pasar al servicio público cada vez que así se les requirió (contribuyendo a ello la práctica ausencia de otras posibilidades de trabajo *qua* científicos en el ámbito privado); o bien desempeñaban su práctica profesional y en sus ratos perdidos, por así decirlo, cultivaban su gusto por la ciencia haciendo pequeñas investigaciones y presentando ocasionalmente algún trabajo en las asociaciones científicas existentes.

Otro cauce utilizado para crear instituciones científicas con finalidades que interesaban al gobierno fue la propia iniciativa de éste. El Instituto Médico Nacional es un ejemplo, pues se creó en 1888 al término de un estudio que reunió información sobre plantas y animales susceptibles de ser utilizados en la práctica terapéutica, llevado a cabo por el Ministerio de Fomento desde 1884. Para ello se realizó una amplia encuesta sobre conocimientos sobre el particular en diversas partes del país. Su desarrollo estuvo a cargo de una comisión facultativa (para formar el "Instituto de Terapéutica Médica Nacional") dirigida por los médicos Gustavo Ruiz Sandoval y Ramón Rodríguez Rivera. Con la información reunida se preparó un catálogo en varios volúmenes (luego se enviaría a la Exposición de París de 1889), y se publicó una obra con autoría de estos médicos, bajo el título de "Noticias climatológicas de la República mexicana". Invitado por el ministro de Fomento, general Carlos Pacheco, con esta misma información el médico Domingo Orvañanos escribió un "Ensayo de geografía médica y climatológica de la República mexicana" que permaneció inédito. A la vista de estos resultados preliminares tan prometedores para el conocimiento de la flora y sus aplicaciones farmacéuticas e industriales, el gobierno decidió que se elaborara un proyecto para crear un centro de investigaciones; para ello se solicitó la colaboración de los naturalistas Jesús Sánchez, Alfonso Herrera, Manuel Domínguez, Mariano Bárcena, Fernando Altamirano y Andrés Almaraz. Una vez creado el instituto, cuyo primer director fue el médico Fernando Altamirano, tuvo como objetivo estudiar la "climatología, suelos y geografía médica, así como el de las plantas y animales medicinales del país". Este establecimiento se convirtió en la siguiente institución nacional que contaba con investigadores profesionales, personal auxiliar, laboratorios y equipos para sus trabajos de investigación, y hasta con un magnífico edificio especialmente construido para albergarla, merced al importante apoyo que recibía del gobierno. Tuvo una publicación periódica, *El Estudio*, que en 1890 se transformó en *Anales del Instituto Médico Nacional*. Esta institución llevó a cabo un importante trabajo de investigación botánica, médica y química buscando que desembocara en aplicaciones industriales (principalmente farmacéuticas). Sin embargo, al paso del tiempo los resultados concretos fueron mínimos, en parte por la falta de apoyo de las autoridades a proyectos específicos de industrialización nacionales, incomprensión y resistencia a la innovación por parte de la sociedad misma (los médicos, por ejemplo, eran renuentes a recetar los productos elaborados por el instituto y preferían los medicamentos tradicionales de las boticas o importados), y presumiblemente por presiones de eventuales competidores de la industria farmacéutica extranjera.

Otros organismos creados por el Estado fueron: Instituto Bacteriológico, Comisión de Parasitología Agrícola, Escuela Nacional de Altos Estudios, Instituto Bibliográfico Mexicano y Servicio Sismológico Nacional. Realizaban también labores de investigación el Instituto Patológico, el Hospital General y otros.

El Estado porfiriano tuvo asimismo especial interés en actuar, con el concurso de la ciencia, en exposiciones y ferias internacionales. Díaz, aquí también, perseguía objetivos políticos: "mostrar el progreso del país y cambiar la opinión generalizada de México como un país violento, incivilizado, inseguro y salvaje. A cambio, había que presentar la imagen de México como la 'tierra prometida' " (Tenorio, 1998, p. 10). Nada se acomodaba mejor a los planes de atracción de capitales foráneos y de inmigración europea que mostrar al exterior un rostro de país moderno y civilizado. Desde 1876, en la Exposición Universal de Filadelfia, el gobierno patrocinó la difusión de obras científicas y muestras de recursos naturales y productos industriales y agrícolas del país. En Filadelfia fueron premiados los trabajos geográficos de Díaz Covarrubias y de García Cubas. Cuando la noticia se conoció en México, se organizó una festividad en la que el Presidente de la República fue el encargado de entregar un reconocimiento a los ganadores.

Pero fue la exposición de 1889, en París, la que concitó mayor participación de México. Ya hemos mencionado los preparativos para ello en el Instituto Médico Nacional; otros se llevaron a cabo también en la Sociedad de Historia Natural, el Consejo de Salubridad, la Comisión Geográfico-Exploradora, etcétera, para concurrir a la exposición y promocionar a México con sus trabajos científicos y con la exhibición de sus riquezas naturales. En otras exposiciones, la presencia mexicana fue altamente apreciada por el gobierno y, como consecuencia de ello, en algunos casos se abrieron nuevos espacios para el cultivo de las ciencias. Fue el caso de la creación del Museo de Historia Natural de Tacubaya, a cargo de la Comisión Geográfico-Exploradora, por haber obtenido el primer premio en la Exposición de Nueva Orleans en 1885.

Además de las exposiciones internacionales, Díaz apoyó proyectos científicos que le dieran visibilidad internacional a su gobierno o contribuyeran a atraer inversiones extranjeras. Ejemplos: la Carta del Cielo para hacer un catálogo fotográfico de los cuerpos luminosos de la bóveda celeste llevado a cabo por el Observatorio Astronómico; la Carta Geológica de la República, elaborada por la comisión geológica; el Congreso Internacional de Geología en 1906, organizado por el Instituto de Geología; los concursos de 1909 para estimular la investigación conducente a identificar el agente causal del tifo exantemático que podía haber dado, eventualmente, una primicia mundial a investigadores del Instituto Bacteriológico. En estos casos se movilizaron recursos económicos y apoyo del Estado por el beneficio político que estas actividades arrojaban al gobierno de Díaz.

Con un sentido análogo se encuentran los estudios de tipo histórico sobre la ciencia mexicana, llevados a cabo durante el porfiriato, sobre medicina, astronomía, botánica, geografía, estadística y otras ciencias, por Francisco Flores, Nicolás León, Luis G. León, Francisco del Paso, Porfirio Parra, Enrique de Olavarría y otros, quienes no omitieron en sus obras destacar el papel de la "administración ilustrada" de Díaz, que había llevado la ciencia y el país hacia horizontes de progreso. La ciencia adquiría con estos estudios históricos la certificación de haber pasado de un menos a un más merced a la política de Díaz.

Al igual que en otros ámbitos, en el científico la técnica política de Díaz incluía relaciones de amistad para llevar adelante sus proyectos políticos. En el caso de la medicina, a pesar de (o, tal vez, a causa de) los progresos alcanzados en este campo, los médicos gozaban de gran prestigio y considerable presencia en la sociedad. Los avalaba la actualización de sus conocimientos (como la teoría bacteriana de la enfermedad rápidamente dada a conocer); la profesionalización, como consecuencia de la enseñanza sistemática en las escuelas; la promulgación de un Código Sanitario, etcétera; la importante actividad corporativa realizada en la Academia de Medicina, en las varias sociedades médicas que se llegaron a formar, las publicaciones especializadas y los congresos, así como la existencia de centros de investigación (institutos Patológico, Bacteriológico, Antirrábico). Sin embargo, Díaz no dejaría de recurrir también en este caso a sus "amigos" y sus bien probados procedimientos para controlar y utilizar este sector, en especial el de la promoción de la higiene pública y su federalización.

En sus memorias, Eduardo Liceaga relata cómo llegó en 1884 a director del que fuera todopoderoso Consejo Superior de Salubridad (puesto en el que permaneció desde ese año hasta des-

pués de la caída de Díaz en 1911): "En 1884 ocurrió desgraciadamente el fallecimiento del director don Ildefonso Velasco [...], y
el consejo, para sustituirlo, pensó en dirigirse al que esto escribe,
contando sin duda con [...] la amistad personal que me ligaba con
el señor general Díaz, Presidente de la República [...]" (E. Liceaga,
1949, p. 80).

El consejo, en efecto, necesitaba el apoyo directo de Díaz para
llevar a cabo sus campañas, promover la salud pública y la higiene, esta última a través de congresos y educación. En 1891 consiguió también que se promulgara el Código Sanitario. Esta legislación otorgaba facultades al consejo para vigilar la higiene privada
en hogares y la pública en sitios de trabajo y donde se prestaban
servicios al público, lo que incluía puertos y fronteras. Con el apoyo de los médicos se emprendieron importantes campañas sanitarias y se combatieron diversas epidemias. Con éxito desigual, estas
campañas permitieron que enfermedades como la fiebre amarilla
y la peste fueran controladas. El hecho de no restringirse esas enfermedades a una región particular del país dio base al gobierno
federal para atraer a su esfera de competencia lo referente a salud
pública, lo cual acontecía en detrimento (al igual que en otros ámbitos) de las facultades de los estados de la República. Y ello era un
objetivo político prioritario para Díaz.

En el terreno de las asociaciones científicas, en este periodo se
crearon alrededor de 20 en la capital y en varios estados, las cuales
cubrían diversas áreas, como medicina humana (la mayoría) y veterinaria, ingeniería, agricultura (varias), ciencias exactas, etcétera,
aunque su permanencia y productividad no eran siempre constantes. Entre las más activas estaban las antiguas de Geografía y
Estadística la Academia de Medicina e Historia Natural; la Sociedad Agrícola Mexicana fundada en 1879, que también tenía
buen desempeño. Entre las que fueron constituidas durante el porfiriato se encuentra la Sociedad Científica Antonio Alzate, cuya
actividad fue notable.

Esta sociedad, fundada en 1884 por una nueva generación de
científicos formados ya en el espíritu positivista, fue promovida

por quien era entonces director de la preparatoria, el farmacéutico Alfonso Herrera. Los fundadores fueron Rafael Aguilar y Santillán (secretario perpetuo), Guillermo Beltrán y Puga, Manuel Marroquín y Rivera, Agapito Solórzano y Daniel M. Vélez. Así definieron su propósito: "Esta sociedad se funda con el exclusivo objeto de cultivar las ciencias matemáticas, físicas y naturales, en todos sus ramos y aplicaciones, principalmente en lo que se relaciona a México". Unos meses después de su fundación apareció el primer número de sus *Memorias*, las cuales alcanzaron una continuidad poco habitual gracias al apoyo del gobierno. Con el tiempo llegaron a formar una biblioteca de más de 20 mil volúmenes, contar con un local propio y con una membresía en la que se encontraban los mejores científicos del país. Los miembros de la asociación participaron en diversas manifestaciones científicas, y en 1912 tomaron la iniciativa para organizar el primer Congreso Científico Mexicano. La sociedad sobrevivió al porfiriato y desapareció en 1930, cuando se transformó en Academia Mexicana de Ciencias Antonio Alzate.

Las *Memorias de la Sociedad Científica Antonio Alzate* constituyeron en México una nueva manera de escribir ciencia y el instrumento apropiado para la formación de una audiencia para la misma. Apoyándose en los cánones positivistas, esta publicación sólo recogió en sus páginas trabajos metodológicamente rigurosos previamente sometidos a la crítica de los pares en sesiones de discusión. Son artículos científicos que cuentan con el aval de la comunidad nacional y se dirigen únicamente a ella. El público lo integran los especialistas del país o del extranjero, y no el lector amorfo de otros tiempos. Como tales, las *Memorias* contribuyeron a formar el *ethos* académico, el propio de especialistas, entre los miembros de la sociedad y en el país. La existencia de esta publicación, por sí sola, revela el enorme trecho recorrido por los científicos mexicanos a lo largo del siglo xix; es decir, la diferencia que existe entre *amateurs* y profesionales.

LA CIENCIA EN EL CAJÓN

Las ciencias sin duda habían hecho progresos notables durante el porfiriato: creció en forma considerable el número de instituciones dedicadas a la investigación en temas que eran sensibles sobre todo a la economía, al ámbito militar y a la política; hubo una continua actualización de conocimientos y las nuevas teorías fueron normalmente difundidas (listerismo, bacteriología, evolución darwiniana, geología de Lyell, electromagnetismo, etcétera); se alcanzó cierta visibilidad y participación en la ciencia internacional en algunos temas; aumentó el número de publicaciones especializadas y su difusión internacional, así como el número de asociaciones y congresos; la comunidad alcanzó en algunos casos niveles de protoacademicismo y profesionalismo al alejarse paulatinamente del amateurismo; en fin, la actividad científica había crecido en cantidad y calidad. Pero ¿cuál era el sentido de tan significativos avances en el porfiriato?

En materia de enseñanza técnica se percibía una frustración generalizada, pues con la salvedad de la Escuela de Artes y Oficios, que congregaba un considerable número de estudiantes, las de Ingeniería y Agricultura adolecían de baja matrícula. Un caso extremo y revelador de lo que acontecía es el de la enseñanza de ingeniería eléctrica. A pesar de que esa especialidad correspondía a la nueva situación que este energético estaba generando en la industria, en los servicios públicos como la iluminación, el transporte tranviario y más tarde en el bienestar doméstico, y aun cuando la propia carrera se abrió en 1889 en la Escuela de Ingenieros de la capital, para 1907 la carrera solamente contaba con tres alumnos inscritos. Ese mismo año, el ingeniero Norberto Domínguez escribió en el *Boletín de Instrucción Pública*, en un artículo sobre "El porvenir de la carrera de los ingenieros en México", lo siguiente: "El ingeniero electricista después de haber consumido nueve años en estudios teóricos, resulta con menor competencia para las aplicaciones que un artesano electricista" (Díaz y Saldaña, 2005, p. 177). Esta denuncia (no era la primera que había) señalaba un hecho que puede generalizarse a toda la enseñanza científica y técnica: el énfasis en una preparación eminentemente teórica. Tan largos eran los años de estudio que, dada la corta esperanza de vida de la época, no faltó quien se preguntara si valía realmente la pena invertir los mejores años de la existencia en las aulas.

Dos constantes rigen este periodo en la ingeniería mexicana. Por una parte, los egresados no estaban lo suficientemente preparados para afrontar en la práctica los requerimientos que tenía un ingeniero, por la vigencia de una orientación teoricista en los estudios. Por la otra, las compañías extranjeras, que concentraban mayor porcentaje de las empresas industriales, preferían emplear técnicos extranjeros y no mexicanos. Ante esta situación, cabe preguntarse: ¿por qué entonces se mantuvieron todo ese tiempo los estudios de ingeniería? Podemos responder que si bien la falta de oportunidades para profesionistas era significativa, ello no implicó que los esfuerzos educativos se paralizaran; por el contrario, conforme la administración pública se convirtió en el receptáculo más importante de dicha profesión, ello constituyó un aliciente para que continuaran. Esto ciertamente desvirtuaba en alguna medida el objetivo de formar ingenieros para el desarrollo industrial del país, pero se explica por los hábitos "ilustrados" del gobierno, encaminados a crear en el país condiciones para un desarrollo (que idealmente tendría lugar en el futuro) hasta cierto punto independiente del capitalismo industrial promovido desde el exterior y en su beneficio.

Algunos cambios aparecieron, sin embargo, hacia el final del porfiriato en el ámbito de la enseñanza agrícola con la creación de una red de estaciones agrícolas experimentales promovidas por el terrateniente yucateco y nuevo ministro de Fomento Olegario Molina (Cervantes y Saldaña, 2005). Esta red apoyó un modelo de enseñanza que incluía la escuela, la investigación experimental y publicaciones de divulgación. También se crearon algunas escuelas "prácticas" para apoyar la enseñanza de la ingeniería de minas. En varios puntos del país (Toluca, Guadalajara, etcétera) se establecieron carreras de ingeniería (la de Jalisco con carácter de escuela privada o "libre"), pero sus egresados pasaban a formar parte, en gran medida, de las burocracias estatales para ocuparse de "pequeñas" obras públicas, y en menor proporción de actividades industriales (Torre, 2000; Castañeda, 2004).

A este respecto, la política del gobierno era también inconsistente. La ejecución de la "grande" obra pública para atender el problema de las inundaciones periódicas de la ciudad de México y los graves problemas sanitarios derivados de ellas, la obra del desagüe y del gran canal, fue puesta por el gobierno en manos de un... ¡contratista británico! (Connolly, 1997). Lo mismo aconteció con otras obras portuarias en Veracruz y Salina Cruz.

La frustración entre los ingenieros del país se extendía también a los científicos y profesionistas liberales, quienes, sabedores de poseer conocimientos potencialmente útiles, no podían usarlos pues no tenían trabajo; y el que se generaba en establecimientos como el Instituto Médico Nacional, que intentaba desarrollar industrialmente sus promisorios hallazgos, se topó regularmente con incomprensión, resistencia y falta de apoyo. Además, cabía preguntarse: ¿qué hacía el gobierno para acabar, mediante la ciencia, con la pobreza, la desnutrición y la desigualdad en las que vivía la mayor parte de la población y cuya existencia el "progreso material" porfiriano no podía ocultar?

Para algunos científicos ya se había vuelto necesario corregir el rumbo y creyeron encontrar una oportunidad de actuar al empezar el nuevo siglo (Saldaña, 1985, pp. 316-326). Con Justo Sierra al frente del Ministerio de Educación, se integró en 1902 el Consejo Superior de Educación Pública, encargado de elaborar un programa educativo integral para conseguir que "el nivel de la verdadera civilización ascienda rápidamente en nuestro país". Los miembros de este consejo también tenían la encomienda de proyectar la futura Escuela de Altos Estudios, en la cual, según Sierra la concebía, "La ciencia será cultivada en toda su pureza, libre del contacto con los intereses materiales [...] En esta región eminentemente especulativa se tratará de ensanchar los dominios de los conocimientos humanos, promoviendo investigaciones originales a la luz de las observaciones y los experimentos" (Sierra, 1906). Sin embargo, el consejo pensó las cosas de otra manera:

> el estado actual de la educación hace sentir la necesidad de crear una escuela o instituto cuyo objetivo final sea elevar el nivel científico nacional. Para lograr este fin, *el Estado tendrá que imponerse la doble tarea de formar especialistas en las diferentes ramas del saber humano, impartiendo al efecto una alta y sólida enseñanza científica, y de suscitar aquellas investigaciones científicas que sea posible llevar a cabo en nuestro país, principalmente en relación con el estudio de nuestras condiciones físicas, sociales o históricas* [*Boletín de Instrucción Pública,* vol. XI, 1908, p. 160].

En efecto, en 1908 entregaron al ministro un dictamen en el que se establecía que la escuela tendría como objetivo la organización y orientación de la investigación científica en México. Altos Estudios sería la instancia superior que, apoyándose en las instituciones científicas existentes, asumiría una misión de "órgano director, coordinador y orientador de los estudios científicos" en función de objetivos de interés nacional. Esto no dejaba de ser, claro está, una proposición inusitada, contraria a lo que solicitaba el ministro Sierra. Esta propuesta fue rechazada por el ministro, quien solicitó nuevamente al consejo que le proporcionase estrictamente una definición técnica de la escuela que se deseaba crear y no un programa de política científica para el país. Así, consultado nuevamente, el consejo no pudo ponerse de acuerdo y en 1909 propuso no uno sino dos dictámenes. Uno repetía lo contenido en el primero de 1908; el otro, complaciente, daba la definición de una escuela en la que se enseñarían humanidades; ciencias exactas, físicas y naturales, y las ciencias sociales físicas y jurídicas.

Este último dictamen prevaleció finalmente, y Altos Estudios pasó a ser una escuela integrante de la Universidad que, con gran fausto, inauguró Porfirio Díaz en 1910. El intento de asignar a la Escuela de Altos Estudios la coordinación de la actividad científica del país para —con su concurso— verdaderamente conseguir el bienestar de toda la población, no tuvo, en ese momento, expresión alguna. Con este episodio renacía el enfrentamiento ideológico entre dos segmentos de la comunidad científica acerca de cuál era la función de la ciencia en la sociedad mexicana al comenzar el siglo xx, y cuál el papel del Estado respecto a la ciencia. Luego de un forcejeo, como hemos mencionado, terminó por imponerse el punto de vista de quienes (como Justo Sierra y el gobierno) pensaban que "la ciencia no ha prometido la felicidad sino la verdad", sobre el de quienes consideraban que la ciencia también debería involucrarse con los "intereses materiales" de la sociedad toda al amparo del Estado. En 1910 empezó la Revolución mexicana y el largo gobierno de Díaz conoció su final. Una nueva época se abría para la vida de México y para su ciencia y técnica también, en la que se iniciaba un nuevo ciclo histórico y el papel del Estado volvía a ser el foco de atención general.

Francisco Bulnes, ingeniero de formación, pero sobre todo crítico acérrimo de Díaz y sus colaboradores y siempre atento observador de los acontecimientos, en *El verdadero Díaz y la Revolución* hizo una consideración interesante sobre el desdén con el que se había tratado a la ciencia y la ingeniería del país durante el porfiriato. Él se refería a las obras de irrigación que tanto se necesitaban y no se emprendían, pero sus palabras las podemos generalizar y, tal vez, en lo observado por Bulnes radique la causa de la frustración de la ciencia porfiriana y la clave para nuestra comprensión de lo que sucedió.

Bulnes establece primero lo siguiente:

> El riego del país debió haber sido la obra económica, científica, patriótica, fundamental e indeclinable de la Dictadura [...] Y eso no lo entendió el señor Limantour [...] era un notable profesor de economía política abstracta, y notable ignorante de su país, como debía serlo porque carecía completamente de conocimientos en agricultura, meteorología, hidrografía, geografía, geología, historia económica del país, y de todo lo que era necesario para salir avante en la obra que le había confiado el general Díaz [...]

Luego analiza lo sucedido:

Cuando el señor Limantour en 1908 fundó la Caja de Préstamos
para Fomento de la Agricultura e Irrigación, ni por un momento
pensó en asuntos de regadío agrícola. Su objeto fue librar de un
desastre a los bancos de emisión, amenazados de ruina por la
gran crisis financiera de 1907 que, surgida en los Estados Unidos,
se extendió a Europa y a América. En México, gran productor de
metales, bajó considerablemente el precio de los industriales, especialmente el cobre, y las cosechas de maíz fueron reducidas en
grande escala por la sequía. El señor Limantour dispuso aliviar a
los bancos de la capital, comprometidos hasta el cuello por su de-
sastroso sistema de inmovilizar capitales, haciendo préstamos a
largo plazo, o mejor dicho, por tiempo indefinido. La operación
irrigadora del señor Limantour consistió en exigir a algunos hacendados, deudores de los grandes bancos de emisión, que trans-
formasen sus deudas bancarias en hipotecarias con la Caja de
Préstamos, recibiendo dichos hacendados sus pagarés extendi-
dos a los bancos, y éstos, en numerario, el importe de las hipo-
tecas. *Los irrigados con plata fueron los bancos que se encontraban
próximos al desastre, y no la agricultura*, que jamás preocupó al señor Limantour [...]

Y, finalmente, concluye: "Si fueron notables las reservas del tesoro
del señor Limantour y las reservas de crédito, *probado es que era
ignorante y avaro, y que fue culpable por haber [también] sostenido reservas de ciencia, reservas de aptitud...*" (Bulnes, s / f, pp. 238-240).

Esta conclusión de Bulnes, por extraña que nos parezca, se corresponde plenamente con lo sucedido. Nos habla de que la burocracia porfiriana, su círculo más influyente (el de los, para col-
mo, llamados "científicos"), y Díaz mismo, no entendieron (o no
quisieron entender) el verdadero papel de la ciencia por ser... ¡ta-
caños! Ahí se encuentra la raíz histórica de una especie de avaricia
o mezquindad en cuanto a la ciencia se refiere: el Estado, sin aban-
donarla del todo o inclusive prestándole los auxilios necesarios en

no pocos casos, la dejó, no obstante, en el cajón de los escritorios gubernamentales como una reserva de aptitud... "pa'cuando se ofrezca", habría que inferir por necesidad.

BIBLIOGRAFÍA

Azuela, Luz Fernanda, "Las ciencias de la tierra en el porfiriato", en María Luisa Rodríguez-Sala (coord.), *Enfoques multidisciplinarios de la cultura científico-tecnológica en México*, México, Instituto de Investigaciones Sociales, UNAM, 1994, pp. 81-87.

———, "La institucionalización de la meteorología en México a finales del siglo XIX", en María Luisa Rodríguez-Sala y José Omar Moncada Maya (coords.), *La cultura científico-tecnológica en México: nuevos materiales multidisciplinarios*, México, Instituto de Investigaciones Sociales, UNAM, 1995, pp. 99-105.

———, y Rafael Guevara Fefer, "La obra del naturalista Alfonso Herrera Fernández", en María Luisa Rodríguez-Sala e Iris Guevara González (coords.), *Tres etapas del desarrollo de la cultura científico-tecnológica en México*, México, Instituto de Investigaciones Sociales, UNAM, 1996, pp. 61-72.

Barreda, Gabino, *Estudios*, México, UNAM, (Biblioteca del Estudiante Universitario, 26), 1973.

Bazaine, Aquiles, "Discours de M. le General en Chef", en *L'Estafette, Journal Français*, vol. 5, núm. 91, México, 21 de abril de 1864, pp. 1-2.

Bazant, Jan, *Los bienes de la Iglesia en México, 1856-1875: aspectos económicos y sociales de la revolución liberal*, México, El Colegio de México, 1995.

Bazant, Mílada, "La enseñanza y la práctica de la ingeniería durante el porfiriato", en *Historia Mexicana*, vol. 33, núm. 3, México, El Colegio de México, 1984, pp. 254-297.

Bulnes, Francisco, *El verdadero Díaz y la Revolución*, México, Editora Nacional, s / f.

Carpio, Manuel, "Discurso del Establecimiento de Ciencias Médicas", en *Periódico de la Academia de Medicina*, t. 4, núm. 3, 1839, pp. 81-87.

Carrillo, Ana María y Juan José Saldaña, "La enseñanza de la medicina en la Escuela Nacional durante el porfiriato", en Juan José Saldaña (ed.), *La casa de Salomón en México. Estudios sobre la institucionalización de la docencia y la investigación científicas*, México, Facultad de Filosofía y Letras, UNAM, 2005, pp. 257-282.

Castañeda Crisolis, Edgar, "Enseñanza y práctica de la ingeniería en el Estado de México. 1870-1910", tesis de maestría en historia (asesor: Juan José Saldaña), México, Facultad de Filosofía y Letras, UNAM, 2004.

Castillo, Antonio del, "Discurso pronunciado el 6 de septiembre de 1868", en *La Naturaleza*, vol. I, núm. 1, 1868, pp. 1-5.

Cervantes Sánchez, Juan Manuel y Juan José Saldaña, "Las estaciones agrícolas experimentales en México (1908-1921) y su contribución a la ciencia agropecuaria mexicana", en Juan José Saldaña (ed.), *La casa de Salomón en México. Estudios sobre la institucionalización de la docencia y la investigación científicas*, México, Facultad de Filosofía y Letras, UNAM, 2005, pp. 306-348.

Chávez Orozco, Luis (ed.), *Documentos para la historia de la industria nacional*, Serie 1, México, Banco de México, Investigaciones Industriales, 1952.

Connolly, Priscilla, *El contratista de don Porfirio*, México, El Colegio de Michoacán / UAM-Azcapotzalco / FCE, 1997.

Cosío Villegas, Daniel, *Historia moderna de México. El porfiriato. Vida social*, México, Hermes, 1985.

Cuevas Cardona, María del Consuelo, "Redes de investigación en la Sociedad Mexicana de Historia Natural (1868-1914)", en Juan José Saldaña (ed.), *Science and Cultural Diversity. Proceedings of the XXIst International Congress of History of Science*, disco compacto, México, UNAM / SMHCT, 2005, pp. 1675-1683.

Cuevas Cardona, María del Consuelo, "La investigación biológica y sus instituciones en México entre 1868 y 1929", tesis de doctorado (asesor: Juan José Saldaña), México, Facultad de Ciencias, UNAM, 2006.

Díaz Molina, Libertad y Juan José Saldaña, "Contra la corriente. La institucionalización de la enseñanza de la ingeniería eléctrica en México, 1889-1930", en Juan José Saldaña (ed.), *La casa de Salomón en México. Estudios sobre la institucionalización de la docencia y la investigación científicas*, México, Facultad de Filosofía y Letras, UNAM, 2005, pp. 153-184.

Díaz y de Ovando, Clementina, *Los veneros de la ciencia mexicana. Crónica del Real Seminario de Minería (1792-1892)*, 3 vols., México, Facultad de Ingeniería, UNAM, 1998.

Dupree, A. Hunter, *Science in the Federal Government. A History of Policies and Activities*, Baltimore y Londres, The Johns Hopkins University Press, 1986.

Estrada Ocampo, Humberto, "Vicente Ortigosa: El primer mexicano doctorado en química orgánica en Europa", en *Quipu, Revista Latinoamericana de Historia de las Ciencias y la Tecnología*, vol. 1, núm. 3, México, septiembre-diciembre de 1984, pp. 401-405.

Fernández del Castillo, Francisco, *Historia de la Academia Nacional de Medicina de México*, México, Fournier, 1956.

Fleming, James Rodger, *Meteorology in America, 1800-1870*, Baltimore y Londres, The Johns Hopkins University Press, 1990.

García Martínez, Bernardo, "La comisión geográfico-exploradora", en *Historia Mexicana*, vol. 4, núm. 4, México, El Colegio de México, 1975, pp. 485-539.

Gortari, Eli de, *La ciencia en la historia de México*, México, FCE, 1963.

Guajardo Soto, Guillermo, " 'A pesar de todo se mueve'. El aprendizaje tecnológico en México, ca. 1860-1930", en *Iztapalapa, Revista de Ciencias Sociales y Humanidades*, año 18, núm. 43, enero-junio de 1998, pp. 305-328.

Izquierdo, José Joaquín, *La primera casa de las ciencias en México. El Real Seminario de Minería (1792-1811)*, México, Ciencia, 1958.

Lemoine, Ernesto, *La Escuela Nacional Preparatoria en el periodo de Gabino Barreda, 1867-1878*, México, UNAM, 1970.

Liceaga, Casimiro, "Reseña histórica del Establecimiento de Ciencias Médicas de la capital de Mégico", en folleto de la Imprenta de M. Arévalo, México, 1839, pp. 1-11.

Liceaga, Eduardo, *Mis recuerdos de otros tiempos*, México, Talleres Gráficos de la Nación, 1949.

Maldonado Koerdell, Manuel, "La obra de la 'Commission Scientifique' ", en Arturo Arnaiz y Freg y Claude Bataillon, *La intervención francesa y el Imperio de Maximiliano. Cien años después. 1862-1962*, México, Asociación Mexicana de Historiadores/ Instituto Francés de América Latina, 1965, pp. 161-182.

Maximiliano, "Discurso pronunciado por S.M. el emperador en la solemne instalación de la Academia de Ciencias y Literatura, el día de su cumpleaños", en *El Pájaro Verde*, México, 13 de julio de 1865.

Medina Peña, Luis, *Invención del sistema político mexicano. Forma de gobierno y gobernabilidad en México en el siglo XIX*, México, FCE, 2004.

Méndez, Santiago, *Memoria sobre ferrocarriles*, México, Imprenta de Ignacio Cumplido, 1868.

Mendoza Vargas, Héctor, "Los ingenieros geógrafos de México, 1823-1915", tesis de maestría (asesor: Juan José Saldaña), México, Facultad de Filosofía y Letras, UNAM, 1993.

Mora, José María Luis, "Revista política", en *José María Luis Mora. Obras completas*, México, SEP / Instituto de Investigaciones doctor José María Luis Mora, 1937, t. 2, pp. 289-547.

Núñez, Miguel y Juan José Saldaña, "Física para ciudadanos: enseñanza y divulgación de la física en la Escuela Nacional Preparatoria en el último tercio del siglo XIX", en Juan José Saldaña (ed.), *La casa de Salomón en México. Estudios sobre la institucionalización de la docencia y la investigación científicas*, México, Facultad de Filosofía y Letras, UNAM, 2005, pp. 105-133.

Olavarría y Ferrari, Enrique de, *Reseña histórica de la Sociedad Mexicana de Geografía y Estadística*, México, Oficina Tipográfica de la Secretaría de Fomento, 1901.

Orozco y Berra, Manuel, *Apuntes para la historia de la geografía en México*, México, Imprenta de Francisco Díaz de León, 1881.

Parra, Porfirio, "La ciencia en México", en *México, su evolución social*, t. 1, vol. 2, México, 1901, pp. 417-466.

Pérez Toledo, Sonia, "Una organización alternativa de artesanos: la Sociedad Mexicana Protectora de Artes y Oficios, 1843-1844", en *Signos Históricos*, núm. 9, México, enero-junio de 2003, pp. 73-100.

Potash, Robert, *Los presidentes de México ante la nación (Informes, manifiestos y documentos de 1821 a 1966)*, 4 t., México, XLVI Legislatura de la Cámara de Diputados, 1966.

————, *El Banco de Avío de México. El fomento de la industria, 1821-1846*, México, FCE, 1986.

Reyes Heroles, Jesús, *El liberalismo mexicano*, 3 vols., México, FCE, 1988.

Río de la Loza, Leopoldo, "Discurso pronunciado por el señor doctor don Leopoldo Río de la Loza, presidente de la Sociedad Mexicana de Historia Natural, en la sesión general celebrada el 12 de enero de 1871", en *La Naturaleza, Periódico Científico de la Sociedad Mexicana de Historia Natural*, t. I (años 1869-1870), México, Imprenta de Ignacio Escalante, 1871.

Saldaña, Juan José, "La ideología de la ciencia en México en el siglo XIX", en *La ciencia moderna y el Nuevo Mundo*, Madrid, CSIC/SLHCT, 1985, pp. 297-326.

————, "La ciencia y el Leviatán mexicano", en *Actas de la Sociedad Mexicana de Historia de la Ciencia y la Tecnología*, vol. I, México, SMHCT, 1989, pp. 37-52.

———— (ed.), *La casa de Salomón en México. Estudios sobre la institucionalización de la docencia y la investigación científicas*, México, Facultad de Filosofía y Letras, UNAM, 2005a.

————, "De lo privado a lo público en la ciencia: la primera institucionalización de la ciencia en México", en Juan José Saldaña (ed.), *La casa de Salomón en México. Estudios sobre la institucionalización de la docencia y la investigación científicas*, México, Facultad de Filosofía y Letras, UNAM, 2005b, pp. 34-82.

Saldaña, Juan José, y Luz Fernanda Azuela, "De *amateurs* a profesionales. Las sociedades científicas en México en el siglo XIX", en *Quipu, Revista Latinoamericana de Historia de las Ciencias y de la Tecnología*, vol. 11, núm. 2, México, mayo-agosto de 1994, pp. 135-171.

————, y Consuelo Cuevas Cardona, "La invención en México de la investigación científica profesional: el Museo Nacional (1868-1908)", en *Quipu, Revista Latinoamericana de Historia de las Ciencias y de la Tecnología*, vol. 12, núm. 3, México, septiembre-diciembre de 1999, pp. 309-332.

Saldaña, Juan José y Natalia Priego Martínez, "Entrenando a los cazadores de microbios de la República: la domesticación de la microbiología en México", en *Quipu, Revista Latinoamericana de Historia de las Ciencias y de la Tecnología*, vol. 13, núm. 2, México, mayo-agosto de 2000, pp. 225-242.

Sierra, Justo, "Acta de la sesión de reapertura que el Consejo Superior de Instrucción Pública celebró el 15 de junio de 1906", en *Boletín de Instrucción Pública*, vol. VI, núm. 3, 1906, p. 289.

Taboada, Domingo, "Observatorio Astronómico Nacional", en *Anales de la Sociedad Mexicana de Historia de la Ciencia y de la Tecnología*, vol. I (Instituciones Científicas Mexicanas. Centros de Investigación), México, SMHCT, 1969.

Tenorio Trillo, Mauricio, *Artilugio de la nación moderna. México en las exposiciones universales, 1880-1930*, México, FCE, 1998.

Torre, Federico de la, *La ingeniería en Jalisco en el siglo XIX. Génesis y desarrollo de una profesión*, México, Universidad de Guadalajara, 2000.

Urbán Martínez, Guadalupe Araceli, "Fertilizantes químicos en México (1843-1914)", tesis de maestría en historia (asesor: Juan José Saldaña), México, Facultad de Filosofía y Letras, UNAM, 2005.

El siglo xx. I (1910-1950)

Ruy Pérez Tamayo
Universidad Nacional Autónoma de México,
Departamento de Medicina Experimental,
Facultad de Medicina

Introducción

Como se señaló en la presentación de este volumen, la evolución
de la ciencia en México durante la primera mitad del siglo xx posee
características propias y muy diferentes de las registradas en la
segunda mitad de esa centuria. Desde el triple punto de vista histórico, político y social, entre 1910 y 1950 México experimentó cuatro cambios más o menos radicales y profundos: 1) el final de los
30 años del porfiriato; 2) la Revolución; 3) la paz social (con interrupciones locales), y 4) la transición del poder político, de los militares a los civiles. (Un quinto cambio, de la hegemonía política de
un solo partido durante 70 años, a la democracia —tímida e imper-
fecta, como cualquier recién nacido—, no ocurrió sino hasta el año
2000.) Las cuatro transformaciones mencionadas tuvieron un impacto fundamental en el desarrollo de la ciencia en el país. No podía ser de otro modo, porque la ciencia es una más de las actividades relacionadas con la expresión de los intereses y sentimientos
más elevados del espíritu humano, como también son la música, la
pintura, la literatura y otras manifestaciones artísticas. En tiempos
de conflicto, cuando los intereses de la sociedad se reducen a la supervivencia en el nivel más elemental, a la reivindicación de los derechos humanos mínimos compatibles con una existencia digna, o
hasta a la libertad de cada individuo para pensar y actuar como

mejor le plazca (siempre que no afecte la autonomía de los demás), los valores más elevados y específicos del *homo sapiens* permanecen ocultos o sólo se expresan tímidamente. Pero no desaparecen.

En este capítulo se resume la historia de la ciencia en México en la primera mitad del siglo xx. Dada la naturaleza violenta, arbitraria e irracional de gran parte de ese lapso de nuestra historia, sorprende un poco que la ciencia haya sobrevivido. La buena noticia es que lo hizo, que nuestro país logró salir del episodio más dramático de su desarrollo con un saldo positivo, que además le sirvió como puente para promover y alcanzar los elevados niveles de desarrollo científico con los que terminó el siglo xx.

EL FIN DEL PORFIRIATO

En 1910, los 30 años de la hegemonía de Porfirio Díaz en el máximo poder político de la nación tocaban a su fin. La agitada campaña antirreeleccionista, iniciada por los hermanos Flores Magón antes de comenzar el siglo, estimuló la formación de partidos políticos afines en muchas ciudades del país; la represión brutal de las huelgas de trabajadores en Cananea y Río Blanco en 1906 y 1907, respectivamente, contribuyó a generalizar la oposición al gobierno entre los obreros; en 1909, Madero publicó su libro *La sucesión presidencial en 1910*, que reflejaba el pensamiento de una parte importante de la clase media urbana. El 23 de septiembre de 1910, mientras se celebraba el gran baile en Palacio Nacional organizado por don Porfirio y su esposa como culminación de los festejos del Centenario, Madero había escapado de su prisión en San Luis Potosí, se había fugado hasta San Antonio, en los Estados Unidos, y estaba regresando a México para convocar al movimiento armado contra la reelección, que debería estallar el 20 de noviembre de ese mismo año.

Durante los 30 años del porfiriato, la estructura de la sociedad mexicana, establecida desde la Colonia, siguió siendo esencialmente la misma: 1) una clase "alta", poseedora de la autoridad y de la riqueza, representada por aristócratas, políticos importantes, banqueros, grandes terratenientes, autoridades eclesiásticas y comerciantes principales; 2) una clase "media", en la que figuraban profesionistas como licenciados, médicos o ingenieros, junto con burócratas, periodistas, militares, artesanos, curas, empleados civiles, pequeños propietarios y otros más; 3) una clase "baja", que era el pueblo en general, formado por campesinos, obreros y otros trabajadores manuales. El esquema oficial del país, que las autoridades porfirianas quisieron presentar en las fiestas del Centenario, era el de una nación pacífica, civilizada y progresista, dirigida por un patriarca iluminado y benigno a quien toda la sociedad identificaba y veneraba como su salvador. Sin embargo, la realidad era muy distinta: aparte del grupo de los "científicos", integrado por los ministros del régimen y un puñado de banqueros, aristócratas y hacendados, que formaban una clase social numéricamente minúscula pero con enorme poderío económico, estaba una amplia y creciente clase media en la que había intelectuales, artistas, políticos, militares, estudiantes, empleados, amas de casa y otros muchos ciudadanos, entre los que la devoción por el presidente Díaz no era unánime, todo lo contrario.

Con el triunfo del Plan de Tuxtepec, Díaz llegó al poder en 1876 y no lo soltó hasta 35 años después, en 1911 (con un lapso intermedio de 1880 a 1884, en que su compadre, el general Manuel González, el Manco, ocupó la presidencia, pero en realidad Díaz siguió gobernando el país desde la Secretaría de Fomento), cuando la revolución maderista lo obligó a renunciar y a abandonar el país.

La ciencia en México al final del porfiriato

¿Cuál era el panorama de las ciencias en México en 1910? Si se compara con la situación en otros países de Europa del norte, como Inglaterra, Suecia, Alemania o Francia, era de un subdesarrollo deplorable. La ausencia de tradición científica en México en 1910 seguramente tenía múltiples causas, algunas compartidas con otras naciones que en esos tiempos se encontraban en etapas semejantes o hasta previas de subdesarrollo, como gran parte de las de América Latina, África, India y muchas del Pacífico. Sin embargo, en nuestro país operaban por lo menos dos factores propios que conviene resumir: 1) la Colonia española (siglos XVI a XVIII), y 2) el México independiente (siglo XIX).

1) *La Colonia española (siglos XVI a XVIII)*. Cuando Hernán Cortés completó la conquista del Imperio azteca bautizó al nuevo dominio del emperador Carlos I de España y V de Alemania con el nombre que revelaba el espíritu con que había realizado su empresa: lo llamó *Nueva España*. La idea era precisamente ésa: transformar a este Mundo Nuevo en una extensión de la Madre Patria, sustituyendo todos y cada uno de los componentes de la cultura indígena nativa por sus equivalentes peninsulares: idioma, religión, gobierno, leyes, estructura social, nombres, usos, costumbres y todo lo demás, que en conjunto constituye la identidad cultural de un pueblo. Pero si la Nueva España iba a ser copia fiel de la Vieja España, también debía adoptar su otra característica del siglo XVI: su postura intransigente y de rechazo de los dos movimientos que entonces estaban cambiando de modo definitivo a Europa: el Renacimiento y la Reforma. Contra la postura renacentista en favor de las culturas clásicas y su interés en el arte y la filosofía, y también en oposición a la avalancha de la Reforma, que amenazaba la estructura misma del reino y de la Iglesia católica al poner en duda el derecho divino a la autoridad del rey y del papa, España se declaró campeona de la Contrarreforma y creó el Tribunal de la Santa Inquisición. Vigiladas de cerca, las humanidades no representaban un peligro para la estabilidad del reino español y de la Iglesia católica, y siguieron creciendo vigorosamente hasta que el genio ibérico alcanzó ese glorioso desarrollo conocido como el Siglo de Oro. Pero en cambio las ciencias no prosperaron, desde luego no como la literatura y la poesía, porque sus trabajos inspiraban desconfianza en las autoridades eclesiásticas tan pronto como los resultados parecían oponerse a la verdad revelada en las Sagradas Escrituras. En 1551 se fundó la Real y Pontificia Universidad de México, siguiendo el modelo de la Universidad de Salamanca, que

funcionó hasta 1866, cuando fue clausurada en forma definitiva por el presidente Juárez. En 1900, Porfirio Parra describió el tipo de enseñanza que se impartió en esa institución durante sus tres siglos de existencia:

> El latín, puerta de bronce del saber de aquellos días, ocupaba el primer término; se estudiaba con el nombre de curso de Gramática. Le seguía la Retórica, que tenía por objeto embellecer el discurso, pero que con la mayor buena fe del mundo lo trocaba en sutil, atildado, conceptuoso, alambicado y estrambótico. Venía en seguida el curso de Artes, en cuyo nombre se designaba lo que llamamos hoy filosofía; comprendía lo que el hombre puede alcanzar por medio de las luces naturales, es decir, sin el auxilio de la revelación; este curso abarcaba todo el saber positivo de aquella época, y se dividía en Filosofía natural y Filosofía moral. En la primera se enseñaban los conocimientos relativos a la naturaleza externa, no los que nos comunica la observación y la experiencia, sino los que discurrieron Aristóteles en lo tocante a la Física, y Plinio en lo relativo a Historia Natural; las Matemáticas quedaban comprendidas en esta parte de Artes, reduciéndose a la geometría de Euclides que, dicho sea de paso, era el solo material sólido y casi perfecto de aquel colosal y heterogéneo programa.

La Nueva España fue fiel a la Madre Patria en su resistencia de tres siglos a la influencia liberadora del nuevo pensamiento europeo, que tanto facilitó el desarrollo de sociedades más abiertas y de ideas más progresistas. Cuando finalmente España logró sacudirse el espíritu medieval y empezó a asomarse a nuevas formas de vida, más liberales y de acuerdo con su tiempo, disfrutó de largos periodos de paz social que le permitieron convertirse en un país desarrollado y vigoroso, hasta que surgió la rebelión militar encabezada por Franco, que interrumpió cruelmente el "milagro español" y sumió otra vez a la Madre Patria en el oscurantismo.

2) *México independiente (siglo xix).* A principios del siglo xix México inició el movimiento social que iba a llevarlo a la indepen-

dencia política varios años después, pero no a la paz; esta última desapareció en 1810 y en realidad no volvió a recuperarse (y eso sólo a medias) hasta fines de ese siglo, con la instalación de 30 años del porfiriato. Un resultado de la inquietud social y de la violencia, intermitentes pero casi inalterables, que caracterizaron al siglo xix mexicano, fue el subdesarrollo de muchos aspectos sociales y culturales del país, incluyendo desde luego a la ciencia. Quizá lo único que sí prosperó durante esos años de levantamientos en armas, invasiones extranjeras, robos de territorio nacional, guerras y guerrillas, confusión, dolor, muertes y destrucción, fue la conciencia de México como nación íntegra y como República independiente y autónoma, que ya se había iniciado desde el siglo anterior de modo más bien primitivo con la obra de los jesuitas. Pero en 1810 fue concebida con más claridad por unos cuantos, mientras en 1910 ya era la condición esencial del país, base firme sobre la que estaba construida la nación, principio fundamental e inalienable que desde entonces respetan no sólo todos los partidos políticos sino todos los ciudadanos.

Los dos factores mencionados, el carácter conservador de la cultura europea que dio origen al país al "encontrarse" con los pueblos mesoamericanos, y los movimientos sociales que llenaron la mayor parte del primer siglo de vida independiente de México, contribuyeron de manera importante a frenar o impedir el desarrollo saludable de la ciencia. De todos modos, a partir de la segunda mitad del siglo xix empezaron a aparecer en México instituciones que en su tiempo fueron consideradas como científicas; aunque es indudable que en algunas de ellas sí se generaron nuevos conocimientos, la mayoría se dedicó más bien a la recepción y divulgación de la ciencia desarrollada en otros países —especialmente Francia— y a la conservación ecológica o de monumentos. Entre las que todavía estaban funcionando en 1910 pueden mencionarse: Comisión del Valle de México (1856); Observatorio Astronómico Nacional (1863); Comisión Científica de Pachuca (1864); Museo Nacional (1866); Comisión Geográfico-Exploradora (1877); Observatorio Meteorológico (1877); Comisión Geológica (1886); Instituto

Médico Nacional (1888); Instituto Geológico (1891); Comisión de Parasitología Agrícola (1900); Instituto Patológico (1901); Instituto Bacteriológico (1906), y Servicio Sismológico Nacional (1910).

Llama la atención el interés concentrado en las ciencias geofísicas (cinco de 13 instituciones), astronómicas y médicas; quizá se deba a la urgencia que tenía el joven país, en plena efervescencia organizativa, de explorarse y conocerse a sí mismo con detalle. Como era posible anticipar, hubo duplicación de esfuerzos y algunas instituciones se transformaron en otras establecidas con posterioridad o hasta dieron origen a nuevos centros, como el Instituto Médico Nacional, del que surgieron primero el Instituto Patológico y después el Instituto Bacteriológico. A pesar de las restricciones presupuestales del gobierno de Juárez y sus sucesores, que mantuvieron a los centros científicos con graves limitaciones (con frecuencia aliviadas con los recursos privados de sus miembros), varios de ellos sobrevivieron hasta el porfiriato y más de la mitad fueron creados por sendos decretos del presidente Díaz, quien además los trató con más generosidad.

El Observatorio Astronómico Nacional empezó a funcionar en enero de 1863 en el Castillo de Chapultepec, pero cuatro meses después suspendió sus trabajos ante la ocupación de la capital por tropas francesas; sin embargo, en 1867 reanudó actividades en la azotea del Palacio Nacional con varias comisiones encargadas de determinar las coordenadas geográficas de las ciudades más importantes del país. Entre 1879 y 1883 el observatorio funcionó otra vez en el Castillo de Chapultepec y de ahí pasó al Palacio del Arzobispado en Tacubaya, donde permaneció hasta 1909, en que se cambió al edificio construido especialmente para alojarlo. Los geógrafos organizaron la Sociedad Mexicana de Geografía y Estadística en 1833, estimulados por unas conferencias organizadas en el Ateneo Mexicano, y entre 1849 y 1865 publicaron 11 volúmenes de su *Boletín* (del 12 sólo aparecieron dos números). Entre sus numerosos trabajos se encuentran una *Carta general de la República mexicana*, de 1850; una *Carta hidrográfica del Valle de México*, de 1862; un *Plano topográfico del Distrito de México*, de 1864. La Sociedad Mexi-

cana de Historia Natural fue fundada en 1868 por personas interesadas en el estudio de la fauna y la flora del país; sus trabajos aparecieron en los 11 volúmenes de la revista *La Naturaleza*, publicados
entre 1869 y 1914, año en que la sociedad desapareció.

EL POSITIVISMO EN MÉXICO

Conviene resumir el impacto del positivismo en México, en vista
de que representó un movimiento filosófico directamente relacionado con la ciencia durante la primera década del siglo xx. La reorganización de la educación en México que llevó a cabo el presidente Juárez al promulgar la Ley Orgánica de Instrucción Pública
el 2 de diciembre de 1867, incluyó la creación de la Escuela Nacional Preparatoria, de acuerdo con las ideas del doctor Gabino Barreda (1818-1881), quien había estudiado medicina en París y ahí
conoció a Augusto Comte y asistió a su famoso Cours de Philoso-
phie Positive, que le impresionó profundamente. El positivismo
de Barreda era abiertamente anticlerical, lo que resultó atractivo a
los liberales, enfrentados al clero católico en múltiples ocasiones.
La última había sido con la intervención francesa del Imperio de
Maximiliano, que Juárez y el partido liberal acababan de derrotar,
sellando el 19 de junio de ese mismo año de 1867, en el Cerro de las
Campanas, el destino trágico de los conservadores. El gobierno legítimo de Juárez volvía a dirigir el país, pero México estaba en
ruinas y sumergido en el más profundo desorden. El clero había
perdido sus bienes y su fuerza política, pero seguía ejerciendo el
control de la conciencia y el espíritu de la mayoría de los mexicanos. Por su parte, los militares liberales que habían peleado y ven-
cido a los conservadores reclamaban todo tipo de privilegios individuales y de clase, sin la menor conciencia social del país. El
positivismo de Barreda, implantado como filosofía de la educación media nacional, podía servir como base para enfrentarse a los
dos grandes enemigos de la Reforma juarista: por un lado, incul-
cando la necesidad del orden civil en los asuntos de la nación, in-

dispensable para el progreso de la economía y el desarrollo de la sociedad; por otro lado, combatiendo a la Iglesia católica, no como religión sino como grupo interesado en recuperar los privilegios políticos y económicos de que gozaban desde tiempos de la Colonia, perdidos con las Leyes de Reforma y que no habían recuperado durante el Imperio de Maximiliano gracias a la postura liberal del desafortunado noble austriaco.

De acuerdo con Comte, la evolución natural de la sociedad humana reconoce tres etapas: teológica, metafísica y positiva. En la primera etapa las explicaciones de los fenómenos naturales se dan en términos sobrenaturales, invocando poderes ocultos y divinos a los que sólo se tiene acceso por la fe; en la segunda etapa los dioses son abandonados pero se sustituyen por toda clase de entidades metafísicas e imaginarias que tampoco son susceptibles de confirmación objetiva; en la tercera etapa se elimina todo lo que no puede documentarse directamente por nuestros sentidos en el estudio de la realidad. El positivismo de Comte es una forma extrema, radical e inflexible del empirismo, con el que comparte varios de sus principios centrales, pero del que se aleja al descalificar las importantes contribuciones de la filosofía, la historia y la sociología en la teoría del conocimiento. Barreda era quizá más comtiano que el mismo Comte, lo que se refleja en el carácter rigurosamente laico y "científico" que imprimió al programa de estudios de la nueva Escuela Nacional Preparatoria que organizó por mandato del presidente Juárez. Junto con la teología desaparecieron la filosofía escolástica, la metafísica y el derecho canónico, y en su lugar se reforzaron las matemáticas, la lógica, la geología y otras ciencias naturales. Por primera vez en la historia de la educación en México, las ciencias triunfaban sobre las humanidades, y de ese modo surgían al primer plano de la educación, que durante toda la Colonia habían ocupado las disciplinas teológicas y "espirituales". Sin embargo, este triunfo duró poco tiempo, apenas hasta la primera década del siglo xx.

La Escuela Nacional Preparatoria de Barreda se cursaba, como ahora, al final del primer ciclo de enseñanzas generales y antes del ingreso a las distintas escuelas profesionales o técnicas; pero su objetivo primario no era "preparar" a los alumnos para continuar con sus estudios en las escuelas superiores (aunque también servía para eso), sino más bien "preparar" ciudadanos adultos capaces de escoger su vocación, cualquiera que fuera, y enfrentarse a ella y a la vida en general con los conocimientos y la filosofía más útiles y convenientes para salir adelante. Barreda se rodeó de algunos de los profesores más prestigiados de su tiempo, como Porfirio Parra, en lógica; Francisco Díaz Covarrubias y Manuel Fernández Leal, en matemáticas; Ladislao de la Pascua, en física; Leopoldo Río de la Loza, en química; Alfonso L. Herrera (quien más tarde sería el sucesor inmediato de Barreda), en historia natural; Miguel Schultz, en geografía, y otros más de diferentes especialidades. No todos necesariamente positivistas, como Manuel M. Flores, Agustín Aragón, Horacio Barreda, Justo Sierra, Ezequiel A. Chávez, Rafael Ángel de la Peña, Francisco Rivas, Ignacio Ramírez, Manuel Payno, Ignacio Altamirano y otros más. A pesar de los disturbios sociales que siguieron al triunfo del partido liberal y, después de la muerte de Juárez, a la caída de Lerdo de Tejada, a la rebelión de Tuxtepec y al advenimiento de Porfirio Díaz, la Escuela Nacional Preparatoria siguió funcionando durante cerca de 50 años, de acuerdo con el programa diseñado originalmente por Barreda desde 1867, con diversas pero ligeras modificaciones.

En 1939, Alfonso Reyes recordaba el paso de su generación por la Escuela Nacional Preparatoria 30 años antes, o sea en 1910 (Reyes tenía entonces 21 años de edad):

en aquella Escuela por los días del Centenario. No alcanzamos ya la vieja guardia, los maestros eminentes de que todavía disfrutó la generación inmediata, o sólo los alcanzamos en sus postrimerías seniles, fatigados y algo automáticos [...] Porfirio Parra, discípulo directo de Barreda, memoria respetable en muchos sentidos, ya no era más que un repetidor de su tratado de Lógica, donde por desgracia se demuestra que, con excepción de los positivistas, todos los filósofos llevan en la frente el estigma oscuro del sofisma

[...] El incomparable Justo Sierra, el mejor y mayor de todos, se
había retirado ya de la cátedra para consagrarse a la dirección de
la enseñanza. Lo acompañaba en esta labor Don Ezequiel A.
Chávez, a quien por aquellos días no tuve la suerte de encontrar
en el aula de Psicología, que antes y después ha honrado con su
ciencia y su consagración ejemplar. Miguel Schultz, geógrafo generoso, comenzaba a pagar tributo a los años, aunque aún conser-
vaba su amenidad. Ya la tierra reclamaba los huesos de Rafael
Ángel de la Peña —paladín del relativo "que"— sobre cuya tum-
ba pronto recitará Manuel José Othón aquellos tercetos ardientes
que son nuestros *Funerales del Gramático*. El Latín y el Griego, por
exigencias del programa, desaparecían entre un cubileteo de raíces elementales, en las cátedras de Díaz de León y de aquel cor-
dialísimo Francisco Rivas... especie de rabino florido cuya sala
era, porque así lo deseaba él mismo, el recinto de todos los juegos
y alegres ruidos de la muchachada... En su encantadora decaden-
cia, el viejo y amado maestro Sánchez Mármol —prosista que
pasa la antorcha de Ignacio Ramírez a Justo Sierra— era la comprensión y la tolerancia mismas, pero no creía ya en la enseñanza
y había alcanzado ya aquella cima de la última sabiduría cuyos
secretos, como los de la mística, son incomunicables [...] Quien
quisiera alcanzar algo de Humanidades tenía que conquistarlas a
solas, sin ninguna ayuda efectiva de la Escuela.

En ese medio siglo ciertos positivistas se fueron convirtiendo poco
a poco en "los científicos", un colegio político restringido a ministros de Estado, a poderosos empresarios y sus abogados, a conse-
jeros de bancos y ricos inversionistas, que contaban con la amistad
personal y el apoyo del presidente y que controlaban casi todo en
el país, incluyendo la educación superior. Este grupo, lo único que
tenía de "científico" era el nombre, que se popularizó porque los
medios y el vulgo lo identificaron con los antiguos positivistas, en
cuya Escuela Nacional Preparatoria algunos habían estudiado (aparte de recibir instrucción religiosa privada). Sin embargo, el des-
prestigio político en que cayeron los "científicos" al final del régi-

men porfiriano y en los inicios de la Revolución fue tan estrepitoso que, indudablemente, influyó en la reserva con que los primeros gobiernos surgidos de nuestro máximo movimiento social del siglo xx vieron todo lo relacionado con la ciencia.

Cuando a fines de 1913 el traidor Victoriano Huerta nombró a Nemesio García Naranjo secretario de Instrucción Pública, el positivismo sufrió su más dura derrota. García Naranjo era miembro del Ateneo de la Juventud, grupo anticientífico que no sólo combatía al positivismo sino en especial a la Escuela de Altos Estudios (véase *infra*). Pronto el Congreso aprobó cambios en la Ley Constitutiva de la Universidad Nacional que modificaron sustancialmente la estructura de la Escuela Nacional Preparatoria. Se alegó que casi después de 50 años de haber sido fundada ya era decadente, que su rígido currículo había olvidado la educación moral, y que si cuando inició sus trabajos lo que más necesitaba el país era disciplina y cohesión ideológica, en ese momento se requerían pluralidad y tolerancia. El nuevo plan de estudios de la preparatoria se aceptó a principios de 1914, con predominio de los nuevos cursos de ética, filosofía y arte, así como mayor peso a los ya existentes de literatura, historia y geografía; además, se suprimieron otros considerados inadecuados. Los viejos profesores positivistas no conocían ni podían dictar las nuevas materias, por lo que ingresaron varios intelectuales jóvenes como Antonio Castro Leal, Julio Torri, Carlos González Peña y Manuel Toussaint, y otros no tan jóvenes como Enrique González Martínez, Francisco de Olaguíbel y Luis G. Urbina, todos humanistas y antipositivistas. Según Garcíadiego: "...a principios de febrero, cuando comenzaron los cursos de 1914, la poesía y la filosofía espiritualista habían sustituido al conocimiento científico como principal objetivo de la institución".

La Escuela de Altos Estudios y el Ateneo de la Juventud

La Universidad Nacional se fundó el 24 de abril y se inauguró el 22 de septiembre de 1910, con una solemne ceremonia en la que se otorgaron doctorados *honoris causa* a un numeroso grupo de delegados de universidades extranjeras y a algunos políticos prominentes de la época, y en la que el episodio más importante fue el famoso discurso pronunciado por Justo Sierra.

El esquema inicial de la flamante Universidad era bien claro y constaba de tres partes: 1) la Escuela Nacional Preparatoria, que todavía era positivista, duraba seis años e incluía a los tres que posteriormente (en 1925) se convirtieron en la educación secundaria; 2) las escuelas profesionales de Leyes, Medicina, Ingeniería y Bellas Artes (sólo Arquitectura), y 3) la Escuela de Altos Estudios. Las dos primeras ya existían, mientras la tercera era nueva y había sido concebida por Sierra y Ezequiel A. Chávez. En el discurso mencionado, Sierra se refiere a ella como sigue:

> Sobre estas enseñanzas fundamos la Escuela de Altos Estudios; allí la selección llega a su término; allí hay una división amplísima de enseñanzas; allí habrá una división cada vez más vasta de elementos de trabajo; allí convocaremos, a compás de nuestras posibilidades, a los príncipes de las ciencias y de las letras humanas; porque deseamos que los que resultan mejor preparados por nuestro régimen de educación nacional, puedan escuchar las voces mejor prestigiadas en el mundo sabio, las que vienen de más alto, las que van más lejos; no sólo las que producen efímeras emociones, sino las que inician, las que alientan, las que revelan, las que crean. Éstas se oirán un día en nuestra escuela; ellas difundirán el amor a la ciencia, amor divino, por lo sereno y puro, que funda idealidades, como el amor terrestre funda humanidades. Nuestra ambición sería que en esa escuela, que es el peldaño más alto del edificio universitario, puesto así para descubrir en el saber los horizontes más dilatados, más abiertos, como esos que sólo desde las cimas excelsas del planeta pueden contemplarse; nuestra ambición sería que en esa escuela se enseñe a investigar y a pensar, investigando y pensando, y que la sustancia de la investigación y el pensamiento no se cristalizase en ideas dentro de las almas, sino que esas ideas constituyesen dinamismos perenne-

mente traducibles en enseñanzas y en acción, que sólo así las ideas pueden llamarse fuerzas [...]

La Escuela de Altos Estudios se integró originalmente con tres secciones: ciencias exactas (física y biología), humanidades, y ciencias políticas y sociales. Para darle una estructura real (pues al principio sólo existía en el papel) pronto se le incorporaron el Instituto Médico Nacional, el Instituto Patológico y el Instituto Bacteriológico, así como los museos de Historia Natural, Arqueología, Historia y Etnología, junto con la Inspección de Monumentos Arqueológicos. La intención era que esta nueva dependencia universitaria alcanzara un nivel más elevado que las otras escuelas, no sólo por su calidad sino también por su naturaleza: no se limitaría a transmitir conocimientos sino además, y en forma primaria, a producirlos, haciendo descubrimientos esenciales y buscando "verdades desconocidas". La escuela no tenía un programa específico ni se contemplaba que ofreciera grados académicos de especialidad, maestría o doctorado; más bien daría cursos del más alto nivel en diferentes aspectos del conocimiento humano, a los que sólo podían asistir, previa rigurosa inscripción, los mejores alumnos de las carreras profesionales relevantes que hubieran terminado sus estudios. Su primer director fue don Porfirio Parra, antiguo y recalcitrante positivista, quien entonces ya se encontraba al final de su carrera. Con un mínimo presupuesto, la Escuela de Altos Estudios sólo alcanzó a contratar a tres profesores de "tiempo completo", dos estadunidenses (James Mark Baldwin, de psicobiología, y Franz Boas, de antropología) y uno germano-chileno (Carlos Reiche, de botánica). Sus cursos tuvieron muy escasa asistencia, casi todos los alumnos eran "oyentes" porque los requisitos de inscripción muy pocos los cumplían y hubo una deserción masiva. Además, como la escuela carecía de edificio, las conferencias se dictaban en diferentes lugares, como en la preparatoria o en Jurisprudencia; pero más relevante: no tenía laboratorios o biblioteca, ni recursos para construirlos y equiparlos, por lo que estaba totalmente incapacitada para realizar investigación científica original.

Pero estos problemas no eran los únicos a los que se enfrentaba la Escuela de Altos Estudios. También se vio sometida a la ofensiva anticientífica que desencadenó el Ateneo de la Juventud, tanto en contra de ella como de la Escuela Nacional Preparatoria. Este movimiento fue menos popular que la campaña política contra los "científicos", pero tuvo mucha más fuerza y más consecuencias negativas para el desarrollo de la ciencia en México en la primera mitad del siglo xx. El Ateneo de la Juventud se fundó a finales de 1909 y funcionó como tal durante tres años, hasta el 12 de diciembre de 1912, en que se transformó en la Universidad Popular. Sus principales miembros fueron Antonio Caso, Alfonso Reyes, Pedro Henríquez Ureña, José Vasconcelos, Julio Torri, Martín Luis Guzmán, Mariano Silva y Aceves; también Enrique González Martínez, Luis G. Urbina, Alberto J. Pani, Alfonso Pruneda y muchos más (Matute proporciona una lista de 69 personajes asociados, en mayor o menor medida, con ese grupo). El Ateneo de la Juventud sintió que el positivismo dejaba fuera todo lo más valioso de la cultura, no sólo nacional sino universal. Reyes lo dijo como sigue:

> Hicieron de la matemática la Summa del saber humano. Al lenguaje de los algoritmos sacrificaron poco a poco la historia natural y cuanto Rickert llamara la ciencia cultural, y en fin las verdaderas humanidades. No hay nada más pobre que la historia natural, la historia humana o la literatura que se estudiaba en aquella Escuela por los días del Centenario [...]

La batalla anticientífica y por la reivindicación de las humanidades, primero contra el positivismo y después contra la Escuela de Altos Estudios, se inició con la fundación de la Sociedad de Conferencias en 1907, cuyo primer ciclo se dio en el Casino de Santa María entre el 29 de mayo y el 7 de agosto de ese mismo año, y el segundo, en el Conservatorio Nacional, del 18 de marzo al 22 de abril del año siguiente; un homenaje a la memoria de Gabino Barreda que culminó con la expresión de un "nuevo sentimiento político", que posteriormente Reyes consideró como el amanecer teó-

rico de la Revolución; un famoso curso de Antonio Caso en la
Escuela Nacional Preparatoria sobre filosofía positivista en el que
definió la postura crítica de los jóvenes ateneístas frente a la doctrina oficial, y una serie de conferencias en la Escuela de Jurisprudencia sobre temas latinoamericanos. El "Sócrates" del Ateneo, el
humanista Henríquez Ureña, describió el espíritu de verdadera
cruzada con que se dedicaron a su tarea:

> Entonces nos lanzamos a leer a todos los filósofos a quienes el
> positivismo condenaba como inútiles, desde Platón, que fue nues-
> tro mayor maestro, hasta Kant y Schopenhauer. Tomamos en serio
> (¡oh, blasfemia!) a Nietzsche. Descubrimos a Bergson, a Boutroux,
> a James, a Croce. Y en la literatura no nos confinamos dentro de la
> Francia moderna. Leíamos a los griegos, que fueron nuestra pa-
> sión. Ensayamos la literatura inglesa. Volvimos, pero a nuestro
> modo, contrariando toda receta, a la literatura española [...]

El asalto a la Escuela de Altos Estudios se inició poco antes de la
muerte de su primer director, el doctor Porfirio Parra, con un curso
libre sobre filosofía dictado en esa sede, con gran éxito de asistencia. Como el sustituto del doctor Parra, nombrado por el presidente Madero, fue el doctor Alfonso Pruneda, y al mismo tiempo Alberto J. Pani ocupaba la Subsecretaría de Instrucción Pública y
Antonio Caso la Secretaría de la Universidad Nacional (los tres
miembros del Ateneo), vieron la puerta abierta para apoderarse de
la escuela y transformarla.

Al curso de filosofía mencionado siguió otro igualmente exitoso del matemático Sotero Prieto, lo que detuvo momentánea-
mente las acciones del Ateneo de la Juventud. Entonces sobrevino
la Decena Trágica, después de la cual el traidor Huerta sustituyó al
doctor Alfonso Pruneda (que era maderista) en la dirección de la
Escuela de Altos Estudios por el doctor Ezequiel A. Chávez, quien
la había diseñado junto con Sierra en 1910, con lo que en teoría se
hizo posible la restauración del plan original. Pero en su discurso
inaugural Chávez habló en términos defensivos, señalando que

los tiempos habían cambiado y que ahora la función principal de
la Escuela de Altos Estudios sería formar buenos profesores universitarios; de la impartición de cursos altamente especializados y
de investigación científica original ya no dijo nada.

La Escuela de Altos Estudios sufrió rápidamente una metamorfosis y se convirtió en una Escuela de Humanidades, en donde
por primera vez se escucharon los nombres de las siguientes asignaturas y de sus respectivos profesores: estética por Caso, ciencia
de la educación por Chávez, literatura francesa por González Martínez, literatura inglesa por Henríquez Ureña, lengua y literatura
españolas por Reyes, entre otras. Entre los alumnos que asistieron
a esta nueva Escuela de Humanidades se encontraron Antonio
Castro Leal, Manuel Toussaint, Alberto Vázquez del Mercado,
Xavier Icaza, Manuel Gómez Morín y Vicente Lombardo Tole-
dano; algunos, años después serían conocidos como los "Siete
Sabios". De esta manera la Escuela de Altos Estudios de la Universidad Nacional se convirtió, de una institución (quizá la primera
en nuestro país) potencialmente capaz de constituirse en centro de
investigación científica no dirigida, en dependencia universitaria
dedicada a la enseñanza de las humanidades.

El Ateneo de la Juventud todavía creó otro frente más para
divulgar la cultura humanística, esta vez no dentro sino fuera de la
Universidad Nacional y dirigido a un público muy diferente. Reyes lo describe como sigue:

> Un secreto instinto nos dice que pasó la hora del Ateneo. El cam-
> bio operado a la caída del régimen nos permitía la acción en otros
> medios. El 13 de diciembre de 1912 fundamos la Universidad Po-
> pular, escuadra volante que iba a buscar al pueblo en sus talleres
> y en sus centros, para llevar, a quienes no podían costearse es-
> tudios superiores ni tenían tiempo de concurrir a las escuelas,
> aquellos conocimientos ya indispensables que no cabían, sin
> embargo, en los programas de las primarias. Los periódicos nos
> ayudaron. Varias empresas nos ofrecieron auxilio. Nos obligamos
> a no recibir subsidios del Gobierno. Aprovechando en lo posible

los descansos del obrero o robando horas a la jornada, donde lo
consentían los patrones, la Universidad Popular continuó su obra
por diez años; hazaña de la que pueden enorgullecerse quienes la
llevaron a término. El escudo de la Universidad Popular tenía por
lema una frase de Justo Sierra: "La Ciencia Protege a la Patria".

La satisfacción de Reyes está plenamente justificada, ya que la
Universidad Popular programó dos o tres conferencias semanales
que no sólo se dieron con gran constancia y por nombres tan ilustres como Alfonso Caso, Erasmo Castellanos Quinto, Antonio Castro Leal, Ezequiel A. Chávez, Carlos González Peña, Federico Mariscal y Pedro Henríquez Ureña, entre muchos otros, sino que
algunas tuvieron gran impacto ulterior, como las de Mariscal sobre la arquitectura novohispana, pues a partir de ellas se generó la
Ley de Conservación de Monumentos Históricos y Arqueológicos.
Sin embargo, a juzgar por la lista de los conferencistas y de los temas de sus presentaciones, el lema más apropiado del escudo de
la Universidad Popular debió ser: "Las Humanidades Protegen a la
Patria", pero esto no fue lo que dijo ni lo que pensó Justo Sierra.

El episodio de la fundación de la Escuela de Altos Estudios de
la Universidad Nacional, con sus raíces en el positivismo y sus
aspiraciones a patrocinar la investigación científica no utilitaria o
dirigida exclusivamente a resolver problemas tecnológicos específicos, es quizá la primera manifestación del espíritu de la ciencia
moderna en nuestro país. Con su proyecto, Justo Sierra y Ezequiel
A. Chávez elevaron su visión más allá del concepto habitual de
la ciencia como taller sofisticado de reparación de automóviles, y la
situaron en el nivel que le corresponde, como actividad caracterís-
ticamente humana que pretende satisfacer una necesidad esencial
del *homo sapiens*: entender la realidad, conocer o saber. En su *Metafísica*, Aristóteles empieza diciendo: "Por su naturaleza, el hombre
desea saber..."

El I Congreso Científico Mexicano

En la sesión ordinaria de la Sociedad Científica Antonio Alzate, celebrada el 4 de septiembre de 1911, el miembro de número Alfonso L. Herrera presentó una iniciativa para celebrar el I Congreso Científico Mexicano, aprobada en la sesión del 4 de diciembre de ese mismo año. En esas fechas el presidente Díaz ya había renunciado, De la Barra era presidente interino, Madero se encontraba haciendo campaña para las elecciones presidenciales en los estados de Puebla, Veracruz y Yucatán, el ejército federal combatía en el estado de Morelos a los zapatistas y se rumoraba que el general Bernardo Reyes pretendía levantarse en armas. El 15 de octubre de ese año se celebraron las elecciones en que triunfaron Madero y Pino Suárez, quienes tomaron posesión de sus cargos el siguiente 6 de noviembre.

El movimiento revolucionario antirreeleccionista encabezado por Madero —que terminó con la renuncia del presidente Díaz el 22 de mayo del mismo año de 1911—, la inquietud social desatada por el final de los 30 años del porfiriato, la incertidumbre sobre las elecciones y el desempeño de las nuevas autoridades políticas, no influyeron en la decisión de la Sociedad Científica Antonio Alzate de organizar un congreso científico nacional. Es obvio que ni los miembros de esa corporación ni nadie más en el país se dieron cuenta de la realidad y de la magnitud del conflicto que se estaba generando, de su duración y de lo que finalmente iba a costarle a México. Por eso no es aceptable considerar a la Sociedad Científica Antonio Alzate como insensible o indiferente a los acontecimientos de la vida política nacional cuando planeó y llevó a cabo su I Congreso Científico Mexicano; en esos momentos nadie sabía que se estaba creando una bomba que estallaría dos meses después con la Decena Trágica de febrero de 1913. Y ello, además, sólo sería el principio de otro episodio, el más complejo, violento y prolongado de los que, en conjunto, finalmente se conocieron como la Revolución mexicana. De hecho, los organizadores tenían conciencia de que los tiempos no eran los más favorables para realizarlo;

en el discurso de clausura, el doctor Alfonso Pruneda, presidente
del I Congreso, señaló:

> Nuestro carácter nacional pudo en ciertos momentos hacernos
> dudar del éxito de la asamblea; algunos creyeron, sobre todo, que
> las condiciones lamentables por las que ha atravesado el país eran
> incompatibles con la reunión de un congreso científico. La Comi-
> sión Organizadora (y permítanme ustedes que diga que especial-
> mente quien tuvo la honra de presidirla) nunca compartió esa
> pesimista opinión. Por el contrario, creyendo que, sobre todo, en
> estas tristes circunstancias deberían los mexicanos dar una mues-
> tra de cultura que repercutiera en el extranjero, no escatimó nin-
> gún esfuerzo que tendiera a la realización de la idea.

En las bases para la celebración del I Congreso se indica que los
subsecuentes serán cada tres años, que las sesiones se llevarán a
cabo en la Escuela Nacional Preparatoria, que durante la reunión
habrá otras actividades como visitas a museos y a exposiciones de
aparatos científicos y (con el espíritu expansivo y optimista que
caracteriza a los congresos), añade: "Se iniciará la creación de nuevos institutos, museos, cátedras, laboratorios, bibliotecas, edificio
para sociedades científicas, oficinas de distribución de publicaciones, la protección de especies útiles y de riquezas y monumentos
naturales, pensiones vitalicias, etcétera".

La inscripción en el I Congreso costó cinco pesos a los participantes y dos a sus familiares, las presentaciones no podían exceder
los 20 minutos, las discusiones se limitaban a cinco minutos por
participante (con 10 minutos de réplica para el ponente), y todo el
material presentado en el I Congreso pasaba a ser propiedad de la
Sociedad Científica Antonio Alzate. El I Congreso comprendió ocho
secciones diferentes: 1) Filosofía, que incluía Psicología, Lógica y
Moral; 2) Sociología, que agrupaba Estadística, Economía Política, Derecho y Administración, y Enseñanza y Educación; 3) Lingüística y Filología; 4) Ciencias Matemáticas, que comprendía
Matemáticas Puras, Astronomía y Geodesia; 5) Ciencias Físicas,

con Física, Química y Físico-Química; 6) Ciencias Naturales, con Mineralogía, Petrografía, Geología y Paleontología, Meteorología y Magnetismo Terrestre, Botánica, Zoología, Antropología y Etnología, Biología y Plasmogenia; 7) Ciencias Aplicadas, incluyendo Medicina y Farmacia, Minería, Agricultura, Ingeniería Civil, Militar y Naval, y Arquitectura; 8) Geografía, Historia y Arqueología. Se inscribieron 229 participantes, de los que 89 eran ingenieros, 29 médicos, 19 abogados, 33 profesores, etcétera, y se presentaron 92 trabajos. Los temas tratados fueron 16 de antropología y arqueología, 12 de medicina, 10 de educación, nueve de geografía, y el resto de tópicos diversos como química, astronomía y filología.

A la sesión solemne de apertura, celebrada el 9 de diciembre de 1912, asistió el presidente Madero y la conferencia inaugural la dictó el vicepresidente del I Congreso, el doctor Alfonso L. Herrera, sobre "La ciencia como factor primordial en el desarrollo de las naciones" (con proyecciones); hubo otras cuatro conferencias magistrales al día siguiente. En su discurso de clausura, el doctor Pruneda dijo lo siguiente:

> Deseoso de fomentar la investigación científica, el I Congreso ha iniciado que los laboratorios oficiales se abran a los investigadores llamados "libres" y que la Universidad Nacional, que entre otros fines persigue el adelanto de la ciencia, suministre auxilios pecuniarios y recompensas a esos investigadores. Convencido igualmente el I Congreso de que las bibliografías desempeñan en el desarrollo de las ciencias un papel muy importante, excitará respetuosamente a la Secretaría de Instrucción Pública y Bellas Artes a que, a la mayor brevedad, se instale el Instituto Bibliográfico Mexicano, organizándolo de acuerdo con los adelantos alcanzados en esa materia. Y, por último, teniendo en cuenta la situación que guardan la mayor parte de nuestras sociedades científicas y reconociendo el papel que han desempeñado y seguirán desempeñando indudablemente en el progreso del conocimiento entre nosotros, la asamblea ha expresado su deseo de que dichas corporaciones tengan su edificio propio, solicitando la ayuda del Go-

bierno para la realización de esta idea que tanto ha de influir en el progreso científico de México.

Conviene señalar que en este párrafo se mencionan tres aspectos cruciales para el desarrollo de la ciencia que se fueron atendiendo poco a poco a lo largo de todo el siglo xx: primero, con la formación de investigadores de tiempo completo en el Instituto de Salubridad y Enfermedades Tropicales, en 1939, y de profesores de carrera; después, de investigadores en la UNAM, en 1954, con apoyos a la investigación concedidos por UNAM, IPN y otras instituciones públicas de educación superior, INIC y Conacyt, y las sedes concedidas por el IMSS a las Academias Nacionales de Medicina y Cirugía, en el Centro Médico Nacional y en el Centro Médico Siglo XXI, y por el gobierno federal a la Academia Mexicana de Ciencias. En cambio, el Instituto Bibliográfico Mexicano sigue esperando su creación.

La calidad científica de la mayor parte de los trabajos presentados en el I Congreso Científico Mexicano, comparada con la de la ciencia mexicana de esa época, resulta no sólo menor sino poco representativa. Llama la atención que disciplinas tan avanzadas como la botánica o la astronomía hayan presentado sólo una y dos ponencias, respectivamente, al igual que la minería, que también sólo inscribió dos trabajos. De igual manera, sorprende que no haya habido una sola contribución en matemáticas, y física y lógica sólo hayan concurrido con un par de presentaciones cada una, cuando estas disciplinas eran consideradas como las más importantes en la ciencia positivista. Quizá parte de la explicación se encuentre en la lista de las 15 instituciones representadas oficialmente en el I Congreso, que aunque incluye a la Academia Nacional de Bellas Artes, a la Escuela Nacional de Altos Estudios, al Instituto Geológico Nacional, al Museo Nacional de Historia Natural y a las Sociedades de Ingenieros y Arquitectos, Astronómica, Geológica Mexicana y de Geografía y Estadística, también menciona a la Escuela Normal Primaria para Maestros, a la Escuela Particular de Agricultura de Ciudad Juárez, y al arzobispo de Michoacán, cuyas relaciones con la ciencia serían, cuando más, remotas; en cambio no figuran la Academia Nacional de Medicina, el Real Colegio de Minería, los institutos Médico Nacional, Patológico y Bacteriológico, la Sociedad Mexicana de Historia Natural, el Observatorio, la Sociedad de Química, la Academia de Ciencias Exactas y otras más. Finalmente, sólo estuvieron representados los gobiernos de tres estados de la República: Guanajuato, México y San Luis Potosí.

Si los resultados del I Congreso Científico Mexicano se juzgan a partir de sus objetivos y recomendaciones, la conclusión es decepcionante. En efecto, se propuso inicialmente que se realizarían congresos subsecuentes cada tres años, pero los acontecimientos políticos lo impidieron. De todas las conclusiones, la única que se llevó a cabo fue el cambio de la vacuna antivariolosa humana por la animal, pero esta decisión ya había sido tomada desde meses antes de la celebración del I Congreso y los trabajos se encontraban muy adelantados en el Instituto Bacteriológico bajo la dirección del doctor Ángel Gaviño. Las demás recomendaciones, incluidas profilaxis de lepra, exámenes médicos escolares, educación maternal para disminuir la mortalidad infantil, mayor atención a indígenas, creación de la carrera de investigador, mayor apoyo a sociedades médicas, ampliación de la red pluviométrica y más estaciones meteorológicas, además de la creación del Instituto Bibliográfico Mexicano, no fueron atendidas: ya se gestaba el levantamiento en armas casi inmediato contra el gobierno del presidente Madero, seguido por la Decena Trágica y la usurpación huertista, que desencadenó la Revolución armada, primero en el norte y después en todo el país. Varias de las recomendaciones sólo empezaron a llevarse a cabo concluido el movimiento armado nacional, especialmente durante la presidencia de Lázaro Cárdenas; otras mucho después, y algunas todavía están pendientes.

Puede sugerirse que el I Congreso Científico Mexicano no tuvo gran impacto en el desarrollo ulterior de la ciencia del país, debido a que se realizó justo antes de que estallara el movimiento social que intentó cambiar la estructura decimonónica del mundo porfiriano por otra que tardó por lo menos 20 años en definirse y que no ha resultado muy diferente. Pero es muy probable que sin la Revolución el I Congreso tampoco hubiera tenido mayor influencia en el crecimiento científico de México, porque no parece haber sido representativo del estado real de las distintas disciplinas que se cultivaban en esa época en el país, por lo menos de varias de ellas. Ya se mencionó la ausencia de ciertos grupos científicos organizados y de sus respectivas ramas de la ciencia en el programa, así como de varias figuras científicas eminentes, lo que resultó en una calidad mediocre, o por lo menos no del nivel de excelencia que podía haber mostrado. Quizá todo haya sido un problema de tiempo y en congresos subsecuentes la cobertura podría haber sido más amplia, con la incorporación cada vez de más sociedades científicas y más investigadores. Pero también es posible que otros factores hayan influido en la respuesta tan limitada de instituciones y científicos mexicanos a la convocatoria lanzada por la Sociedad Científica Antonio Alzate para realizar el I Congreso Científico Mexicano.

La Revolución mexicana y la ciencia

La Revolución mexicana se inició en noviembre de 1910, primero como una protesta contra la anunciada (y finalmente cumplida) sexta reelección del presidente Díaz. Casi 20 años y medio millón de muertos después, la Revolución armada terminó con el asesinato del presidente Obregón, abatido cuando también acababa de reelegirse. En las dos décadas transcurridas entre la rebelión maderista de 1910 y la presidencia provisional de Portes Gil, en 1928-1930, cuando finalmente se alcanzó la paz (una paz relativa, que sólo *a posteriori* se supo que había llegado y desde entonces ha sufrido descalabros locales, como la guerra cristera, Lucio Cabañas, la Liga 23 de Septiembre, el EZLN y el EPR), en México hubo cerca de 60 levantamientos en armas y 12 presidentes o jefes de gobierno. En la primera mitad del año 1915 el país tuvo en forma simultánea tres o cuatro gobiernos (constitucionalistas, convencionistas, villistas y, brevemente, zapatistas); además, entre 1913 y 1923, los principales caudillos del movimiento (Madero, Carranza, Villa y Zapata) murieron asesinados. En esa década el país estuvo luchando por encontrar una estructura política y social satisfactoria para las distintas facciones en pugna, lo que no sólo afectó en forma grave y directa a algunas de las instituciones científicas ya establecidas, sino que además impidió el surgimiento y desarrollo de muchas otras necesarias para impulsar el crecimiento y la diversificación económica, social y cultural de la nación.

El 6 de septiembre de 1915, el presidente Carranza firmó un decreto clausurando el Instituto Médico Nacional, por considerarlo: "...no prioritario a los intereses de la Nación, que pasa ahora por momentos difíciles..." De esta manera, un plumazo presidencial terminó con 27 años de vida de la institución (fundada en 1888), una de las primeras no sólo en la historia de México sino de toda América Latina, formalmente dedicada a la investigación científica de problemas biomédicos importantes para el país. La misma suerte habían corrido ya varias otras dependencias igualmente relacionadas con la ciencia y con la cultura en general, como el Instituto Patológico Nacional, cerrado el 7 de octubre de 1913, y el Instituto Bacteriológico Nacional, clausurado el 10 del mismo mes, cuando el presidente Carranza todavía estaba en la ciudad de México. La Academia Nacional de Historia fue suprimida el 7 de septiembre de 1914, y la Academia Nacional de Bellas Artes, la Biblioteca Nacional y el Museo de Arqueología, Historia y Etnología el 7 de agosto de 1915, por disposición del Cuartel General del Ejército de Oriente, que entonces ocupaba la ciudad de México.

Estos frenos directos al desarrollo de la ciencia y de la cultura del país no fueron producto de alguna animadversión específica del presidente Carranza contra las ciencias y las humanidades (no existe información sobre su postura o la de sus colaboradores más cercanos frente a las actividades científicas o humanísticas, si es que tenían alguna), sino que seguramente traduce una escala de prioridades muy generalizada entre los políticos de todas partes y de todos los tiempos, que desde siempre le han asignado un papel muy secundario al trabajo creativo, tanto científico como artístico, sobre todo en épocas de crisis social y/o económica. Siguiendo el lema de: "Atender antes lo urgente que lo importante", las autoridades políticas han definido lo "urgente" como lo que les interesa más a ellas en función de sus conocimientos y proyecciones personales y/o partidarias, mientras lo "importante" se ha quedado en el limbo.

El cierre del Instituto Médico Nacional el 6 de septiembre de 1915 no implicó la desaparición del organismo sino más bien un cambio de nombre, objetivos y adscripción. El edificio, las instalaciones y la mayor parte del personal pasaron a formar parte de la nueva Dirección de Estudios Biológicos de la Secretaría de Fomento, inaugurada poco menos de un mes después de la clausura del instituto. El discurso de apertura fue pronunciado por su nuevo director, el doctor Alfonso L. Herrera, quien ese día (2 de octubre de 1915) dijo: "...puede considerarse como un vigoroso, inesperado y soberbio producto de mutación del extinguido Instituto Médico Nacional". Este episodio tiene otras resonancias ligadas a la personalidad del doctor Herrera, pero las decisiones del presidente Carranza parecen haber obedecido a que las instituciones científicas y la propia Universidad Nacional no vieron con malos ojos al gobierno del usurpador Victoriano Huerta. Éste había sido recibido con honores en una visita que hizo al Instituto Bacteriológico Nacional. El presidente Carranza tampoco tenía grandes simpatías por los médicos: Aureliano Urrutia había sido ministro de Gobernación durante el gobierno de Huerta, Ángel Gaviño senador en el mismo periodo, Eduardo Liceaga (médico del presidente Díaz) conservó la dirección del Consejo de Salubridad, etcétera. Pero el hecho histórico es que en los años que Carranza presidió el país, la ciencia y la cultura fueron las más mal tratadas, quizá porque "...no eran prioritarias para el país, que atraviesa momentos difíciles..."

Otro ejemplo ilustrativo es el de la Comisión Geográfico-Exploradora, fundada en 1877 por el ministro de Fomento, Vicente Riva

Palacio, para elaborar planos de México, y que a fines del siglo XIX ya era una gran institución, con sede en un edificio propio en la ciudad de Xalapa; para entonces ya había publicado cientos de cartas geográficas a la escala de 1: 100 000, y en 1907 su sección de Historia Natural se convirtió en entidad autónoma con el nombre de Comisión Exploradora de la Fauna y de la Flora Nacionales. Cuando se inició el movimiento armado, los miembros de la comisión, en su mayoría militares, fueron llamados al ejército federal y en 1912, al ser electo Madero primer presidente de la Revolución, nombró al director de la comisión, el general Ángel María Peña, ministro de Guerra. Aunque la comisión revivió al subir al poder el usurpador Huerta (quien había sido ingeniero topógrafo en ella), al abolirse el ejército federal en 1914 prácticamente se acabó, el edificio de Xalapa lo ocupó el general Cándido Aguilar y los materiales primero se trasladaron a Tacubaya y posteriormente llegaron, ya muy mermados, a formar parte del nuevo Museo de Historia Natural.

La Revolución y la Universidad

La Universidad Nacional, fundada en 1910 por Justo Sierra, apenas dos meses antes de que se iniciara la revolución maderista, no era una institución comparable, por dimensiones e influencia cultural sobre la sociedad mexicana, con la antigua Real y Pontificia Universidad de México. Más bien era una modesta oficina presidida por un rector con cierta autoridad, más administrativa que académica, sobre las antiguas escuelas profesionales de Jurisprudencia, Ingeniería, Medicina y Bellas Artes (sólo Arquitectura), y sobre la Escuela Nacional Preparatoria y la recién establecida Escuela de Altos Estudios. Tanto la rectoría como las demás dependencias universitarias recibían indicaciones de la Secretaría de Instrucción Pública mediante su Sección Universitaria. Con todo, bajo la protección de su fundador Justo Sierra, entonces secretario de Instrucción Pública y Bellas Artes, los auspicios para la Universidad no eran malos, y con la nueva reelección del presidente Díaz en puerta, parecía tener garantizada su estabilidad. De acuerdo con su proyecto inicial, la Universidad estaba destinada a continuar siendo una dependencia de la Secretaría de Instrucción Pública y a atender sólo al sector más privilegiado de la sociedad. Sin embargo, la Revolución cambió este panorama en forma radical y la Universidad pasó por peripecias que terminaron transformándola, tanto en su relación con el Estado como en su proyección social.

Uno de los primeros embates que sufrió la Universidad fue en 1913, cuando Nemesio García Naranjo (miembro del Ateneo de la Juventud), recién nombrado titular de la Secretaría de Instrucción Pública por el usurpador Huerta, eliminó todos los restos de positivismo del plan de estudios de la Escuela Nacional Preparatoria. Los positivistas Agustín Aragón y Horacio Barreda, opuestos a la fundación de la Universidad en 1910 (por ser "una institución de la etapa metafísica del desarrollo humano, que ya estaba superada en México"), presentaron en la Cámara de Diputados una iniciativa para abolir a la Universidad y a la Escuela de Altos Estudios, alegando que los recursos deberían aprovecharse para mejorar la educación primaria. Esta iniciativa no progresó, pero Aragón y Barreda volvieron a presentarla el año siguiente, provocando un debate en el que Alfonso Cabrera, Félix F. Palavicini y otros legisladores defendieron la permanencia de las instituciones universitarias. De todos modos, el episodio revela hasta dónde era precaria la vida de la Universidad en sus primeros años.

En ese mismo año, el 30 de septiembre se publicó un decreto que reformó la Ley de la Universidad y el secretario de Instrucción Pública, Félix F. Palavicini, con el apoyo de varios profesores universitarios, como Manuel Toussaint, Antonio Caso, Ezequiel A. Chávez, Manuel Gamio, Genaro Fernández MacGregor y otros más, redactó el primer proyecto de ley para darle autonomía a la Universidad; incluso fue firmado en 1915 por el presidente Carranza, que entonces había trasladado la sede del gobierno federal de la ciudad de México a Veracruz, pero otra vez los acontecimientos impidieron que el proyecto progresara.

El 5 de febrero de 1917 se promulgó la Constitución, que plasmó las aspiraciones políticas y sociales de varios grupos revolucionarios pero no de todos, especialmente de los zapatistas. Los cambios en las estructuras del gobierno involucraron a la Universidad, no siempre en forma positiva, porque la institución había crecido con la incorporación de la Biblioteca Nacional y de la Escuela Nacional Odontológica, en 1914; además, se suprimió la Secretaría de Instrucción Pública y se creó el Departamento Universitario y de Bellas Artes, del que sería titular el rector de la Universidad Nacional y dependería directamente de la Presidencia de la República; la Escuela Nacional Preparatoria, junto con los institutos y museos universitarios, pasó a formar parte del gobierno del Distrito Federal. El descontento por estas disposiciones, no consultadas con los universitarios, fue muy amplio y dio lugar a que Antonio Caso, con los demás Siete Sabios, fundara la Escuela Preparatoria Libre, que al año siguiente fue aceptada como parte de la Escuela de Altos Estudios de la Universidad Nacional.

Con el asesinato del presidente Carranza el 21 de mayo de 1920, en Tlaxcalantongo, Puebla, y el nombramiento de Adolfo de la Huerta como presidente interino, José Vasconcelos llegó a la rectoría de la Universidad (a los 38 años de edad). Ahí permaneció 14 meses, antes de ser titular de la Secretaría de Educación, de donde salió a principios de 1924, o sea al completar 36 meses, por lo que puede concluirse que Vasconcelos estuvo a cargo de la educación en México poco más de cuatro años. Sin embargo, en ese breve lapso llevó a cabo una amplia serie de acciones que tuvieron gran trascendencia para el futuro de la educación en el país. En relación con la Universidad, estableció la Escuela de Verano y el Departamento de Intercambio y Extensión Universitaria (con Pedro Henríquez Ureña como director); reintegró la Escuela Nacional Preparatoria a la Universidad; decretó la exención del pago de cuotas a alumnos pobres; arrancó la campaña nacional contra el analfabetismo e incluyó a las mujeres en ella; promovió las instrucciones sobre higiene y aseo personal; inició el vasto programa editorial después continuado en la Secretaría de Educación; patrocinó

el desarrollo del Congreso Internacional de Estudiantes (inaugurado en el Anfiteatro Bolívar el 20 de septiembre de 1921); contrató
la decoración mural del edificio de la Escuela Nacional Preparatoria con los mejores artistas de su tiempo, como Diego Rivera, José
Clemente Orozco, Fernando Leal, Jean Charlot y otros más, y dotó
a la Universidad con un escudo y un lema que, como otras muchas
de sus iniciativas, buenas y no tan buenas, todavía persisten. Debe
señalarse que ni como rector de la Universidad ni como secretario
de Educación, Vasconcelos mostró interés alguno en la ciencia; de
hecho, como miembro del Ateneo de la Juventud, su postura fue
claramente anticientífica, y la conservó cada vez más abierta y definida durante toda su vida.

El 1 de octubre de 1924, la Escuela de Altos Estudios se dividió
en Facultad de Filosofía y Letras, Facultad de Graduados y Escuela Normal de Maestros. Esta división obedeció a uno de los últimos decretos del presidente Obregón, leído en el Consejo Universitario cuando el general Calles ya ocupaba la Presidencia de la
República. En 1925 el gobierno estableció la Escuela Secundaria,
con lo que la Escuela Nacional Preparatoria perdió los tres primeros años de su ciclo escolar; sólo permaneció de ese modo la Escuela de Iniciación Universitaria, ubicada en el plantel 2 de la
preparatoria. En 1928 ocurrió la crisis política desencadenada por
el asesinato del recién reelecto presidente Obregón, que se resolvió
con el nombramiento de Portes Gil como presidente interino al
terminar el mandato presidencial del general Calles. El presidente
Portes Gil nombró a Ezequiel Padilla secretario de Educación y a
Antonio Castro Leal rector de la Universidad Nacional. Éstas fueron las autoridades que se enfrentaron al conflicto universitario,
iniciado en la Escuela de Jurisprudencia pero que se extendió a
toda la Universidad y culminó con la publicación de la Ley Orgánica de la Universidad el 26 de julio de 1929. En esta ley se concedió la autonomía (parcial) a la institución, que dejó de depender
de la Secretaría de Educación. El desarrollo ulterior de la estructura y la legislación universitarias ya no refleja influencias directas de la Revolución en la institución académica, pero es de im

portancia central para la historia de la ciencia en México en el siglo
XX: la UNAM ha sido uno de los principales escenarios del desarrollo científico del país, por lo que seguirá apareciendo en estas
páginas.

UNA PARADOJA HISTÓRICA

Existe una paradoja histórica en las actitudes del porfiriato, por un
lado, y de los gobiernos surgidos de la Revolución, por el otro,
respecto al apoyo proporcionado al desarrollo de la ciencia y de la
vida cultural del país. Mientras don Porfirio y sus colaboradores
inauguraron y patrocinaron una serie de instituciones científicas y
académicas como el Instituto Médico Nacional (1888) y la Universidad Nacional (1910), para mencionar sólo a dos de ellas, establecidas la primera a principios del régimen y la otra en sus postrimerías, los gobiernos revolucionarios clausuraron varias de estas
instituciones y estorbaron, interfirieron o ignoraron durante años
a la Universidad Nacional.

En un texto escrito en 1924 titulado "La influencia de la Revolución en la vida intelectual de México", Henríquez Ureña hace un
breve pero sustancioso resumen de su visión sobre el proceso; el
interés de este escrito estriba en que su autor no sólo fue testigo,
sino participante activo del impacto del movimiento revolucionario en la vida intelectual del país. La situación la describe como
sigue:

> El nuevo despertar intelectual de México, como de toda la Améri-
> ca Latina en nuestros días, está creando en el país la confianza de
> su propia fuerza espiritual. México se ha decidido a adoptar la
> actitud de discusión, de crítica, de prudente discernimiento, y no
> ya de aceptación respetuosa, ante la producción intelectual y ar-
> tística de los países extranjeros; espera, a la vez, encontrar en las
> creaciones de sus hijos las cualidades distintivas que deben ser la
> base de una cultura original.

El preludio de esta liberación está en los años de 1906 a 1911. En aquel periodo, bajo el gobierno de Díaz, la vida intelectual de México había vuelto a adquirir la rigidez medieval, si bien las ideas eran del siglo xix, "muy siglo xix". Toda *Weltanschauung* estaba predeterminada, no ya por la teología de Santo Tomás o de Duns Escoto, sino por el sistema de las ciencias modernas interpretado por Comte, Mill y Spencer; el positivismo había reemplazado al escolasticismo en las escuelas oficiales, y la verdad no existía fuera de él. En teoría política y económica, el liberalismo del siglo xviii se consideraba definitivo. En la literatura, a la tiranía del "modelo clásico" había sucedido la del París moderno. En la pintura, en la escultura, en la arquitectura, las admirables tradiciones mexicanas, tanto indígenas como coloniales, se habían olvidado: el único camino era imitar a Europa.

A continuación, Henríquez Ureña relata la rebelión del Ateneo de la Juventud en contra del positivismo imperante, la transformación de la Escuela de Altos Estudios en una escuela de Filosofía y las labores de la Universidad Popular Mexicana. Respecto a la Revolución, dice lo siguiente:

Entre tanto, la agitación política que había empezado en 1910 no cesaba, sino que se acrecentaba de día en día, hasta culminar en los años terribles de 1913 a 1916, años que hubieran dado fin a toda vida intelectual a no ser por la persistencia en el amor de la cultura que es inherente en la tradición latina. Mientras la guerra asolaba al país, y hasta los hombres de los grupos intelectuales se convertían en soldados, los esfuerzos de renovación espiritual, aunque desorganizados, seguían adelante. Los frutos de nuestra revolución filosófica, literaria y artística, iban cuajando gradualmente.

No hay en este texto ninguna mención al impacto de la Revolución en la ciencia. Desde luego, como miembro distinguido del Ateneo de la Juventud (el "Sócrates" del grupo), Henríquez Ureña era anticientífico, por lo que nunca se le hubiera ocurrido que la ciencia pudiera formar parte de la vida intelectual de México. De todos modos, igualar al positivismo reinante durante el porfiriato con la ciencia en general revela hasta dónde se puede deformar una postura filosófica con objeto de promover otra, en apariencia opuesta. Si bien los positivistas lograron desplazar a la filosofía escolástica de su tradicional prevalencia en los medios académicos e intelectuales para colocar en su sitio a la ciencia, lo último con lo que puede compararse su postura de rechazo de la metafísica es con el cese de toda otra doctrina, característico del Medioevo dominado por santo Tomás de Aquino. Lo que el positivismo de Barreda y de Parra proclamaba no era que *todo* el conocimiento estuviera limitado al análisis empírico, objetivo y riguroso de la realidad, y que sólo incluyera lo que es verificable por nuestros sentidos, sino que el conocimiento *científico* sólo reconoce hechos reproducibles como única autoridad para decidir sobre su existencia y naturaleza. El positivismo nunca estuvo reñido con la literatura, las artes y las humanidades; baste señalar que Porfirio Parra, discípulo y heredero intelectual de Gabino Barreda, quien además fue director de la Escuela Nacional Preparatoria y de la Escuela de Altos Estudios, y autor del libro de texto *Nuevo sistema de lógica inductiva y deductiva*, también fue miembro de la Academia Mexicana de la Lengua y escribió una pieza teatral, *Lutero*, y una novela, *Pacotillas*. El positivismo se oponía a la metafísica como un método para obtener conocimiento *científico* de la realidad, postura con la que cualquier persona familiarizada con la naturaleza de la ciencia, positivista o no, seguramente estará de acuerdo.

Los intereses del Ateneo de la Juventud estaban en las humanidades y en las artes, y gracias a sus esfuerzos y a su tenacidad no sólo lograron sobrevivir a los "años terribles" de la Revolución sino que algunos de ellos, como Diego Rivera y Alfonso Reyes, hicieron contribuciones valiosas y permanentes a la pintura y a la literatura del país; en cambio, los trabajos de los filósofos, como Antonio Caso y José Vasconcelos, tuvieron una repercusión menor en su tiempo y no lograron trascenderlo. Por otro lado, la postura claramente anticientífica del Ateneo, y en algunos de ellos hasta irracional (como en el caso de Vasconcelos), contribuyó de manera variable y de acuerdo con la posición política que alcanzaron posteriormente, a retrasar el desarrollo de la ciencia en México.

LA UNAM Y LA CIENCIA EN MÉXICO

En la historia de la ciencia en México en el siglo XX la UNAM ocupa desde luego el sitio más importante. Surgida en las postrimerías del porfiriato como una estructura endeble y más bien administrativa que académica, la Universidad Nacional se integró gracias a la incorporación de varias instituciones docentes y científicas que existían aisladas desde la segunda mitad del siglo XIX, agregándose en su fundación una sola entidad nueva, la Escuela de Altos Estudios. Los primeros años de existencia de la Universidad fueron azarosos, e incluso estuvo en riesgo de desaparecer en más de una ocasión. A pesar de sus muchos problemas, tanto iniciales como a lo largo de toda su historia, en el transcurso del siglo XX la UNAM se transformó, de una pequeña oficina burocrática con mínima influencia en la escasa investigación científica que se hacía entonces en otras dependencias, en el principal centro científico académico no sólo de México sino de toda América Latina. Desde luego, hoy ya existen otras instituciones en el país que contribuyen al actual desarrollo de la ciencia, creadas a partir de 1937, año de fundación del Instituto Politécnico Nacional por el presidente Cárdenas; pero todavía a finales del siglo XX la UNAM tenía más institutos de investigación científica y más investigadores que todas las otras instituciones académicas del país juntas, y generaba más de 65 por ciento de toda la producción científica de México.

La Universidad Nacional se fundó el 24 de abril de 1910 y se inauguró el 22 de septiembre del mismo año, con una solemne ceremonia en la que se otorgaron doctorados *honoris causa* a un numeroso grupo de delegados de universidades extranjeras y a algunos políticos prominentes de la época, y en la que el episodio más importante fue el famoso discurso de Justo Sierra. El esquema inicial de la flamante Universidad era bien claro y constaba de tres partes: la primera era la enseñanza preparatoria, que entonces todavía era positivista, duraba seis años e incluía los tres que posteriormente (en 1925) se convirtieron en la educación secundaria; la segunda eran las escuelas propiamente profesionales y que culminaban con las licenciaturas en medicina, leyes, ingeniería y bellas artes (sólo arquitectura); la tercera era la Escuela de Altos Estudios, en donde se llevarían cursos especiales, se otorgarían grados académicos superiores y se haría investigación científica original, tanto científica como humanística. A pesar de su diseño racional, la Universidad enfrentó desde el principio graves problemas, algunos debidos a su propia estructura y otros a los acontecimientos iniciados apenas dos meses después de su fundación.

Al comenzar el derrumbe de su dictadura, el presidente Díaz cedió ante la presión de sus enemigos y remplazó a gran parte de sus colaboradores "científicos", entre ellos Justo Sierra, quien fue sustituido en la Secretaría de Instrucción Pública el 25 de marzo de 1911 por Jorge Vera Estañol; éste sólo duró dos meses en el cargo, pues con la caída de Díaz el presidente interino León de la Barra nombró al doctor Francisco Vázquez Gómez, quien a su vez fue remplazado seis meses después, con el triunfo del presidente Madero, por el vicepresidente Pino Suárez. Estos cuatro cambios en la máxima autoridad educativa del país en apenas año y medio reflejaban la inestabilidad política del momento y, en cierta forma, auguraban los trastornos más graves que ya se estaban gestando. Debe mencionarse que los universitarios, en general, no participaron de manera prominente en la revolución maderista y muchos de ellos se pronunciaron contra el presidente Madero; sobre todo los estudiantes eran partidarios del régimen de Díaz, al que añoraban porque les había proporcionado estabilidad y apoyado con ciertas concesiones, como el Casino del Estudiante. Además, después de la Decena Trágica y del asesinato de Madero y Pino Suárez por los esbirros del traidor Huerta, tanto los estudiantes como muchos profesores universitarios manifestaron su apoyo al usurpador, e incluso varios de éstos formaron parte del nuevo gobierno. Huerta anunció que aceptaría todas las decisiones emanadas de la Universidad e incluso nombró secretario de Instrucción Pública y Bellas Artes a Nemesio García Naranjo, miembro del Ateneo de la Juventud. Cuando éste procedió a eliminar los últimos vestigios del positivismo del plan de estudios de la Escuela Nacional Preparatoria, y a promulgar una nueva Ley de la Universidad Nacional, que separaba a la preparatoria de la Universidad, no hubo ninguna protesta. Tampoco la hubo cuando se militarizó a esta escuela, medida que fue un fracaso desde un punto de vista práctico, aunque la invasión estadunidense de Veraruz en 1914 provocó un renacimiento del nacionalismo y de los sentimientos antiyanquis estudiantiles.

La caída de Huerta en julio de 1915 y la llegada de las fuerzas constitucionalistas a la ciudad de México, con el general Obregón a la cabeza, cambiaron una vez más las relaciones entre la Universidad Nacional y el gobierno. Habían sido buenas con Díaz, malas con Madero, buenas con Huerta, y otra vez serían malas con Carranza, pero ahora por más tiempo (cinco años) y con un proyecto más claramente antiuniversitario. En efecto, Carranza favorecía la educación elemental, técnica e industrial, por encima de los estudios universitarios; también identificaba a la Universidad como un nido de antimaderistas y partidarios del usurpador Huerta, en lo que no estaba completamente equivocado. Pero además, su inalterable postura, revolucionaria y constitucionalista, también era anti-intelectual y anticientífica, como se demostró el 2 de octubre de 1914 al clausurar el Instituto Patológico Nacional; el 7 del mismo mes y año cesó a todos los empleados del Instituto Bacteriológico Nacional; el 7 de agosto de 1915 clausuró la Academia Nacional de Bellas Artes, la Biblioteca Nacional y el Museo de Arqueología, Historia y Etnología; el 6 de septiembre del mismo año ordenó el cierre (desde Veracruz) del Instituto Médico Nacional y al día siguiente suprimió la Academia Nacional de Historia.

El año 1915 fue catastrófico para el país y también para la Universidad, que permaneció cerrada en diferentes lapsos. Valentín

Gama fue nombrado rector (por segunda vez) y procedió a presentar un proyecto para abolirla junto con la Secretaría de Instrucción y remplazarlas por una Junta Directiva de Instrucción Pública. No prosperó la iniciativa porque a mediados de año los zapatistas ocuparon la capital, el rector renunció y se nombró titular de la Secretaría de Instrucción Pública al profesor Otilio Montaño, autor del Plan de Ayala. Como era de esperarse, el nuevo secretario favorecía la educación primaria para las clases más desposeídas del país y tenía muy poco interés en una institución elitista como la Universidad. Se obligó a varios profesores a renunciar por razones políticas, otros también dejaron sus cátedras por solidaridad, y se confiscó la Casa del Estudiante. Estos cambios fueron efímeros, pero los instituidos por el presidente Carranza a partir de agosto de ese mismo año tuvieron mayor vigencia.

La Constitución Política de 1917 incluyó medidas que transformaron por completo a la Universidad porfiriana de Justo Sierra: a la Secretaría de Instrucción Pública la sustituyó el Departamento Universitario y de Bellas Artes; la educación básica recayó en los municipios, y la media y superior en los estados. La Escuela Nacional Preparatoria, los museos e institutos de investigación se separaron de la Universidad, y las escuelas profesionales pasaron a pertenecer al Departamento Universitario y de Bellas Artes, que sólo actuaba en el Distrito Federal y en los Territorios Federales; el director de este departamento también sería rector de la Universidad. A pesar de las protestas de grupos universitarios, la Escuela Nacional Preparatoria dependió de la oficina de Educación Pública de la ciudad de México. En desafío al gobierno, algunos profesores de la Escuela de Altos Estudios fundaron una escuela preparatoria "libre", que funcionó en sus instalaciones hasta el año 1920, sostenida con el pago de colegiaturas, y además exigieron requisitos adicionales a los estudiantes de la preparatoria "oficial" que deseaban continuar sus estudios en las escuelas profesionales de la Universidad.

Éstos fueron enfrentamientos menores y, en general, el presidente Carranza logró la adhesión de la mayor parte de los universitarios, sobre todo por su espíritu latinoamericanista; además, su gobierno de reconstrucción ofrecía oportunidades de trabajo a distintos profesionistas, por lo que se hicieron modificaciones para incluir en la Universidad estudios de ciencias químicas, minería, petróleo, electricidad e ingeniería mecánica, que hasta entonces no estaban representados en la institución. Pero con la rebelión obregonista y el asesinato de Carranza, a mediados de 1920 el presidente interino Adolfo de la Huerta nombró jefe del Departamento Universitario y de Bellas Artes a José Vasconcelos, lo que de acuerdo con la ley vigente lo hacía también rector de la Universidad. Desde esa posición, Vasconcelos inició un proyecto multifacético y casi mesiánico para cambiar la naturaleza de todo el país ("...el alma de México...") mediante la educación; entre otras cosas, incluyó la creación de la Secretaría de Educación Pública, de la que fue el primer titular en el gobierno del presidente Obregón hasta julio de 1924, en que el conflicto en la Escuela Nacional Preparatoria lo obligó a renunciar; es decir, Vasconcelos estuvo al frente de la educación en México durante casi cuatro años. Sus varios proyectos incluyeron intensas campañas nacionales de alfabetización, construcción de escuelas, fundación de bibliotecas populares, creación de un nuevo tipo de maestro rural (misiones culturales), la "escuela activa", apoyo educativo a la reforma agraria y a otros problemas nacionales, vocación latinoamericana y antiyanqui, fe en los clásicos y en general en el libro, y un decidido impulso a las artes en todas sus manifestaciones (música, danza, teatro) y muy especialmente a la pintura mural. En cambio, Vasconcelos no hizo nada en favor de la ciencia, lo que no es de extrañar dados sus antecedentes como miembro del Ateneo de la Juventud, así como su inmensa arrogancia intelectual; su autoritarismo, su postura filosófica idealista, esotérica y católica (cercana al fanatismo), lo llevaron a escribir textos poco accesibles y hasta místicos, y años después a favorecer al nazismo, al franquismo y a otros sistemas políticos racistas y antidemocráticos.

Cuando la Universidad Nacional se fundó, en 1910, contaba con 10 instituciones afiliadas que hacían investigación científica:

Observatorio Astronómico Nacional, Observatorio Meteorológico, Comisión Geográfico Exploradora, Museo Nacional de Historia Natural, Instituto Geológico, Instituto Médico Nacional, Instituto Bacteriológico Nacional, Instituto Patológico Nacional, Museo Nacional e Inspecciones Generales de Monumentos Arqueológicos e Históricos. La lista es impresionante, pero en sus inicios era más producto de las buenas intenciones de Justo Sierra que reflejo de la realidad. A pesar de haber sido adscritas a la flamante Universidad, las instituciones mencionadas no tenían funciones académicas o docentes ni ligas científicas con ella; sus relaciones eran más bien tenues y puramente administrativas. Además, con la salida de Justo Sierra del gabinete del presidente Díaz, apenas dos meses después de fundada la Universidad, ya no pudo darle seguimiento a su proyecto. Después de la caída de Díaz se inició el desmantelamiento de la Universidad, ya que durante el régimen del usurpador Huerta perdió a la Escuela Nacional Preparatoria y, con el presidente Carranza, se cerraron gran parte de los institutos de investigación que tenía adscritos. Pero la mayor desintegración de la Universidad ocurrió con la Constitución de 1917, que le dejó un solo instituto de investigación, el de Biología. En 1923, la Escuela de Altos Estudios abrió cursos para el perfeccionamiento de maestros rurales y profesores de secundaria; ya no era necesario haber completado estudios profesionales para ingresar en ella. Se inscribieron 813 alumnos, casi todos maestros que querían el título de profesor especializado, inspector o director de escuela. De investigación científica ya no se hablaba en la Universidad, ni siquiera en conexión con la Escuela de Altos Estudios, que finalmente, en septiembre de 1924, desapareció al convertirse en la Facultad de Filosofía y Letras y las Escuelas de Graduados y Normal Superior, de la Secretaría de Educación.

El retorno de la ciencia a la Universidad se inició con la Ley Orgánica de 1929, que incorporó a la institución tres estructuras (aparte del Instituto de Biología): Biblioteca Nacional, Observatorio Astronómico e Instituto de Geología. La investigación científica empezó a formar parte de las funciones universitarias al mismo tiempo que la estructura de la institución se consolidaba, y naturalmente pasó por las mismas etapas de incomprensión inicial, de escasez de recursos, ausencia o modestia de instalaciones, incertidumbre sobre su legitimidad o relevancia, y hasta rechazo a su posible contribución al desarrollo de la sociedad. Entre 1930 y 1940, la única ciencia que parecía no sólo útil sino políticamente aceptable era la que hoy se conoce con el absurdo calificativo de "aplicada", que la mayor parte de las veces no es ciencia sino tecnología, o sea introducción o mejoría de procesos que aumentan la competitividad de empresas en los ámbitos nacional y/o internacional. Sin embargo, en 1933 se abrió el Instituto de Investigaciones Geográficas y en junio de 1936 el Consejo Universitario aprobó el segundo estatuto de su historia (el primero había sido aprobado dos años antes, durante la rectoría de Gómez Morín), en el que se señala la existencia de dos nuevos institutos, el de Investigaciones Sociales y el de Investigaciones Estéticas. En los breves dos años y medio (1938-1940) que el doctor Gustavo Baz fue rector de la Universidad, se creó la Facultad de Ciencias (1939) y se inauguraron los nuevos Institutos de Física (1938) y de Antropología (1940).

En esos tiempos empezaron a llegar a México los catedráticos e intelectuales españoles que debieron abandonar su país por la guerra civil, cuya profunda influencia en el desarrollo de la ciencia (y de muchas otras áreas) en nuestro país se relata en el apartado siguiente. Aquí basta señalar que participaron en la fundación y desarrollo de los institutos de Química (1941), Estudios Médicos y Biológicos (1941), Matemáticas (1942), Geofísica (1945) y muchos otros centros de investigación, tanto de ciencias como de humanidades, en la Universidad y en otras instituciones de educación superior de la capital y de los estados en la segunda mitad del siglo xx.

Los primeros nombramientos de investigadores de tiempo completo se dieron en México en 1939, al fundarse el Instituto de Salubridad y Enfermedades Tropicales, dependencia de la Secretaría de Salubridad y Asistencia. En noviembre de 1943, el Consejo Universitario aprobó el *Reglamento que crea la posición de profesor universitario de carrera,* el primero de su tipo en la institución, que desempeñó un importante papel en el desarrollo de la investigación científica en su seno. Además, para atender a los institutos de investigación ya existentes, en julio de 1944 se sentaron las bases de lo que más tarde serían los Subsistemas de Investigación Científica y de Humanidades en la Universidad, creando dos nuevos departamentos: de Investigación Científica, a cargo de Manuel Sandoval Vallarta, y de Humanidades, dirigido por Francisco Larroyo. Los primeros profesores de carrera titulares "A" se nombraron en 1947 y fueron Carlos Graef Fernández (físico), Alfonso Nápoles Gándara (matemático), Manuel Sandoval Vallarta (físico) y Ricardo Monges López (ingeniero), este último primer director de la entonces nueva (1939) Facultad de Ciencias. De acuerdo con el reglamento mencionado, el profesor de carrera no podía dar clases en otras instituciones, tener otras comisiones de investigación o empleos técnicos retribuidos fuera de la Universidad, o cargos públicos, y además tenía prohibido el ejercicio privado de su profesión.

Los científicos "transterrados"

La llegada a México de los científicos españoles, exiliados de su país a partir de 1937 como consecuencia de la guerra civil iniciada en 1936 y que culminó en 1939 con la derrota de la Segunda República, es uno de los episodios cruciales en la historia de la ciencia mexicana en el siglo xx. Su impacto es comparable (*toute proportion gardée*) al producido por las emigraciones de científicos europeos a los Estados Unidos y a Inglaterra en ocasión de las dos guerras mundiales que marcaron esa centuria (1914-1918 y 1939-1945). Fueron los responsables del enorme crecimiento y desarrollo actual de la ciencia en esos dos países. En relación con México, casi no hay área científica de las ya cultivadas en la década de los cuarenta (física, química, astronomía, matemáticas, botánica, fisiología, microbiología, etcétera) que no se haya beneficiado con la llegada de los científicos "transterrados", y algunas disciplinas que

todavía no existían entre nosotros se iniciaron y desarrollaron gracias a su presencia y trabajos. Pero además de estimular el desarrollo de ciertos campos de la ciencia y de iniciar otros, estos científicos españoles también contribuyeron de modo fundamental a la
profesionalización de la actividad académica, que hasta su llegada
a nuestro país era más bien un trabajo realizado por los científicos
mexicanos en los ratos que otras tareas mejor remuneradas les dejaban libres (docencia, administración, ejercicio profesional privado y hasta cargos públicos). Muchos de los científicos españoles
"transterrados" aceptaron desde el principio de sus trabajos en
México nombramientos de tiempo completo o hasta exclusivo, lo
que contribuyó a acelerar el cambio en la filosofía y en la práctica
de la ciencia que entonces se iniciaba en el país.

México casi siempre ha tenido una política (selectiva) de puertas abiertas a inmigrantes que desean vivir en nuestro país, pero
en el caso específico de los exiliados de la guerra civil española
éstas se abrieron de par en par, con una generosidad sin preceden-
tes y que no ha vuelto a repetirse. Debe tenerse presente que la Ley
General de Población de 16 de febrero de 1934 prohibía la inmigración a México de trabajadores remunerados, y sólo permitía el
ingreso de especialistas en sectores industrial, comercial de exportación y agrícola, así como de profesores solicitados por universidades u organismos oficiales, artistas de mérito y personas que, de
no ser aceptadas en el país, se verían expuestas a peligros irrepara-
bles. Esta ley excluye a profesionales que pudieran competir con
sus pares mexicanos, abogados, médicos, ingenieros, periodistas,
etcétera, y da preferencia a artesanos, pescadores, agricultores y
otros trabajadores calificados. Sin embargo, el presidente Cárdenas pasó por alto esa ley y autorizó el ingreso al país de *todos* los
refugiados españoles que lo solicitaron.

La historia de este episodio, en el que México realizó: "...uno
de los actos políticos más clarividentes de un gobierno de la República... ya que no sólo se pronunció radicalmente por la democracia, en un momento de ambigüedades sin fin por parte de las de-
mocracias occidentales, sino que hizo posible el cambio cualitativo

del nivel intelectual y cultural del país...", para los exiliados se inicia con muchos y terribles sufrimientos, muerte violenta de amigos y familiares, pérdida irreparable de su patria y destrucción de
un futuro que parecía tan cercano como positivo; con la angustia
de abandonar todo (excepto la dignidad), sin saber qué va a ocurrir
mañana, pero que después de semanas y hasta meses de zozobra e
incertidumbre, que muchos de ellos pasaron en campos de concentración franceses, continúa con una travesía del Atlántico y la
llegada a una patria nueva desconocida en donde hay hospitalidad, trabajo y esperanza; termina esta historia, para ellos y también para nosotros, con un triunfo permanente de la libertad, la
inteligencia, la cultura y la fraternidad hispanoamericana.

Desde que llegaron a México (entre 1937 y 1942), los exiliados
españoles se repartieron en el país y lo enriquecieron en muy diferentes áreas: economía, agricultura, ingeniería, educación, medicina, derecho, filosofía, literatura y otras humanidades, artes
gráficas, periodismo, música, antropología, arquitectura y, sobre
todo, ciencias. En este último renglón, aunque se ha calculado que
la guerra civil le costó a España un millón de muertos y el exilio
de medio millón de ciudadanos, repartidos en diferentes países de
Europa, Rusia y América Latina, y aunque a México deben haber
llegado entre 10 y 20 mil españoles refugiados, sólo 325 eran científicos, y la mayoría de ellos se quedaron en la ciudad de México,
en la UNAM y el IPN; un grupo pequeño se instaló en Morelia (por
poco tiempo) y algunos más llegaron a Monterrey, Tampico, Pachuca y otras ciudades del país.

Más de dos terceras partes de los científicos españoles eran
médicos e ingenieros; el resto estaba formado por farmacéuticos,
arquitectos, químicos y científicos "exactos" y "naturales". Eso explica que su mayor influencia se haya sentido en las ciencias biomédicas, biológicas y químicas, sin menoscabo de otras disciplinas
afines, como farmacia o antropología. Sin embargo, conviene subrayar que lo importante no fue la cantidad sino la *calidad* de los
científicos "transterrados", lo que explica la magnitud del impacto
positivo que tuvieron en el desarrollo de distintas disciplinas cien

tíficas, no sólo en México sino, en varios casos, en otros países de América Latina.

Una institución que contribuyó en forma importante a la labor positiva de los científicos y académicos españoles exiliados en México fue la Casa de España, fundada por el presidente Cárdenas en 1938. Presidida por Alfonso Reyes y con Daniel Cosío Villegas como secretario, la política de la Casa de España era muy clara: contratar a distinguidos científicos españoles exiliados para trabajar de tiempo completo en sus áreas de interés, creando al mismo tiempo las facilidades para que pudieran hacerlo en el seno de instituciones académicas mexicanas. El compromiso de los catedráticos contratados incluía su disponibilidad para dar cursos teórico-prácticos, no sólo en la capital sino en provincia, con la opción abierta a establecerse permanentemente en instituciones académicas foráneas, si así fuera el caso. La Casa de España cubría todos los gastos del proceso, desde pagar el viaje a México del científico español "transterrado" con su familia (cuando todavía no se encontraba en nuestro país), hasta cubrirle su sueldo, crearle el espacio físico para trabajar y conseguirle equipo, financiamiento de colaboradores y hasta de los insumos necesarios para mantener activo su laboratorio. Además, el programa incluía la previsión de que en un futuro no definido pero cercano, la Universidad y otras instituciones de educación superior beneficiadas adoptaran como propios a profesores, laboratorios y demás facilidades creadas de esa manera. La Casa de España (que en 1940 se transformó en El Colegio de México) cumplió ese programa con gran visión, generosidad y profesionalismo; pero por muy poco tiempo, porque a partir de 1942 el gobierno federal canceló el subsidio que hacía posibles tales acciones, lo que obligó a Alfonso Reyes, en su carácter de presidente de El Colegio de México, a acelerar la entrega de los dos laboratorios que todavía tenía en desarrollo en la UNAM, que eran el Instituto de Química, dependiente de la Escuela de Ciencias Químicas, y el Laboratorio de Estudios Médicos y Biológicos, localizado en la Escuela de Medicina.

El Instituto de Química se creó oficialmente el 5 de abril de 1941; su primer director fue el doctor Fernando Orozco, químico mexicano; su jefe de investigación, el doctor Antonio Madinaveitia, farmacéutico exiliado español; su colaborador José Iriarte Guzmán, y los estudiantes graduados Octavio Mancera, Alberto Sandoval, Jesús Romo Armería y Humberto Estrada. Sin embargo, ya desde julio de 1939 la Casa de España aportaba recursos para adquirir libros y sostener los trabajos del Laboratorio de Estudio de Productos Naturales de la Escuela de Química, al que se había incorporado el doctor Madinaveitia, quien además empezó a dictar sus clases en esas mismas fechas.

De igual forma, aunque el Laboratorio de Estudios Médicos y Biológicos se inauguró formalmente el 30 de noviembre de 1940, también desde mediados de 1939 la Casa de España había iniciado trámites para la incorporación del doctor Jaime Pi Suñer al Laboratorio de Fisiología de la Escuela de Medicina; así se empezó a generar la idea de crear un laboratorio especial para que trabajaran médicos investigadores exiliados. De hecho, cuando se nombró al doctor Ignacio González Guzmán, hematólogo mexicano, director de ese laboratorio (29 de julio de 1940), todavía se conocía como Laboratorio de Fisiología. Un año después cambió su nombre por el de Laboratorio de Estudios Médicos y Biológicos y ahí empezaron a trabajar (desde antes de la inauguración) los médicos españoles Jaime Pi Suñer, Rosendo Carrasco Formiguera, Isaac Costero y Manuel Rivas Cherif, a los que posteriormente se sumaron Dionisio Nieto, Gonzalo R. Lafora, Sixto Obrador Alcalde y Francisco Guerra.

El impacto de los científicos españoles "transterrados" en las ciencias en la UNAM fue tan positivo como permanente, gracias a su gran calidad, no sólo como especialistas sino como maestros. Todos tenían una preparación técnica muy sólida, adquirida en las mejores escuelas europeas de su tiempo, que España había propiciado con gran visión como uno de los mecanismos (quizás el más importante) para promover su desarrollo social y cultural. La derrota de la Segunda República los dispersó fuera de su país y la política generosa del presidente Cárdenas le permitió a México recibir a muchos de ellos y beneficiarse con su sabiduría y su trabajo. Pero también, en 1939, la UNAM, el IPN y México en general ya estaban preparados para recibirlos y aprovechar sus conocimientos y enseñanzas. La mayoría de los científicos españoles que llegaron a la UNAM y otros centros educativos del país no tuvieron que empezar de cero; encontraron una comunidad académica joven, abierta, receptiva y no completamente ajena a los avances más recientes en sus respectivas disciplinas. México se encontraba entonces en pleno proceso de recuperación, después de 20 años de luchas armadas y otros 10 de estabilización política; su juventud, como heredera de viejas culturas despertando en un país nuevo, se reflejaba en casi todas sus instituciones educativas, especialmente en la UNAM y en el recientemente fundado IPN.

Resumen

A lo largo de los primeros 50 años del siglo XX el Estado mexicano hizo algunos (pocos) intentos de coordinar y promover el desarrollo de la ciencia en el país; al principio (en el porfiriato), con fines aplicativos y de corto alcance, a excepción de la Escuela de Altos Estudios, fundada junto con la Universidad Nacional apenas dos meses antes de que se iniciara la caída del régimen; después de la Revolución, con intereses claramente utilitaristas e insistiéndose en el estudio de problemas propios del país y en la aplicación de resultados a la agricultura y la industria. Estos intentos rindieron pocos frutos, en especial por dos razones: 1) no se trató de decisiones con alta prioridad y visión a largo plazo, sino más bien de medidas tímidas y con carácter más simbólico que resolutivo, tomadas al margen de la comunidad científica (entonces minúscula), establecidas con más atención a la forma que al contenido, y además dotadas de presupuestos tan pobres que resultaba imposible que llevaran a cabo siquiera una parte de sus funciones; 2) el Estado nunca creyó que la ciencia pudiera contribuir de manera importante a sus dos intereses centrales: control político y desarrollo económico. Esto, a pesar de que el mundo occidental tenía ya tres siglos de mostrar ejemplos, no sólo claros sino evidentes, del papel fundamental de la ciencia y la tecnología en la transformación económica de la sociedad. Para alcanzar y conservar el poder, el instrumento más poderoso en la primera mitad del siglo xx fue el ejército, que siempre tuvo el apoyo del Estado. Cuando finalmente el poder pasó de los militares a los civiles, o sea en las elecciones de 1946, cuando el general Ávila Camacho se lo entregó al licenciado Alemán, la hegemonía de un solo partido político en el poder se sostuvo en la segunda mitad de ese siglo y hasta el año 2000, ya no por la violencia sino mediante fraude electoral, corrupción y demagogia.

El siglo xx. II (1952-2000)

Ruy Pérez Tamayo
Departamento de Medicina Experimental,
Facultad de Medicina, Universidad Nacional
Autónoma de México

Introducción

Durante la segunda mitad del siglo xx la ciencia se desarrolló en México con velocidad y diversificación no experimentadas desde los orígenes del país, a partir de 1521. Quizás el episodio más significativo de este salto cuantitativo en su desarrollo fue la construcción de Ciudad Universitaria (cu), iniciada en 1952 y terminada dos años más tarde. Entonces empezaron a cambiarse a sus nuevas instalaciones escuelas e institutos de la unam, que antes habían estado dispersos en antiguos edificios del hoy Centro Histórico de la ciudad de México. Con la Ley Orgánica de la Universidad, aprobada en 1945 (la llamada Ley Caso), la institución recuperó su carácter de nacional (que había perdido en 1933, aunque nunca dejó de usar el nombre), definió mejor sus funciones y adquirió una nueva estructura de gobierno (basada en la prioridad de su carácter académico y técnico por encima de lo político), una Junta de Gobierno y un Patronato. El presidente Ávila Camacho no sólo favoreció a la unam, como parte de su política de "unidad nacional". También se acercó a otros intelectuales del país al crear El Colegio de México, sucesor de la Casa de España (1940); la Dirección General de Educación Superior e Investigación Científica (1941) y su sucesora, la Comisión Impulsora y Coordinadora de la Investigación Científica (1942), precursora del Instituto Nacional de la Investigación Científica; El Colegio Nacional (1943); el Instituto Nacional de Bellas Artes (1946), y varias instituciones más.

Las buenas relaciones entre la UNAM y el gobierno no sólo se conservaron sino que se reforzaron durante el sexenio del presidente Alemán, el "primer presidente universitario", y culminaron con la aprobación del proyecto e inauguración simbólica de CU en 1952, un mes antes de que el presidente Alemán terminara su mandato constitucional. El proyecto había sido un viejo sueño universitario que cristalizó en manos del rector Zubirán; se hizo realidad cuando maestros y alumnos de la Escuela de Arquitectura triunfaron en el concurso de diseño general, y su construcción se inició bajo la dirección general del arquitecto Carlos Lazo. Las instalaciones de la nueva CU se fueron terminando y ocupando por diferentes facultades, escuelas e institutos universitarios a partir de 1954. El cambio a CU fue mucho más que simple mudanza, en vista de que incluyó una transformación radical en el desarrollo de la ciencia no sólo en la UNAM sino en todo el país. Ésa es la razón para separar la historia de la ciencia en México en el siglo XX en dos partes, que aunque ocupan cada una medio siglo, son de naturaleza y significado diferentes.

Antecedentes

La Revolución de 1910 inauguró una nueva etapa de cambios profundos en la estructura social y política del país, que ciertamente todavía no terminan de realizarse, por lo menos en ciertas áreas. Durante el conflicto armado, o sea entre 1910 y 1930, la ciencia fue otra víctima de la violencia. Como el país no tenía entonces mucha ciencia, lo que se canceló no fue tanto, pero sí buena parte de lo que tímidamente se había empezado a construir durante el porfiriato. La ciencia no reapareció en el lenguaje oficial del Estado mexicano hasta 1935, en el decreto del presidente Cárdenas que crea el Consejo Nacional de la Educación Superior y la Investigación Científica (CNESIC), facultado para diseñar: "...la creación y organización de los institutos [...] que tengan por objeto practicar investigaciones científicas..." Este decreto corresponde a los momentos de mayor alejamiento entre el Estado y la Universidad, que entonces era (como hoy) la institución más y mejor capacitada para realizar investigaciones científicas, lo que seguramente no desconocía el presidente Cárdenas. Pero la resistencia de la Universidad a transformarse en instrumento para llevar a cabo las ideas del régimen político en turno, en lugar de cumplir con sus tradicionales funciones académicas, científicas y humanísticas, motivó no sólo la creación del CNESIC (que contribuyó a la fundación del Instituto Politécnico Nacional en 1937 y después desapareció), sino también la inclusión en el Segundo Plan Sexenal (1940-1946) del proyecto de estimular y coordinar la investigación científica, esta vez a cargo de la Secretaría de Educación Pública, que tampoco se llevó a cabo.

Un nuevo intento del Estado mexicano de establecer relaciones formales con la comunidad científica nacional fue la Ley de la Comisión Impulsora y Coordinadora de la Investigación Científica (CICIC), promulgada en 1942 por el presidente Ávila Camacho durante la segunda guerra mundial. La CICIC estaría encargada de promover y coordinar investigaciones en matemáticas, física, química y biología, junto con sus posibles aplicaciones. La orientación de esta ley era claramente utilitarista, porque señalaba que la limitación de las importaciones impuesta por la segunda guerra mundial creaba una situación anormal que debería estimular a que el país produjera insumos necesarios para la vida cotidiana, y tanto la industria como la agricultura mexicanas no habían sabido aprovechar en forma conveniente el trabajo de los estudiosos nacionales. La CICIC no duró mucho tiempo, pues otro intento más del Estado de controlar el desarrollo de la ciencia fue la creación del Instituto Nacional de la Investigación Científica (INIC), el 22 de agosto de 1943, al mismo tiempo que el Instituto Nacional de Bellas Artes, ambos con el mismo presupuesto anual de siete millones de pesos. El INIC tampoco pudo hacer mayor cosa y en 1950 fue modificado por un decreto del presidente Alemán, aumentando los vocales de cinco a siete, ratificando las disciplinas señaladas originalmente para el CICIC, y señalando que serían nombrados por el presidente con una duración de seis años en sus cargos. En 1961 Eli de Gortari hizo la siguiente evaluación del INIC:

En particular, el funcionamiento del Instituto Nacional de la Investigación Científica, hasta 1961, no sirvió realmente para cumplir su cometido, ya que no encauzó ni orientó ni mucho menos fomentó adecuadamente el desarrollo de las actividades científicas. Más bien se limitó a otorgar ayudas parciales, que no correspondían a ningún programa general; a conceder becas que no estaban reglamentadas, que nunca se revisaban y sólo servían para que los trabajos publicados se hicieran pasar como si fueran obras propias del Instituto y, en fin, a dedicar la mayor parte de su presupuesto a establecer y sostener un solo centro de investigación en el campo de la física que, en lugar de trabajar en coordinación con el instituto de la misma especialidad ya existente en la Universidad de México, creaba graves problemas y suscitaba enojosas escisiones. Es más, el Instituto de la Investigación Científica se encontraba completamente estancado, como lo demuestra el hecho de que la mayoría de sus vocales directivos seguían siendo los mismos que se designaron en 1943, a pesar de que era obvio que no llenaban la misión que tenían encomendada y, por otro lado, el hecho de que su presupuesto se haya mantenido sensiblemente igual desde hace 20 años, mientras que otros organismos, como el Instituto Nacional de Bellas Artes –que puede servirnos como ejemplo por haber sido creado al mismo tiempo– ha venido acrecentando considerablemente su presupuesto, en la medida en que se han ampliado y multiplicado sus actividades.

En el área de la investigación biomédica, la primera institución creada por el gobierno posrevolucionario del presidente Cárdenas fue el Instituto de Salubridad y Enfermedades Tropicales, en 1939, con el mandato específico de realizar investigaciones sobre padecimientos endémicos que asolaban a las zonas más marginadas del país, como paludismo, oncocercosis, tuberculosis, amibiasis, varias micosis, y otras más. En este instituto se crearon las primeras plazas de investigador de tiempo completo en el país, lo que constituyó un cambio radical en las tareas cotidianas de los científicos, quienes hasta entonces debían dividir su tiempo entre la investigación y otras ocupaciones mejor remuneradas. En los años siguientes el presidente Ávila Camacho fundó el Hospital Infantil (1943), el Instituto Nacional de Cardiología (1945), el Hospital de Enfermedades de la Nutrición (1946), el Instituto de Nutriología (1946), y el Instituto Nacional de Cancerología (1946); posteriormente se fundaron el Hospital Psiquiátrico Bernardino Álvarez (1967), el Instituto Nacional de Pediatría (1970), el Instituto Nacional de Perinatología (1977) y el Instituto Nacional de Psiquiatría (1979); el antiguo Sanatorio para Enfermos Tuberculosos de Huipulco se transformó en el Instituto Nacional de Enfermedades Respiratorias (1982). Todas estas instituciones dependían de la Secretaría de Salubridad y Asistencia y, unas más, otras menos, hacían investigación científica, básica y clínica; de hecho, casi todas ellas fueron fundadas no con intenciones primariamente asistenciales (imposible atender la demanda de asistencia médica cardiológica del país, o hasta de la ciudad de México, con sólo 120 camas), sino más bien de docencia e investigación. Sin embargo, la enorme carga asistencial, sumada a la muy escasa tradición de investigación científica entre los médicos encargados de proporcionarla, conspiraba para mantener en niveles muy irregulares, pero predominantemente bajos, la producción científica de los distintos nosocomios.

En 1983 el titular de la Secretaría de Salubridad y Asistencia, doctor Guillermo Soberón, creó la figura de los institutos nacionales de salud, reunió a las 11 instituciones mencionadas bajo este rubro y las colocó bajo una sola coordinación. La idea era tomar como modelo a los institutos mejor organizados y más productivos en sus funciones de docencia e investigación científica (Instituto Nacional de Cardiología y Hospital de Enfermedades de la Nutrición); establecer reglamentos, aliviar carencias y proporcionar apoyos para estimular a los más alejados de esos modelos a esforzarse por imitarlos. Ésta era una tarea muy compleja, que requería mucho trabajo, recursos no siempre accesibles y mucha paciencia. Un paso fundamental fue ofrecer nombramientos de investigador de tiempo completo a médicos y otros profesionales de la salud de distintos institutos, interesados en dedicarse al trabajo científico; otro fue la realización de reuniones anuales en que participaron investigadores de los Institutos Nacionales de Salud, compitiendo por premios otorgados a los mejores trabajos de investigación.

También en relación con las ciencias biomédicas, deben mencionarse las investigaciones realizadas en el Instituto Mexicano del Seguro Social, iniciadas en forma sistemática poco tiempo después de la inauguración, a principios de 1960, del Centro Médico Nacional en la ciudad de México. En estas espléndidas instalaciones, diseñadas originalmente para alojar al antiguo Hospital General de la Secretaría de Salubridad y Asistencia, pero que a última hora fueron vendidas al IMSS, que las convirtió en su principal Centro Médico, se fundó una División de Investigación que muy pronto reunió a un distinguido grupo de científicos especializados en genética, microscopía electrónica, inmunología, biología celular, endocrinología, cancerología, neurociencias y otras disciplinas más. En los 25 años siguientes esta división trabajó intensamente (publicó más de mil artículos científicos, muchos de ellos en revistas de circulación internacional) y sus miembros adquirieron gran prestigio no sólo en México sino también en el extranjero. Además, la división sirvió como modelo para que el IMSS instalara otras dos unidades de investigación en sus centros médicos de Guadalajara y Monterrey, que conservaron el nivel de productividad y excelencia marcados por el modelo original. No obstante, la destrucción casi completa del Centro Médico Nacional por el terremoto de 1985 acabó con la División de Investigación, que no se reconstruyó en el nuevo Centro Médico Siglo XXI. En su lugar, al cabo de siete años de trabajar en laboratorios de instituciones amigas, en donde se habían refugiado después de la catástrofe, los investigadores se reintegraron a los nuevos hospitales de acuerdo con sus diferentes especialidades y afinidades: muchos siguieron tan productivos como antes.

La ciencia en la unam en la segunda mitad del siglo xx

El desarrollo de la ciencia en la UNAM en la segunda mitad del siglo XX puede examinarse a través de dos indicadores: 1) instalación de nombramientos de investigador de tiempo completo y crecimiento de este personal académico, y 2) creación y evolución de distintas unidades universitarias (institutos, centros, escuelas, laboratorios, y otras más).

1) Investigadores universitarios

Aunque precedido por nombramientos de "profesor de carrera" establecidos desde 1943 (véase pp. 239-240), no fue sino hasta 1954, coincidiendo con el traslado a CU, que apareció en la *Gaceta Universitaria* la convocatoria para celebrar contratos de tiempo completo y de medio tiempo con profesores e investigadores, que iniciarían ese tipo de trabajos durante el mismo año. Sin embargo, como los nombramientos tendrían carácter provisional (pues todavía no se aprobaba el nuevo reglamento, que estaba en discusión), "...se faculta al Rector de la UNAM para que a su nombre y en representación de la misma, celebre contratos provisionales con vigencia máxima de un año".

El programa de incorporación de profesores e investigadores de tiempo completo continuó creciendo lentamente (los nombramientos conservaron su carácter provisional durante varios años), de modo que en 1957, cuando la UNAM tenía cerca de 40 mil alumnos, apenas tenía poco más de 100 académicos de tiempo completo y de medio tiempo, distribuidos de manera muy irregular. Como ejemplos, baste señalar que la Facultad de Filosofía y Letras tenía entonces 26 profesores de tiempo completo y sólo uno de medio tiempo; la Escuela Nacional de Arquitectura ninguno de tiempo completo y 34 de medio tiempo, y la Facultad de Derecho seis profesores de tiempo completo y 19 de medio tiempo. La situación era mejor en los institutos universitarios, ya que Biología tenía 19 investigadores de tiempo completo, Química 16, Física 10, Médicos y Biológicos 8, Matemáticas 7, etcétera.

En 1999, el Subsistema de la Investigación Científica de la UNAM registró más de 2 200 académicos, de los cuales cerca de 1 300 eran investigadores de tiempo completo, mientras el Subsistema de Humanidades contaba con más de 770 académicos, de los cuales 700 eran investigadores de tiempo completo. Sin embargo, éstas son cifras mínimas porque la investigación universitaria no estaba limitada a esos dos subsistemas; también se realizaba, con los mismos niveles de productividad y excelencia, en las facultades de Ciencias, Ingeniería, Química, Medicina, Medicina Veterinaria y Zootecnia, de Estudios Superiores Cuautitlán y Zaragoza, y Escuelas Nacionales de Estudios Profesionales en Acatlán, Aragón y Zaragoza.

Los investigadores y estudiantes del Subsistema de la Investigación Científica de la UNAM generaron, en el lapso 1995-1998, 6 873 artículos publicados en revistas de circulación nacional e internacional, 3 125 en memorias, 991 capítulos en libros, 315 libros y otras publicaciones relacionadas con poco más de mil líneas de investigación. En 1999, 40 por ciento de los artículos publicados por México en revistas de circulación internacional registrados por el *Science Citation Index* fue contribución de la UNAM. Con 20 por ciento de los recursos invertidos por México en apoyo a la ciencia, a fines del siglo XX la UNAM generaba más de 60 por ciento de la producción científica de todo el país.

2) *Unidades universitarias de investigación científica*

Ya se ha mencionado (véase pp. 233-234) que cuando en 1910 se fundó la Universidad, se adscribieron a ella 10 institutos y centros de investigación que tenían cierto tiempo funcionando, y la única dependencia nueva relacionada con la investigación científica fue la Escuela de Altos Estudios. La estructura inicial de la flamante Universidad se colapsó muy pronto durante la Revolución, y desde el punto de vista de sus funciones relacionadas con la ciencia alcanzó su punto más bajo en 1917, cuando el único instituto adscrito a ella era el de Biología (la Escuela de Altos Estudios ya había sido transformada en una Escuela de Humanidades por obra del Ateneo de la Juventud, y en 1924 desaparecería para convertirse en la Facultad de Filosofía, la Escuela de Graduados y la Escuela Normal Superior). De hecho, cuando el presidente Calles tomó posesión de su alto cargo a fines de 1924, uno de sus primeros decretos (del 23 de diciembre de ese año) fue clausurar por un año la Facultad de Filosofía y las otras escuelas, señalando que ese presupuesto lo dedicaría a la enseñanza elemental. Sin embargo, el nuevo rector, Alfonso Pruneda (nombrado seis días *después* de emitido el decreto mencionado), junto con alumnos y maestros de las escuelas afectadas, presionó para seguir trabajando; los profesores ofrecieron seguir dando sus clases sin remuneración. El movimiento tuvo éxito y las escuelas reabrieron sus puertas el 13 de enero de 1925, o sea menos de un mes después de haber sido clausuradas. El rector Pruneda intentó reorientar a la Universidad de acuerdo con el proyecto del gobierno, poniendo especial interés en la extensión universitaria, lo que permitió a la institución trabajar con más tranquilidad. Además, entre 1925 y 1928 se incorporaron a la Universidad nuevas escuelas: Escuela Nacional de Bellas Artes (1925), Escuela Superior de Administración Pública (1925), Conservatorio Nacional (1925), Escuela de Escultura y Talla Directa (1927), Escuela de Educación Física (1928) y Escuela de Experiencia Pedagógica (1928). Con estas adiciones, en 1929 la Universidad Nacional ya contaba con 13 escuelas, pero para entonces sólo tenía cuatro institutos de investigación, porque al de Biología se habían agregado la Biblioteca Nacional, el Observatorio Astronómico y el de Geología.

Es claro que la Universidad había crecido mucho más en el área docente que en la investigación. La ciencia empezó a formar parte de las ocupaciones universitarias, al mismo tiempo que la estructura de la institución empezó a consolidarse; naturalmente, pasó por las mismas etapas de incomprensión inicial, escasez de recursos, ausencia o modestia de instalaciones adecuadas, incertidumbre sobre su legitimidad o relevancia, y hasta rechazo de su posible contribución al desarrollo de la sociedad. Entre 1930 y 1940, la única ciencia que parecía no sólo útil sino políticamente aceptable era la hoy conocida con el absurdo calificativo de "aplicada", que la mayor parte de las veces no es ciencia sino tecnología, o sea, generación o mejoría de procedimientos que aumentan la competitividad de empresas agrícolas o industriales en los ámbitos nacional o internacional. Sin embargo, en 1933 se abrió el Instituto de Investigaciones Geográficas y en junio de 1936 el Consejo Universitario aprobó el segundo estatuto de su historia (el primero había sido aprobado dos años antes, durante la rectoría de Gómez Morín), en el que señala la existencia de otros dos nuevos institutos: Investigaciones Sociales e Investigaciones Estéticas. En los dos años y medio que fue rector el doctor Baz (1938-1940) se creó la Facultad de Ciencias (1939) y se inauguraron los institutos de Física (1938) y Antropología (1940). Además, empezaron a llegar a México los catedráticos españoles que tuvieron que abandonar su país por la guerra civil y muchos de ellos se incorporaron a la Universidad (véase pp. 240-245). En 1941 iniciaron sus trabajos los institutos de Química y Estudios Médicos y Biológicos; en 1942 Matemáticas; en 1945 Geofísica; en 1958 el Centro de Cálculo (que en 1970 se convertiría en el Centro de Matemáticas Aplicadas y en 1976 en el Instituto de Matemáticas Aplicadas y Sistemas); en 1967 se fundó el Instituto de Materiales, y el Observatorio se transformó en el Instituto de Astronomía; en 1971 se estableció el Centro de Instrumentos; en 1972 el Centro de Estudios Nucleares (que en 1988 se transformó en instituto); en 1973 se estableció el Centro de Estudios del Mar y Limnología (transformado en instituto en 1985); en 1980 se abrió el Centro de Fijación del Nitrógeno; en 1982 se inauguraron el Centro de Biotecnología (convertido en instituto en 1991) y el Centro de Ecología; en 1993 se estableció el Centro de Neurobiología.

En 1999 el Subsistema de la Investigación Científica de la UNAM contaba con 17 institutos y nueve centros, mientras el Subsistema de Investigación en Humanidades tenía a su cargo nueve institutos y siete centros. Además, un aspecto fundamental del crecimiento de la ciencia en la UNAM en la última parte del siglo XX fue el establecimiento de polos de desarrollo académico en distintas partes del país, especialmente en Cuernavaca, Morelos (un instituto y cuatro centros); en Ensenada, Baja California (dos centros); en Morelia, Michoacán (tres centros), y en Juriquilla, Querétaro (un centro y dos unidades académicas).

El Consejo Nacional de Ciencia y Tecnología (Conacyt)

Los antecedentes del Conacyt son múltiples pero pueden resumirse en los tres siguientes, mencionados por orden de importancia:

1) Las relaciones entre el Estado y la naciente y subdesarrollada comunidad académica y científica mexicana, que nunca habían sido ni amplias ni de confianza, sufrieron un deterioro progresivo durante el movimiento del 68, que culminó en su ruptura total con la salvaje matanza de Tlatelolco el 2 de octubre. La gran mayoría de los intelectuales del país (aunque hubo excepciones) repudiaron la "solución" violenta que el Estado decidió darle al conflicto y adoptaron una actitud firme de rechazo. Octavio Paz y Carlos Fuentes renunciaron a sus respectivas embajadas en la India y en Francia, porque no podían representar a un gobierno que asesinaba a los estudiantes. Las Olimpiadas, celebradas en México un mes después de la brutal masacre del movimiento popular en la Plaza de las Tres Culturas, no lograron borrar ni el dolor de la tragedia ni la condena al gobierno. Durante 1969 hubo algunos intentos del Estado por reanudar el diálogo con la comunidad de intelectuales y científicos del país, algunos ingenuos y otros grotescos; uno de ellos fue la solicitud del presidente Díaz Ordaz al INIC de preparar el documento *Política Nacional y Programa de Ciencia y Tecnología*.

Este estudio se presentó a fines de ese año, cuando el licenciado Echeverría (secretario de Gobernación en el sexenio del presidente Díaz Ordaz) ya era presidente electo de México.

El documento del INIC es un análisis crítico, objetivo y riguroso de la realidad de la ciencia en el país en ese momento, de sus pocos logros y muchas carencias, cuya lectura hoy, 36 años después de haberse escrito, todavía contiene más de una lección vigente. El presidente Echeverría debe haberlo leído (o quizá mejor, alguno de sus asesores) y concebido la idea de que ése era el camino para recuperar el diálogo entre el gobierno y la comunidad académica y científica del país. El documento del INIC concluye con la propuesta de desaparecer y ser sustituido por otro organismo con diferente estructura y mayores capacidades para desempeñar las funciones que le corresponden.

En resumen, el Conacyt surgió no como un proyecto oficial para promover el desarrollo de la ciencia sino como un mecanismo político para restablecer el diálogo entre los científicos y el Estado mexicano. Esto es más que una conjetura: un alto funcionario del sexenio siguiente escribió en 1982: "Lo que, eufemísticamente, llamamos los sucesos del sesenta y ocho se refiere al enfrentamiento del gobierno del presidente Díaz Ordaz con los estudiantes, los intelectuales, los científicos y la comunidad universitaria nacional, causado por graves desacuerdos que culminaron con la ocupación de la UNAM por el ejército y con la violencia de los hechos en Tlatelolco. Este conflicto era indicio de una crisis política muy honda que urgía reparar, y el Conacyt podía ser un instrumento para reanudar el diálogo entre el gobierno y la comunidad universitaria".

2) Es muy probable que la comunidad científica haya crecido en México durante el siglo XX. En ausencia de datos cuantitativos confiables, lo único que puede decirse con seguridad es que a principios del siglo XX había menos investigadores científicos en el país por cada 100 mil habitantes que en 1970. Pero una

comunidad social no sólo crece numéricamente; también se multiplica en la variedad y nivel de excelencia de sus diferentes miembros. A lo largo del siglo los científicos mexicanos, *malgré tout*, fueron aumentando poco a poco tanto en número como en diversidad de especialidades, de modo que durante la segunda mitad de la centuria pasada, y sobre todo a partir de la llegada al país de los sabios españoles "transterrados", de la creación del IPN y de la apertura de Ciudad Universitaria, crecieron hasta constituir una masa crítica dentro de la sociedad que ya no era posible pasar por alto. Un elemento agregado al crecimiento numérico de la comunidad científica es su tendencia (¿por deformación profesional?) a expresar con claridad y sin reticencias sus puntos de vista sobre la realidad nacional, lo que puede resultar incómodo para los políticos directamente responsables de ella. Como en México esta responsabilidad le correspondió al PRI durante la mayor parte del siglo XX, los jerarcas en turno en el poder se vieron obligados a buscar formas de acomodar el número creciente de científicos en su sistema y neutralizar sus críticas.

3) A nivel internacional, la conclusión de la segunda guerra mundial y el surgimiento inmediato de la guerra fría reveló de manera inocultable que tanto la victoria de los aliados sobre el eje, en 1945, como la fuerza del mundo capitalista para enfrentarse al reto del mundo socialista, en el resto del siglo XX, dependían de manera esencial de la ciencia y la tecnología. Lo que decidió el triunfo de los aliados en la segunda guerra mundial fue su mejor y más libre apoyo a la ciencia, lo que no se dio en los países totalitarios, donde el control político de las ideas fue siempre más riguroso. Lo que al final de la guerra fría causó la derrota del socialismo real fue, entre otras cosas, el mejor desarrollo de la ciencia y la tecnología en los países capitalistas. Estas lecciones se apreciaron en otros países del hemisferio occidental, donde en forma casi simultánea surgieron organismos oficiales encargados de promover, ayudar y coordinar ciencia y tecnología. Brasil, Venezuela, Costa Rica,

El Salvador, Panamá, México y otros países latinoamericanos
estrenaron sendos Conacyts (las siglas variaron un poco) casi
al mismo tiempo. El matrimonio entre la ciencia y la tecnología se hizo oficial, revelando que esta tendencia internacional descansa en un concepto primariamente utilitarista de la
ciencia, que la concibe como única o principalmente genera-
dora de conocimientos y tecnologías útiles para competir con
éxito, ya sea con fines bélicos (como en la guerra fría) o para
fines comerciales en el mercado internacional, cada vez más
globalizado.

Los tres factores mencionados contribuyeron a que, el 23 de diciembre de 1970, el presidente Echeverría firmara la ley que crea el
Conacyt, organismo oficial con nada menos que 26 funciones específicas (más la 27, que dice: "Las demás funciones que le fijen
las leyes y reglamentos, o sean inherentes al cumplimiento de sus
fines"). En la exposición de motivos, la ley mencionada señala lo
siguiente:

El establecimiento de una política científica y tecnológica adquie-
re características peculiares en nuestro país, debido a la escasez
y dispersión de los recursos de que actualmente se dispone.
Esta situación determina la necesidad de crear simultáneamente, tanto los elementos básicos de la infraestructura institucional
de la investigación, como de los medios para integrarlos armó-
nicamente [...]

En la actualidad no se dispone de un mecanismo a nivel nacional, que permita formular y ejecutar dicha política. Existen distintos órganos que realizan investigación; otros que preparan, a
distintos niveles, recursos humanos; y, por último, otros más que
en forma fragmentaria y deficiente, coordinan, fomentan o pres-
tan un apoyo raquítico y disperso a las actividades científicas y
tecnológicas. Es necesario, por lo tanto, establecer un sistema funcional que interrelacione a los diferentes órganos que realizan,
promueven y utilizan la investigación científica o tecnológica o

preparan investigadores [...] Este sistema deberá integrarse con la participación de:

Un órgano gubernamental de alto nivel, encargado de la formulación de programas indicativos de investigación científica y tecnológica, así como de la distribución de recursos que se destinen a esas actividades;

Las instituciones de enseñanza superior;

Los centros que realizan investigaciones, básicas y aplicadas; y

Los usuarios de la investigación, comprendiendo tanto a las dependencias gubernamentales como del sector privado.

La ley señala (artículo 3) que el Conacyt está regido por una Junta Directiva integrada por 12 miembros, ocho permanentes y cuatro temporales. Los ocho miembros permanentes son cinco secretarios de Estado (Educación Pública, Industria y Comercio, Hacienda y Crédito Público, Agricultura y Ganadería, Salubridad y Asistencia), el rector de la UNAM y los directores generales del IPN y del Conacyt. Los cuatro miembros temporales (por periodos bianuales irrenovables) son dos rectores o directores de universidades de provincia, un titular de un organismo descentralizado o empresa de participación estatal, y un representante del sector privado, todos ellos designados por los miembros permanentes. Salvo que alguno de estos personajes hubiera sido científico antes de ser funcionario, es obvio que la Junta Directiva del flamante Conacyt prácticamente excluyó a los miembros de la comunidad científica. La única posición que podía ser ocupada por un investigador científico activo o un tecnólogo profesional era la de director general de Conacyt, lo que a lo largo de los primeros 30 años de la institución (1970-2000) ocurrió una sola vez y sólo por dos años. El hecho concuerda con el objetivo *real* que el presidente Echeverría deseaba alcanzar con la creación del Conacyt, que como ya se ha mencionado no era apoyar el desarrollo de la ciencia y la tecnología del país sino recuperar el diálogo con la comunidad académica. Eso se logró a medias y al cabo de varios años, cuando la herida brutal del 2 de octubre de 1968, reabierta el 10 de junio de 1971 por la violenta agresión de los "halcones" (cuerpo represivo oficial) a una manifestación estudiantil por demás pacífica, empezó a cicatrizar. Desde luego no hay registro, en toda la historia del Conacyt, de que la Junta Directiva original se haya reunido completa una sola vez y desempeñado sus funciones, lo que probablemente fue positivo, pues asusta imaginar lo que hubiera sucedido con la institución si los 12 miembros asisten y tratan de llegar a un acuerdo inteligente, o por lo menos funcional.

Durante sus primeros años Conacyt no produjo impacto alguno en la comunidad científica y tecnológica del país; la mayor parte de sus esfuerzos estuvieron dirigidos a estructurarse como institución burocrática, lo que resultó excesivo porque pronto estaba gastando más de 60 por ciento de su exiguo presupuesto en administración interna. De acuerdo con la ley (artículo 11) se nombraron funcionarios y otro personal para los distintos departamentos encargados de apoyo a la investigación científica, desarrollo tecnológico, asuntos internacionales, becas, comunicación social, administración y finanzas, asuntos jurídicos, etcétera. En el primer año su presupuesto no llegó a 50 millones de pesos (pero el presupuesto del INIC en 1970 apenas fue de siete millones de pesos) y sólo se concedieron 580 becas, poco más del doble de las entregadas por el INIC en 1970.

En el siguiente sexenio, Conacyt se mudó a tres amplios edificios de tres pisos cada uno, construidos en terrenos de CU (que desde 1994 pertenecen al Museo de la Ciencia), con oficinas de lujo (la del director general ocupaba cerca de 300 metros cuadrados, tenía piso de mármol y maderas preciosas en las paredes), las mejores instalaciones de TV por satélite del país, una excelente biblioteca y cerca de 800 empleados, de modo que entonces hubo en México un trabajador administrativo por cada tres investigadores científicos. En ese mismo sexenio Conacyt obtuvo dos préstamos del BID por un total de 1 500 millones de dólares, que se invirtieron en... Conacyt y quién sabe qué otras cosas, pero desde luego no en el desarrollo de la ciencia y la tecnología del país. Unos días des-

pués de tomar posesión de su cargo, el director general de Conacyt
en el gobierno del presidente López Portillo dijo, en una reunión
pública: "Yo de eso de la ciencia y la tecnología no sé nada..." y
procedió a demostrarlo en forma tan completa como convincente
a lo largo de los seis años siguientes.

Durante sus 30 años de existencia en el siglo xx, Conacyt funcionó mucho tiempo como otra oficina más del gobierno, alejada
de la realidad nacional y de sus problemas, y con una burocracia
exasperante. En ese prolongado lapso sólo hubo tres periodos en
los que cambió de carácter, se acercó a la comunidad científica mexicana, la invitó a colaborar en el desempeño de sus funciones, la
apoyó en sus trabajos y le hizo caso para tomar decisiones técnicas.
El primero fue de mayo de 1973 a diciembre de 1976, cuando Gerardo Bueno Zirión fue director general; el segundo fue de enero
de 1988 a diciembre de 1990, en que Manuel Ortega (único investigador científico activo que ocupó esa posición en el siglo xx) estuvo al frente de Conacyt; el tercero fue de mayo de 1991 a diciembre
de 1994, cuando Fausto Alzati estuvo al frente de la institución.
Durante la gestión de Gerardo Bueno Zirión la comunidad científica alcanzó a vislumbrar lo que Conacyt podía representar para
su desarrollo y el del país, entre otras cosas porque su presupuesto
anual aumentó de 43 a 467 millones de pesos, se fundaron 18 centros de investigación en provincia, incluyendo el CICESE, en Ensenada, Baja California, el CIQA, en Saltillo, y el CIES, en Chiapas, por
mencionar sólo tres de ellos. Los científicos fueron consultados sobre los programas de la dependencia y convocados a colaborar con
ellos, pero este lapso duró menos de cuatro años y al cambiar el
sexenio Conacyt regresó a su postura anterior, aunque esta vez
con venganza maligna. Así siguió por dos sexenios, hasta que en
1988 el presidente Salinas nombró como director general a Manuel
Ortega, distinguido científico activo, miembro del Cinvestav, con
experiencia administrativa académica, quien se rodeó de otros
miembros de la comunidad científica y en los dos años siguientes
intentó reconstruir una entidad operativa a partir del monstruoso
dinosaurio burocrático que había heredado. Sin embargo, en 1991

el presidente Salinas aceptó una recomendación que le hizo el Consejo Consultivo de Ciencia y Tecnología de la Presidencia (que él mismo había creado), con lo que aumentó el presupuesto destinado a Conacyt por medio de seis programas nuevos con un costo de 285 mil millones de pesos (era cuando todos éramos millonarios) y reorganizó la dependencia, cambiando de paso al director general (lo que no formaba parte de la recomendación del CCCTP). Fausto Alzati redujo en 70 por ciento el personal de Conacyt y la cambió de sus tres amplios y lujosos edificios en CU a un solo inmueble situado lejos (*muy* lejos) de toda institución académica; además, también redujo los gastos de administración a menos de 20 por ciento del presupuesto. Entre los nuevos programas administrados por Conacyt estaba el de apoyo a la infraestructura científica existente, que absorbía poco más de 30 por ciento del total de los nuevos recursos; también había programas de formación de recursos humanos, recuperación de talento emigrado, cátedras privilegiadas, y otros dos de apoyo a la tecnología. Pero aparte del aumento presupuestal y la renovación administrativa, lo más satisfactorio para los científicos mexicanos fue la invitación a reincorporarse (como en los tiempos de Gerardo Bueno Zirión) a las decisiones de tipo académico de Conacyt e insistir en que las restricciones previas, derivadas de "prioridades" y de "grandes problemas nacionales", generalmente definidos por funcionarios ajenos a la realidad científica del país (y a la naturaleza de la ciencia), dejaban de existir. El único criterio para obtener recursos y realizar proyectos de investigación era la *calidad* científica de la propuesta, juzgada por los que tenían la capacidad técnica para hacerlo.

En el sexenio del presidente Salinas la ciencia y la tecnología recibieron el apoyo económico más elevado y el reconocimiento más amplio de su importancia por el Estado mexicano de todo el siglo XX. En 1994, en comparación con 1988, el gobierno federal incrementó en más de 95 por ciento, en términos reales, los recursos destinados a la ciencia y a la tecnología. A través del Programa de Apoyo a la Ciencia en México (PACIME), en 1994 se erogaron 287 millones de nuevos pesos, lo cual fue 3.3 veces más que los 86 millones de nuevos pesos canalizados en 1988. Entre 1991 y 1994 se apoyaron 2 007 proyectos de investigación y 262 proyectos de infraestructura científica; además, se contribuyó a la repatriación de 787 científicos. También en el lapso mencionado se logró invertir la tendencia centralizadora del quehacer científico en México, ya que en 1991, 58 por ciento de los recursos del PACIME se concentraron en el Distrito Federal, mientras en 1994, 57 por ciento se canalizó a instituciones académicas y de investigación ubicadas en estados de la República. En 1994 Conacyt administraba más de 14 mil becas de estudiantes mexicanos inscritos en programas de posgrado tanto nacionales como extranjeros, cifra 6.3 veces mayor que la equivalente en 1988.

En los tres decenios de su existencia en el siglo xx, Conacyt desarrolló programas para cumplir mejor sus funciones. Amén del apoyo a la investigación científica en forma de financiamiento de proyectos aprobados por comisiones dictaminadoras formadas por científicos, y del programa de becas para la formación de recursos humanos, se estableció un padrón de programas de posgrado de excelencia en las instituciones de educación superior de todo el país; un fondo de cátedras patrimoniales de excelencia para apoyar a profesores e investigadores del más alto prestigio nacional e internacional; un fondo para retener en México y repatriar a investigadores mexicanos; un fondo para contratar a investigadores extranjeros que deseaban venir al país en forma temporal o definitiva, y otros más relacionados con el desarrollo tecnológico regional. El Sistema SEP-Conacyt se describe aparte (véase pp. 266-269).

En el último sexenio del siglo xx, el impulso positivo dado al Conacyt por el régimen político anterior disminuyó su tendencia ascendente y en ciertos programas se detuvo o hasta retrocedió un poco, para volver a crecer hacia el final del sexenio pero sin alcanzar el nivel de 1994. Por ejemplo, la fracción del PIB invertida en ciencia y tecnología en 1994 fue de 0.41, en 1998 de 0.46, mientras en 2000 fue de 0.42. Otro ejemplo es que el presupuesto anual de Conacyt en 1994 fue en millones de pesos de 3 263, en 1998 de

3 327, mientras en 2000 fue de 2 989. De todos modos, no cabe duda de que el balance general de la influencia de Conacyt en la ciencia mexicana, en sus primeros 30 años de existencia, que culminaron con el cierre del siglo xx, fue positivo. El organismo nació con graves defectos congénitos (algunos todavía persisten, aunque ya no le hacen tanto daño como al principio) y tardó cierto tiempo en empezar a cumplir con los objetivos con que fue creado, que entre otros fueron: "planear, programar, fomentar y coordinar las actividades científicas y tecnológicas [...] canalizar recursos [...] para la ejecución de programas y proyectos especiales [...] lograr la más amplia participación de la comunidad científica en la formulación de los programas de investigación [...] formular y ejecutar un programa controlado de becas", etcétera. El repaso de la ciencia y la tecnología en México antes y (30 años) después de Conacyt revela una diferencia positiva, no sólo cuantitativa sino también cualitativa. Pero quizás el avance más significativo fue que finalmente, a través de Conacyt, el Estado mexicano reconoció la importancia de la ciencia y la tecnología para el país y aceptó la responsabilidad que le corresponde en su promoción y desarrollo.

El Sistema de Centros sep-Conacyt

Aunque la coordinación del Sistema de Centros sep-Conacyt (scsc) es una de las responsabilidades del Conacyt, conviene considerarla aparte porque tiene un componente educativo regional y nacional importante, lo que le confiere cierta autonomía como esfuerzo del Estado en favor del desarrollo de la ciencia y la tecnología. De hecho, aunque el papel del Conacyt es central para el buen funcionamiento del scsc, cada uno de los 28 centros que lo constituyen posee características y orientaciones peculiares, que lo hacen distinto y más o menos independiente, por lo que la estructura administrativa requiere gran flexibilidad y poca interferencia.

Con la excepción de El Colegio de México, A.C. (Colmex), que se fundó en 1940, el resto de los centros que conforman el scsc se establecieron en la década de los setenta y principios de los ochenta; parte de estos centros fueron financiados por Conacyt, sobre todo con ayuda de la UNAM. Sin embargo, a partir del 27 de febrero de 1979, por acuerdo presidencial, fueron coordinados por la Secretaría de Programación y Presupuesto. Otros centros surgieron en fechas semejantes bajo el patrocinio de la SEP, como el Instituto Nacional de Astrofísica, Óptica y Electrónica (INAOE), instalado en Tonantzintla, Puebla, también con el apoyo de la UNAM, o El Colegio de Michoacán, A.C. (Colmich), creado con la ayuda del Colmex. Cuando la Secretaría de Programación y Presupuesto se fusionó con la Secretaría de Hacienda y Crédito Público, en febrero de 1993, todos los centros que coordinaba pasaron a depender de la SEP, que los reunió en un sistema y los adscribió al Conacyt, creando así el SCSC, para el que se estableció la Dirección Adjunta de Desarrollo Científico y Tecnológico Regional. A fines de 1999 el SCSC contaba con 28 entidades distribuidas tanto en la ciudad de México como en varios estados de la república (Puebla, Baja California, Sonora, Yucatán, Veracruz, Chiapas, Guanajuato, Michoacán, Jalisco, Coahuila, San Luis Potosí, Querétaro), 60 por ciento se localizaba fuera de la capital y tenía sedes y subsedes en más de 21 ciudades del interior del país.

El SCSC era heterogéneo, tanto en funciones como en estructura: los centros podían agruparse en científicos, sociales y tecnológicos, aunque casi todos desempeñaban funciones tanto académicas como de apoyo a la comunidad, y sus presupuestos se integraban con fondos estatales, federales (Conacyt) y propios, generados por servicios técnicos a usuarios no sólo locales sino de otros orígenes, nacionales y extranjeros. Los centros de orientación científica realizaban investigaciones del más alto nivel y participaban de manera fundamental en la formación de recursos humanos; los centros de vocación social estudiaban historia, ciencias políticas y sociales; también tenían programas muy activos de enseñanza de posgrado; en cambio, los centros de tecnología tenían como objetivo responder a solicitudes de empresas usuarias, aunque no estaban exentos de participar en la formación de ingenieros y tecnólogos. Todos los centros del scsc eran evaluados por Conacyt en función de cuatro indicadores: excelencia científica y / o tecnológica, formación de recursos humanos, vinculación con empresas privadas y eficiencia administrativa; los resultados de esta evaluación determinaban el nivel de participación de Conacyt en el presupuesto anual de cada centro.

Al finalizar el siglo xx el scsc contó con recursos fiscales por 1 714 millones de pesos, a los que deben sumarse 925 millones más, generados por el propio scsc, pero sobre todo por dos centros: INSOTEC y Comimsa, cuyos ingresos representaron 74.3 por ciento del total de recursos del scsc. En 1999 su personal académico y de apoyo fue de 4 996 personas, de las que 2 099 eran investigadores y 2 897 técnicos y ayudantes de investigador. De los 2 099 investigadores 50.6 por ciento tenían doctorado y 42 por ciento estaban en el SNI; además, tenía registrados 80 programas de estudios en el padrón de posgrados de excelencia del Conacyt. Los centros más activos en este renglón eran Colmex, INAOE y CICESE. Con 881 investigadores en el SNI, a fines del siglo xx el scsc era la segunda entidad (después de la UNAM) con un mayor número de científicos formando parte del cuerpo oficialmente reconocido por sus pares.

En relación cercana con el scsc, a partir de 1994 Conacyt desarrolló un programa paralelo llamado Sistemas de Investigación Regionales (SIRS), en los que participaron los gobiernos estatales, las secretarías de Desarrollo Social, Agricultura, Ganadería y Desarrollo Rural, Educación Pública, del Medio Ambiente, Recursos Naturales y Pesca. En 1999 ya había nueve de estos SIRS, cuyo objetivo principal era la descentralización y desconcentración de la ciencia y la tecnología en el país; ese año presentaron 440 proyectos de investigación (se aprobó 87 por ciento de ellos) para los que Conacyt aportó 36.2 millones de pesos y las otras instituciones participantes 110.2 millones de pesos.

El scsc representó una de las tareas más importantes del Conacyt, que es la promoción nacional de la ciencia y la tecnología, y la cumplió razonablemente bien en la última década del siglo xx.

Pero en ese mismo lapso la realidad de la sociedad mexicana exigía que, sin desatender al scsc, Conacyt se enfrentara a los problemas de fondo de la ciencia en México: su promoción sin restricciones como *la prioridad* nacional más importante para su desarrollo; presencia en todos los foros; mejora de la todavía minúscula fracción que le toca en el presupuesto del país; renuncia a su papel de Cenicienta en un cuento en que el Príncipe Encantado todavía no aparece.

EL SISTEMA NACIONAL DE INVESTIGADORES (SNI)

Entre las pocas acciones realizadas por el Estado mexicano a favor de la ciencia y la tecnología durante el siglo XX, la creación del Sistema Nacional de Investigadores (SNI) fue una de las más sobresalientes. Sus inicios se remontan a 1974, cuando Carlos Gual Castro, como presidente de la Academia de la Investigación Científica (AIC), propuso la creación de la figura del investigador nacional, nombrado por el gobierno y sin afiliación académica, quien estaría en libertad para desplazarse a cualquier sitio del país (excepto el Distrito Federal) e instalarse en la institución que escogiera para trabajar, llevando consigo suficientes recursos para equipar su laboratorio o gabinete y contratar a sus colaboradores científicos y administrativos. Originalmente se pensó en unos 10 investigadores nacionales, seleccionados entre los más eminentes científicos mexicanos en distintas ramas del saber, y en una duración mínima de 10 años para el nombramiento, que además tendría una muy elevada remuneración, equivalente (se propuso) "...a la de un Secretario de Estado, como ocurre en Israel". En el fondo, esta idea estaba dirigida a favorecer la descentralización de la ciencia, al mismo tiempo que otorgaba un reconocimiento económico y académico a los mejores científicos del país. Por distintas razones el proyecto no prosperó, pero no fue olvidado. En 1976-1977, bajo la presidencia de Jorge Flores Valdez, la AIC volvió a discutir esa y otras formas posibles de hacer más atractiva la profesión de investigador, y posteriormente, en octubre de 1983, el tema formó parte del programa de la reunión de la AIC sobre la ciencia en México, celebrada en Oaxtepec, Morelos. Pablo Rudomín describió la situación de entonces como sigue:

> Estábamos en plena crisis económica y los sueldos de los investigadores, de por sí bastante limitados, ya no eran suficientes para satisfacer las necesidades básicas. Muchos investigadores empezaban a dedicarse a menesteres ajenos a la ciencia para complementar sus ingresos o bien estaban dejando el país, en busca de mejores oportunidades. No había fondos para adquirir los reactivos que se necesitaban con urgencia. Tampoco era posible pagar los impuestos que se requerían para importar sustancias y refacciones. Poco fue lo que pudieron hacer las instituciones educativas y de educación superior, la SEP y el Conacyt, para resolver esta situación de emergencia. Los investigadores nos sentimos solos. Parecía que el compromiso de mantener la ciencia era únicamente de nosotros.

El 6 de diciembre de 1983, durante la entrega de los premios anuales de la AIC, el presidente De la Madrid invitó a investigadores del país, y a la AIC en especial, a que presentaran un proyecto para establecer un mecanismo que impulsara la profesión de científico y promoviera la eficiencia y la calidad de las investigaciones, y que incluyera mecanismos de evaluación constante para estimular la productividad de los investigadores. Atendiendo a esta invitación, y con base en discusiones y proyectos existentes sobre el tema, la AIC realizó una consulta pública nacional entre investigadores, instituciones académicas y asociaciones profesionales, lo que generó cerca de 100 documentos con las opiniones de mil individuos. Con esta información la AIC, presidida entonces por José Sarukhán Kerméz, formuló una propuesta que primero analizó Conacyt y después se presentó a la SEP, el 14 de marzo de 1984. En esta dependencia el proyecto se amplió para incluir a investigadores más jóvenes y se modificó para aprovechar las estructuras administrativas ya existentes en el gobierno. Finalmente, el proyecto modificado se presentó al presidente De la Madrid, quien el 26 de julio de 1984 acordó la creación del SNI.

Por medio del SNI, el gobierno otorgaba dos tipos de nombramientos a los científicos: candidato a Investigador Nacional e Investigador Nacional. Los requisitos originales para ingresar como candidato fueron tener una licenciatura y dedicarse a la investigación científica en forma exclusiva; el nombramiento tenía una duración de tres años y era renovable, pero sólo en casos excepcionales. La categoría de investigador se dividió en tres niveles y los requisitos para obtenerla incluyeron el grado académico de doctor (o su equivalente en producción científica y actividad docente) y niveles progresivamente ascendentes de productividad científica; formación de recursos humanos y de prestigio nacional e internacional. Con el nombramiento se otorgaban estímulos económicos en forma de becas cuyo monto dependía de la categoría y del nivel alcanzado de productividad y de excelencia, de acuerdo con los criterios fijados por las comisiones de evaluación, constituidas por científicos activos del más alto prestigio. Los nombramientos y las becas no eran permanentes; estaban sujetos a evaluaciones cada tres años y el resultado de la evaluación podía ser la conservación del nivel, el ascenso a un nivel superior, el descenso a uno inferior, o hasta la salida del SNI. Estaba regulado por un consejo directivo formado por el secretario de Educación Pública, como presidente; el director general de Conacyt, como vicepresidente, y por tres científicos distinguidos como vocales; además, por el secretariado técnico encargado de la operación del SNI, por los subsecretarios de Planeación Educativa, de Educación Superior e Investigación Científica, y de Educación e Investigación Tecnológica, de la SEP, por el secretario general de Conacyt y por el presidente de la AIC.

El SNI inició actividades dividiendo a la ciencia en tres áreas: ciencias físico-matemáticas e ingeniería (área 1); ciencias biológicas, biomédicas, agropecuarias y químicas (área 2); ciencias sociales y humanidades (área 3). Se nombraron las tres comisiones dictaminadoras respectivas, formadas cada una por nueve investigadores del más alto nivel, designados por el consejo directivo después de consultar a la AIC. Las comisiones establecieron criterios de evaluación mejorados con la experiencia pero que desde el principio incluyeron no sólo la productividad científica del investigador sino también su contribución a la formación de recursos humanos, creación de centros y / o instituciones de trabajo científico y liderazgo en la comunidad científica nacional e internacional. En 1986 se creó una nueva área científica, con su respectiva comisión dictaminadora, la de ingeniería y tecnología (área 4); en 1961 se creó la categoría de investigador emérito, honorífica y vitalicia, para los miembros del nivel III del SNI con 60 o más años de edad, trayectoria de excelencia y que hubieran obtenido tres nombramientos consecutivos en el nivel III; en 1993 entró en vigor un nuevo reglamento del SNI, en el que el principal cambio fue el requisito para el candidato de nuevo ingreso de estar inscrito en un programa de doctorado o próximo a obtener el grado, lo que redujo el número de aspirantes a ingresar en esa categoría del SNI. En el año 2000, después de una evaluación integral por el Conacyt, iniciada en 1997 y completada en 1999, las áreas ya eran siete: 1) físico-matemáticas y ciencias de la Tierra; 2) biología y química; 3) medicina y ciencias de la salud; 4) humanidades y ciencias de la conducta; 5) ciencias sociales; 6) biotecnología y ciencias agropecuarias, y 7) ingeniería. Además, se había creado la categoría de ayudante de investigador nivel III, y el número total de miembros era de 7 466, con la distribución siguiente: candidatos, 1 220; nivel I, 4 345; nivel II, 1 279; nivel III, 622.

Aunque el Estado señaló que el SNI se creaba para estimular la productividad de los investigadores, en realidad fue una medida de emergencia para evitar la desintegración del gremio científico del país, castigado por la crisis económica de los ochenta con salarios miserables y grave carencia de recursos para trabajar. El Estado se declaró insolvente para remunerar en forma digna a sus trabajadores científicos y sostener sus actividades profesionales en forma no sólo adecuada sino competitiva con proyección internacional; en su lugar estableció "estímulos" económicos para la productividad individual, variables según su nivel de excelencia, juzgada por comisiones de pares académicos. Muchos científicos mexicanos aplaudieron el salvavidas que arrojaba el presidente De la Madrid en momentos tan críticos, aunque se trataba de la estrategia del Estado para mejorar los ingresos de la comunidad científica, grupo social de tamaño menor, sin provocar una demanda inmediata de aumento en los sueldos de maestros, empleados federales y otros sectores sindicalizados de la sociedad, que suman millones. La solución fue no conceder aumento salarial sino "becas" escalonadas de acuerdo con el rendimiento profesional.

En principio, la base teórica del SNI parece razonable: al mejor desempeño científico debe corresponder un mayor reconocimiento, expresado en mejores ingresos. Pero la teoría se colapsa cuando el estímulo se convierte en complemento de un sueldo base tan bajo, que el ingreso agregado de sueldo más estímulo todavía no alcanza a convertirlo en decoroso, y desaparece cuando los criterios para su adjudicación se alejan de la pertinencia y la calidad del trabajo realizado y se basan (sólo o principalmente) en el "número" de publicaciones en revistas internacionales con elevado factor de impacto. Atraídos por la posibilidad de equilibrar el presupuesto familiar, los científicos mexicanos aceptaron las reglas del juego del SNI y muchos transformaron su objetivo: del planteamiento de preguntas interesantes cuya respuesta se desconoce (o sea, aventuras del pensamiento que pueden llevar a nada, lo que es mucho más frecuente de lo que se acepta en público) al desarrollo de proyectos triviales cuya solución es tan conocida como irrelevante pero que garantizan una o más publicaciones que le permitirán ingresar, mantenerse o hasta ascender en las filas del SNI. O sea que el "estímulo" indujo al científico a convertirse a la secta del *publish or perish* ("publica o perece") que prevaleció en las últimas décadas en los países occidentales y en especial en los Estados Unidos; para decirlo de otra manera, lo empujó a cambiar una vida honesta por la prostitución. Como el "estímulo" no forma parte de su sueldo, al alcanzar la jubilación el científico lo pierde y se queda sólo con una parte de su exiguo sueldo base, con lo que le espera una vejez angustiosa y miserable.

El criterio del SNI, de juzgar la productividad de los investigadores principalmente por el "número" de sus publicaciones, ha dado origen a dos nuevos tipos de fraude científico: el cometido por la multiplicación de autores de un solo artículo, y el de la fragmentación de los resultados de una investigación en tantos artículos como acepten los revisores de las revistas, o sea el nacimiento de la unidad mínima de publicación o UMP. Estos dos fraudes no son nuevos: surgieron como consecuencia de la mencionada política de *publish or perish*, y aunque en los países desarrollados ya se han tomado medidas para contrarrestarlos, a fines del siglo XX en México, gracias a la inflexibilidad de las comisiones dictaminadoras del SNI, se siguen cometiendo con impunidad.

En lugar del SNI, México debería contar con un programa vigoroso de apoyo al desarrollo de la ciencia y la tecnología y a la formación de recursos humanos del más alto nivel; también debería tratar mejor a sus científicos, tanto en sus remuneraciones como en las facilidades para que puedan desempeñar mejor su trabajo, creando condiciones para premiar a quienes logren enriquecer a la sociedad con nuevos conocimientos, y al mismo tiempo mostrando simpatía y comprensión para los que no tengan esa suerte, a pesar de trabajar tan duro como sus colegas más afortunados. La objeción habitual a esta postura es que entonces se colarían algunos "aviadores", que ante la falta de sanciones rigurosas por su pobre "productividad" podrían alegar lo difícil del problema que están intentando resolver, o simplemente su mala suerte, para seguir disfrutando de una cómoda posición. Pero esta objeción no es válida por dos razones: 1) se hace pagar a muchos justos por unos cuantos pecadores, que no por eso dejan de existir, y 2) la existencia de las leyes y de la policía nunca ha logrado reducir y menos eliminar la presencia de los delincuentes.

EL CONSEJO CONSULTIVO DE CIENCIAS
DE LA PRESIDENCIA (CCCP)

Durante la campaña para las elecciones presidenciales de 1988, varios miembros de la comunidad científica nacional señalaron públicamente la necesidad de crear un cuerpo consultivo y propositivo en ciencia y tecnología, con acceso directo a la presidencia del país. A escasas tres semanas de haber tomado posesión de su cargo, el 28 de enero de 1989, el presidente Salinas convocó a una reunión en Palacio Nacional en la que se firmó el acuerdo que declaraba la instalación formal de lo que primero se llamó el Claustro de los Premios Nacionales de Ciencia y Tecnología, y posteriormente Consejo Consultivo de Ciencias de la Presidencia (CCCP). Todos los ganadores del Premio Nacional de Ciencia y Tecnología tenían el derecho (no la obligación) de pertenecer al consejo, cuyas funciones serían opinar sobre problemas de ciencia y tecnología a nivel nacional.

El CCCP funcionó durante los dos últimos sexenios del siglo XX, teniendo como coordinador en el primero de ellos a Guillermo Soberón y en el segundo a Pablo Rudomín. Al principio las reuniones fueron frecuentes, pues se trataba de presentarle al presidente Salinas un paquete integral de sugerencias para mejorar la situación de la ciencia y la tecnología en el país, lo que finalmente se hizo pero con éxito parcial, porque parte de los recursos solicitados por el CCCP debieron usarse para conceder el aumento prometido en sueldos a maestros normalistas (como todo el CCCP estaba en favor de los maestros, nadie protestó). Sin embargo, el presidente asistió personalmente a todas las reuniones que le solicitó el CCCP y atendió con eficiencia todas las solicitudes que se le presentaron, por lo que el presupuesto asignado a la ciencia y la tecnología aumentó saludablemente; se reestructuró el Conacyt; se facilitó la importación de reactivos y equipos para laboratorios de investigación (problema antiguo y recurrente), y el CCCP contestó varias consultas específicas que le hizo el presidente.

Con el cambio de régimen en 1994, el presidente Zedillo tuvo mucho menos interés en las reuniones con el cccp, que se espaciaron demasiado y a las que asistió sólo al principio. Envió representantes a todas las demás reuniones hasta el final de su régimen, por lo que en ese sexenio el papel del cccp en la promoción de la ciencia y la tecnología en México disminuyó considerablemente.

De todos modos, mientras funcionó, o sea mientras el presidente del país le prestó atención, el cccp mostró ser un mecanismo adecuado para promover el desarrollo de la ciencia nacional, mediante asesoramiento directo a la máxima autoridad política en los asuntos técnicos que el cccp conoce y maneja mejor que cualquiera de los colaboradores más cercanos al presidente. Pero su ineficiencia e irrelevancia cuando la máxima autoridad lo descuida o lo ignora revela que no está bien constituido, y que para lograr que cumpla con sus funciones debería estructurarse de manera que sus trabajos y conclusiones no dependan de la atención que el Ejecutivo se digne prestarle, sino que tengan otros caminos más eficientes para hacer valer sus conocimientos en beneficio de la sociedad.

La Ley para el Fomento de la Investigación Científica y Tecnológica

La primera ley relacionada con la ciencia y la tecnología en México fue aprobada por el Congreso de la Unión en la undécima hora de 1984, como parte del tradicional "paquete navideño" que le envió el presidente De la Madrid. La Ley para Coordinar y Promover el Desarrollo Científico y Tecnológico señaló bases y elementos para integrar un Sistema Nacional de Ciencia y Tecnología, dentro del Sistema Nacional de Planeación, pero se orientó sobre todo a la búsqueda de mecanismos de coordinación dentro de la administración pública federal. Además, estableció (capítulo 3) que siempre debe existir un Programa Nacional de Desarrollo Científico y Tecnológico, y creó una comisión encargada de definir la política nacional sobre el tema, el programa respectivo y su operación anual, presidida por el subsecretario de Programación y Presupuesto e integrada por un subsecretario de las secretarías de Relaciones Exteriores, Hacienda y Crédito Público, Energía, Minas e Industria Paraestatal, Comercio y Fomento Industrial, Agricultura y Recursos Hidráulicos, Comunicaciones y Transportes, Desarrollo Urbano y Ecología, Educación Pública, Salud, Pesca, el secretario general de Conacyt, el rector de la UNAM y el director general del IPN (en total, 15 personas). Este *corpus divinum* debía reunirse por lo menos cada dos meses para diseñar las políticas de desarrollo científico y tecnológico del país y el programa anual de trabajo en la materia, así como: "opinar sobre los proyectos de presupuesto de las dependencias y entidades de la administración pública federal involucradas en la consecución de los objetivos del Programa Nacional de Desarrollo Tecnológico y Científico". No hay registro de que esta comisión se haya reunido alguna vez, pero de nuevo se tiembla ante lo que hubiera ocurrido si tal aquelarre se hubiera llevado a cabo.

En cambio, la ley dice (capítulo 2, artículo VI) lo siguiente: "Todas las actividades propias del Sistema Nacional de Ciencia y Tecnología se regirán por principios de libertad y responsabilidad, dentro de un marco de respeto a la dignidad humana y al interés nacional". La ley no legisla (ni le interesa) lo que hacen los científicos; simplemente lo reconoce, valora y apoya. La ley también constituye en delito formal las desviaciones no justificadas en los programas y presupuestos originalmente inscritos en el desarrollo de la ciencia y la tecnología en todas las dependencias oficiales, y da valor legal al respeto a la independencia intelectual, a la libertad de los investigadores para decidir el área y los problemas a los que desean dedicar su vida. Finalmente, la ley modificó el carácter del Conacyt, que de ser simplemente un organismo asesor del Poder Ejecutivo en materia de ciencia y tecnología, pasó a ser miembro participante en la Comisión para la Planeación del Desarrollo Científico y Tecnológico ya mencionada, con atribuciones mucho más definidas en las decisiones específicas sobre política científica.

Pero como ocurre con muchas otras leyes, esta primera, relacionada con la ciencia y la tecnología del país, no cambió para nada las
relaciones del Estado con la comuniad científica ni las condiciones
reales de trabajo de los investigadores.

En 1993, la reforma del artículo 3° Constitucional dejó establecido el compromiso del Estado de apoyar el desarrollo de la ciencia y la tecnología. La fracción V dice:

> Además de impartir la educación preescolar, primaria y secunda-
> ria, señaladas en el primer párrafo, el Estado promoverá y aten-
> derá todos los tipos y modalidades educativos —incluyendo la
> educación superior— necesarios para el desarrollo de la Nación,
> *apoyará la investigación científica y tecnológica,* y alentará el fortale-
> cimiento y difusión de nuestra cultura.

Para dar vigencia efectiva a este mandato constitucional, el 15 de
diciembre de 1998 el presidente Zedillo envió al Senado de la República la Iniciativa de Ley para el Fomento de la Investigación
Científica y Tecnológica, que finalmente se aprobó y publicó en el
Diario Oficial de la Federación el 21 de mayo de 1999.

Esta nueva ley (aprobada seis años después de lo establecido
en el mandato constitucional: las cosas en palacio van despacio...)
contiene cuatro elementos novedosos en relación con las medidas
que el Estado debe adoptar para impulsar, fortalecer y desarrollar
la ciencia y la tecnología del país: *1)* establecimiento de un Sistema
Integrado de Información sobre Investigación Científica y Tecnológica (SIICYT) por Conacyt; *2)* creación de dos tipos de fondos
para apoyar a la investigación científica y tecnológica, Fondos Conacyt y Fondos de Investigación Científica y Desarrollo Tecnológico, ambos administrados por Conacyt; *3)* constitución de un Foro
Permanente de Ciencia y Tecnología como órgano autónomo de
consulta del Poder Ejecutivo, en el que participan el CCCP, la ANUIES,
la AIC, la Asociación Mexicana de Directivos de la Investigación
Aplicada y el Desarrollo Tecnológico y "otras instituciones y personas relacionadas con la investigación científica y tecnológica"

(entre las que se encuentran la Academia Mexicana de la Lengua y la Academia de la Historia); *4)* creación de la figura del Centro Público de Investigación, que sólo sería un cambio de nombre para los 28 centros de SEP-Conacyt, si no fuera porque agrega a los nueve Institutos Nacionales de la Salud, al Consejo de Recursos Minerales y al Hospital General Manuel Gea González, para un total de 39 instituciones pertenecientes a este nuevo rubro.

Es indudable que la nueva ley tradujo el interés renovado del Estado en el desarrollo de la ciencia y la tecnología del país, al ampliar las funciones de Conacyt y, con el Foro Permanente de Ciencia y Tecnología, incluir a todos los potencialmente interesados en promover la investigación científica y tecnológica. Como presente de fin de siglo del Estado a la comunidad científica mexicana resultó satisfactorio; sin embargo, no logró superar el escepticismo crónico (característico del gremio) ante una ley más, no sólo en vista de los pobres resultados obtenidos con las anteriores sobre el mismo tema, sino por la burocratización implícita en un foro constituido por 37 instituciones.

La Academia de la Investigación Científica (AIC) (1958-1996) y la Academia Mexicana de Ciencias (AMC) (1996)

Dentro del panorama general de la historia de la ciencia en México en el siglo XX, el surgimiento de la AIC-AMC en su segunda mitad aparece como natural, casi necesario y, por lo tanto, inevitable. La evolución de la sociedad urbana del país a partir de 1930, libre por fin de los sustos y sobresaltos del conflicto armado (pero no de la inquietud de las contiendas políticas), podía seguir su curso natural hacia formas cada vez más complejas de estructura, lo que tarde o temprano incluye la búsqueda del conocimiento más confiable de la realidad, o sea la ciencia. Dejando atrás las limitaciones impuestas por tradiciones irracionales y dogmas religiosos, que pesan más en grupos sociales con menor acceso a la educación, la clase media mexicana de los años cincuenta inundó las aulas universitarias y politécnicas y surgió de ellas con nuevos valores sociales y culturales y con un concepto distinto de su potencial de desarrollo individual, más amplio, libre y ambicioso. Las ventanas abiertas al resto del mundo le mostraban distintas opciones de desarrollo, entre ellas varias que habían logrado niveles deseables de calidad de vida o estaban en el proceso de alcanzarlos, siempre con el apoyo de la ciencia y la tecnología. Pero además, la posibilidad de hacer una carrera en la propia investigación científica o humanística empezó a perfilarse como algo real, aunque al principio en ambientes casi exclusivamente académicos, debido a la ausencia de tradición e interés de la iniciativa privada en el uso del talento creativo y técnico nacional.

Las sociedades científicas existían en México desde mediados del siglo XIX, casi todas con intereses limitados a una sola disciplina científica, como química, o a un grupo pequeño de ciencias afines, como geografía y estadística, y estaban integradas principalmente por aficionados. No se contaba con la experiencia de una academia de todas las ciencias. En cambio, a mediados del siglo XX, entre los científicos pioneros se encontraban varios que habían completado estudios en el extranjero y recogido la experiencia de grupos académicos antiguos, con tradiciones instituidas, entre las que destacaban las academias de ciencias. En varios países europeos, como Francia, Inglaterra e Italia, las sociedades científicas llevaban cuatro siglos de establecidas, al principio también como agrupaciones de aficionados y diletantes en distintas ramas de la ciencia; posteriormente se fueron profesionalizando y a principios del siglo XX ya desempeñaban un papel central en la vida de sus respectivas comunidades académicas. Su importancia dependía en gran parte del principal, y a veces único, mecanismo permanentemente abierto a la presentación y discusión de ideas y de estudios sobre la naturaleza. Además de su papel fundamental como centros de exposición de conceptos y trabajos de sus miembros, las academias realizaban otras funciones de gran trascendencia para la comunidad científica, sobre todo de tipo social, como organización de concursos, entrega de premios, reconocimientos de méritos, nombramientos honoríficos, etcétera. En México, la única asociación con mayor amplitud de intereses científicos era la de Antonio B. Alzate, que dejó de existir en 1930, de modo que a principios de la segunda mitad del siglo xx no había en el país cuerpo colegiado alguno que agrupara a los científicos *en general*.

Aunque desde un año antes un grupo reducido de investigadores de la UNAM había empezado a discutir de manera informal la conveniencia de constituir un espacio oficial de reflexión y discusión de distintos proyectos científicos, sólo a principios de 1959 se llevó a cabo la primera reunión formal para cumplir con este objetivo. A ella asistieron apenas ocho investigadores: José Adem, Guillermo Haro, Emilio Lluis, José Manuel Lozano, José Luis Mateos, Eugenio Mendoza, Arcadio Poveda y Alberto Sandoval. Después de varios meses en que los estatutos se discutieron y redactaron, el 12 de agosto del mismo año se firmó el acta constitutiva de la flamante Academia de la Investigación Científica (AIC), con el siguiente Consejo Directivo: presidente, Alberto Sandoval; vicepresidente, Guillermo Haro; secretario, José Luis Mateos, y tesorero, Juan Comas. Entre los 54 miembros fundadores había 42 investigadores de la UNAM, tres del Instituto Nacional de Cardiología, dos del Instituto Nacional de Antropología e Historia, y uno de cada una de las siguientes instituciones: IPN, Instituto Nacional Indigenista, SSA, El Colegio de México, Comisión Nacional de Energía Nuclear, Syntex y Universidad Veracruzana. Al cumplir sus primeros 40 años de vida, en 1999, la AIC (tres años después de haber cambiado su nombre a Academia Mexicana de Ciencias, AMC) ya contaba con más de 1 200 miembros, lo que apenas era menos de 15 por ciento de la comunidad registrada como científica en México en esa fecha; la adscripción de los miembros incluía 106 instituciones del país y 34 del extranjero.

Al principio, la AIC celebraba reuniones mensuales en las que los miembros presentaban los resultados de sus investigaciones, pero con el crecimiento progresivo del número de académicos y la consiguiente diversificación de especialidades científicas, fue necesario agruparlos en tres áreas de conocimiento, a saber: ciencias exactas, ciencias naturales y ciencias sociales y humanidades, que a su vez se dividieron en secciones específicas.

Ciencias exactas: astronomía, física, geociencias, ingeniería, matemáticas y química.

Ciencias naturales: agrociencias, biología y medicina.

Ciencias sociales y humanidades.

Las sesiones académicas fueron sustituidas por sesiones de negocios y plenarias, realizadas cuando había elecciones de nuevas mesas directivas, ingresaban nuevos miembros o se entregaban distintos premios. En cambio, a lo largo del siglo xx la AIC-AMC multiplicó sus actividades en apoyo al crecimiento de la ciencia en el país por medio de varios programas, patrocinando premios y realizando distintos estudios. Entre los programas destaca el conocido como *Domingos en la Ciencia,* desarrollado por iniciativa de Jorge Flores Valdez a partir de 1982. Consistió en pláticas informales de divulgación científica para el público en general, impartidas por investigadores distinguidos. Al principio se usaron las instalaciones del Museo Tecnológico de la Comisión Federal de Electricidad, cuyo auditorio se llenaba los domingos en la mañana con personas de todas las edades para escuchar disertaciones sobre física, matemáticas, química, biología y astronomía, que después se ampliaron a casi todas las áreas del conocimiento científico. La respuesta del público fue realmente entusiasta, ya que al finalizar la conferencia se establecía un diálogo con el investigador que muchas veces duraba más que la plática formal, en el que participaban asistentes de todas las edades. El éxito de este programa lo convirtió en trashumante y no sólo cambio de sede en la ciudad de México sino que viajó a las principales ciudades del país, sin perder su carácter de divulgación científica. En los 18 años transcurridos desde su inauguración hasta el año 2000, el programa estuvo presente en 72 sedes distintas con más de 3 300 conferencias, impartidas por miembros de la AIC-AMC y sus invitados.

En 1990 la AIC inició otros dos programas, llamados *Semana de la Investigación Científica* y *Verano en la Ciencia,* dirigidos en sus primeros 10 años por Saúl Villa Treviño. El primero de estos programas consistió en organizar, durante una semana de los meses de marzo o abril, el mayor número posible de pláticas de divulgación científica dirigidas a jóvenes bachilleres y universitarios en todo el país; cada año se dieron entre 300 y 600 conferencias en esa semana. En el programa *Verano en la Ciencia*, un grupo de jóvenes universitarios que aspiraban a desarrollar una carrera científica pasaban dos o tres meses (entre junio y agosto) en centros y laboratorios de investigación de prestigio en el país. En respuesta a la primera convocatoria se recibieron 703 solicitudes pero sólo se contaba con 100 becas, mientras en 1999 se recibieron 1 367 solicitudes y se aprobaron 518. La experiencia no era nueva: algo semejante se hacía en el Instituto Weissman, en Israel, y en el CIVIC, en Venezuela. La diferencia con esos dos países es que en ambos los estudiantes seleccionados viven en las instituciones que los reciben, ya que cuentan con facilidades para alojarlos.

En 1991 la AIC creó el programa anual *Olimpiadas Nacionales de la Ciencia*, bajo la dirección de Mauricio Fortes Besprosvani, que constaba de cuatro concursos nacionales para jóvenes preuniversitarios en biología, física, matemáticas y química. En cada área los concursos transcurrían en tres etapas: estatal, nacional y de preparación y selección de las delegaciones que iban a representar a México en competencias internacionales. Con los años el programa se fue modificando, de modo que al final del siglo XX la AIC coordinaba cinco competencias: Olimpiadas Nacionales de Biología, de Química, de Matemáticas, de Matemáticas de la Cuenca del Pacífico, el Concurso de Primavera de Matemáticas para jóvenes menores de 15 años, y la Competencia Cotorra de Matemáticas para estudiantes menores de 12 años. Desde 1996 las Olimpiadas de Física y de Matemáticas fueron coordinadas por las sociedades Mexicana de Física y Matemática Mexicana, respectivamente.

En 1984 Jorge Bustamante Ceballos creó el programa *Computación para Niños*, con el objetivo de proporcionar acceso gratuito al uso de computadoras a niños de educación primaria. El primer taller se instaló en un vagón de ferrocarril, como parte de la biblioteca pública que entonces funcionaba en el Museo Tecnológico de la Comisión Federal de Electricidad; pero a partir de 1988, en estrecha colaboración con la Dirección General de Bibliotecas de la UNAM, los talleres empezaron a funcionar en salas infantiles de diversas bibliotecas públicas del país. Algunos gobiernos estatales y municipales se han hecho corresponsables de la instalación de talleres (muebles, cancelería e instructores), mientras la AIC proporciona equipos de cómputo, programas (*software*) y mantenimiento necesario. A fines del siglo XX este programa operaba en 23 estados de la república, con más de 500 equipos de cómputo instalados en cerca de 100 talleres; cada módulo consta de hasta cinco computadoras, en las que se atienden hasta 10 niños al mismo tiempo, tres veces al día.

Desde 1961 la AIC entregaba sus prestigiados Premios de Ciencias en cuatro áreas del conocimiento: ciencias exactas, ciencias naturales, ciencias sociales y (a partir de 1991) en investigación tecnológica. En la convocatoria se señala que los candidatos deben tener menos de 40 años de edad. Desde 1986 la AIC, en colaboración con la Sociedad de Amigos del Instituto Weizmann de Ciencias de Israel, otorga premios a las mejores tesis doctorales realizadas por científicos mexicanos menores de 35 años de edad, en ciencias exactas y naturales. La AIC también ha entregado premios en colaboración con la Academia de Ciencias del Tercer Mundo, y otros más.

La AIC-AMC ha realizado un amplio número de estudios y encuestas sobre varios aspectos de la ciencia en México, como por ejemplo un *Censo sobre las labores de investigación científica, el personal y las instituciones responsables,* una *Encuesta sobre instituciones educativas en el país,* otra *Encuesta sobre investigación científica en el D.F.,* otra más sobre *La enseñanza y la investigación en biología, física, química y matemáticas en México,* etcétera, todas ellas antes de 1986. A partir de esa fecha los estudios se multiplicaron, pero pueden destacarse los realizados mediante solicitud de la Presidencia de la república sobre problemas y soluciones en la importación de equipos, reactivos, libros, revistas, refacciones y otros insumos requeridos para la investigación; otro sobre la evolución del gasto público en ciencia y tecnología entre 1980 y 1987; uno más sobre la situación salarial del personal dedicado a la investigación científica, otro sobre la "fuga de cerebros", etcétera.

En sus inicios, la AIC-AMC se reunía en distintas aulas universitarias. Posteriormente buscó recintos académicos más amplios para acomodar a su membresía en crecimiento, pero siempre tuvo problemas para alojar oficinas, personal de apoyo y archivos. Finalmente, poco antes de terminar el siglo XX, el Estado le cedió en comodato por 99 años una amplia propiedad con varias construcciones (conocida como el "Partenón") que había sido decomisada a un ex jefe de la policía de un sexenio anterior. Las oficinas de la AIC-AMC se alojaron en lo que hubieran sido las caballerizas de la propiedad (debidamente adaptadas) y el auditorio se instaló en un espacio originalmente destinado a salón de tiro.

Como en otros aspectos de la ciencia en México y en los países con un nivel comparable de desarrollo (que antes se conocían como el Tercer Mundo), la AIC-AMC inició sus actividades con retraso considerable, en comparación con naciones desarrolladas. Aunque la ciencia nunca ha sido asunto de multitudes, la población total de científicos en México siempre ha sido mucho menor que en otros países, lo que explica que en el día de su fundación la AIC sólo contaba con 54 miembros, y aunque en el curso de medio siglo rebasó la cifra de 1 300, eran todavía pocos, no sólo para los cerca de siete mil profesionales registrados en el SNI sino para los 90 millones de habitantes del país a fines del siglo XX. Desde luego, no todos los científicos mexicanos querían o podían ingresar y formar parte de la AIC-AMC, cuya membresía estaba limitada a quienes cumplían con ciertos requisitos de interés y excelencia profesional. Pero quizá la explicación de la escasa membresía de la AIC-AMC deba tomar en cuenta dos factores distintos: 1) la pertenencia en la AIC-AMC no acarreaba ventajas o beneficios aparentes a sus miembros y, en cambio, solicitaba de los voluntarios atención y participación en sus distintas actividades, lo que podía resultar oneroso en tiempo y esfuerzo; 2) el ingreso a la AIC-AMC todavía no alcanzaba el prestigio implícito de contarse como miembro de otras instituciones, como la Academia Nacional de Medicina, la Mexicana de la Lengua o la Mexicana de Historia; ello no era de modo alguno reflejo de su calidad y categoría como academia, sino más bien de la baja estima en que la sociedad tenía a la ciencia como profesión. La escasa estatura social del científico en nuestro país se debía sobre todo a dos causas: por un lado, la falta o superficialidad de los conocimientos más elementales sobre lo que la ciencia es, cómo se hace, para qué sirve y para qué no sirve (producto combinado de la deficiente educación oficial sobre ciencia y de la tradición religiosa católica, que antepone la fe frente a la razón); por otro lado, la sistemática y con frecuencia grotesca desinformación sobre la ciencia difundida por los medios, caracterizada por la superficialidad, el amarillismo y hasta la mentira.

El Centro de Investigación y Estudios Avanzados del ipn (Cinvestav)

La creación del Cinvestav en 1960 puede verse como resultado de la confluencia fortuita, no planeada, de tres circunstancias favorables en un momento histórico. Estas tres circunstancias fueron: 1) la coincidencia simultánea de objetivos de varias altas personalidades con autoridad política y académica; 2) un antiguo proyecto inicial, sostenido con perseverancia, que sufrió una metamorfosis imprevista pero visionaria en el momento de echarse a andar, y 3) sobre todo, la presencia de un líder científico mexicano con prestigio internacional que aceptó abandonar su brillante carrera de investigador para convertirse en administrador. Estos tres factores fueron determinantes de la fundación por el Estado del *único* centro autónomo dedicado exclusivamente a la investigación científica no dirigida y de excelencia, que se haya establecido en México *en todo el siglo* xx.

Los antecedentes del Cinvestav, creado el 17 de abril de 1961 con el propósito de "...preparar investigadores, profesores especializados y expertos en distintas disciplinas científicas y técnicas, así como la solución de problemas tecnológicos", se iniciaron por lo menos 20 años antes, desde 1941. Los primeros esquemas del proyecto se encuentran en los escritos del ingeniero Manuel Cerrillo, egresado en 1929 de la Escuela de Ingenieros Mecánicos y Electricistas (ESIME), a cuya dirección accedió apenas seis años después, lo que le permitió participar en la creación del IPN, en 1936-1937. Durante su gestión como director de la ESIME, Cerrillo creó la Escuela de Posgraduados, dirigida a mejorar los conocimientos de ingenieros egresados de cualquier escuela del país y a formar profesores de licenciatura, con un éxito razonable. Cerrillo también fue "jefe" del IPN durante pocos meses, pero renunció para continuar sus estudios sobre electricidad en Cambridge, Estados Unidos, en el Massachusetts Institute of Technology (MIT). Ahí permaneció hasta 1941, año en que regresó a México. Sin embargo, al poco tiempo se encontraba otra vez en Cambridge, donde vivió los siguientes 30 años.

Aun residiendo en el extranjero, Cerrillo nunca abandonó su proyecto de una escuela de graduados para todo el IPN, y cuando su alumno Eugenio Méndez Docurro, que compartía sus ideas, ocupó la Dirección de Telecomunicaciones de la Secretaría de Comunicaciones y Transportes, de 1953 a 1959, lo aprovechó para promover el proyecto de Cerrillo en forma oficial. En una reunión celebrada en México, del 3 al 11 de noviembre de 1959, con la presencia de varios profesores del MIT, entre ellos el propio Cerrillo, se propuso la creación de una escuela de graduados en el IPN y se elaboró un proyecto más definido, basado en el principio de que en México: "hasta el momento, la producción intelectual era imitativa de lo realizado en el extranjero, por lo que había llegado la hora de producir ideas nuevas, constructivas, sencillas y útiles. La escuela de posgraduados debía garantizar el tránsito de la imitación a la creación".

Otros dos personajes del mundo político de esos años fueron importantes en la promoción de lo que después sería el Cinvestav: Víctor Bravo Ahuja, subsecretario de Enseñanza Técnica y Superior de la SEP, y Jaime Torres Bodet, secretario de Educación Pública.

Pero quien finalmente dio luz verde para la creación del proyecto de Cerrillo, que seguía siendo de una escuela tradicional de posgrado del IPN, fue el presidente López Mateos. Cerrillo estaba convencido de que él mismo no era capaz de encabezar un proyecto de esa magnitud y así se lo dijo al presidente, pero también tenía conciencia de que la gente en México no lo conocía, y que muchos de los que lo conocían no lo querían. El hecho es que viviendo en Cambridge siguió pensando en su proyectada escuela de graduados para el IPN; organizó otro seminario más para discutir la estructura y los alcances de la nueva institución, también con la presencia de profesores del MIT y del propio IPN, y empezó a hacer una lista de científicos destacados que pudieran formar parte de ella. Los dos nombres que encabezaron la lista como posibles directores eran los científicos mexicanos que Cerrillo había conocido en Boston y por los que sentía gran admiración: Manuel Sandoval Vallarta y Arturo Rosenblueth. Ambos habían hecho parte de sus respectivas y brillantes carreras académicas en instituciones bostonianas, Sandoval Vallarta en el MIT y Rosenblueth en Harvard, tras lo cual regresaron a México. Sin embargo, Cerrillo prefería a Rosenblueth sobre Sandoval Vallarta porque el primero era un científico activo, dedicado de tiempo completo a la investigación y la docencia de posgrado, mientras que en esa época el segundo ya había abandonado el trabajo científico y estaba inmerso en labores administrativas.

Finalmente, en marzo de 1960, durante una reunión en la que estuvieron presentes Eugenio Méndez Docurro (entonces director general del IPN), Manuel Cerrillo, Víctor Bravo Ahuja y Arturo Rosenblueth, el primero le dijo al último que Cerrillo lo consideraba el candidato idóneo para dirigir la nueva escuela de graduados del IPN. Su respuesta fue que necesitaba conocer mejor el proyecto antes de tomar una decisión, que además iría acompañada de sus comentarios y, en su caso, de sus condiciones. Méndez Docurro tenía prisa en el nombramiento del director del proyecto porque Jaime Torres Bodet también estaba pensando en otros personajes que pudieran encabezarlo, por lo que solicitó y obtuvo una entre-

vista con el presidente López Mateos para presentarle tanto el documento básico con las normas de funcionamiento de la escuela
como la lista de los ocho candidatos más viables para dirigirla. La
respuesta del presidente fue que la decisión la tomara el propio
Méndez Docurro, pero que lo conversara con Torres Bodet.

Arturo Rosenblueth estudió el proyecto de la escuela de graduados que proponía Cerrillo y lo cambió por completo, empe-
zando por el nombre: en lugar de Escuela de Graduados propuso
el de Centro de Estudios Avanzados, que pronto se transformó en
Centro de Investigación y Estudios Avanzados. Además, lo que
iba a ser una institución dedicada sobre todo a la enseñanza de
disciplinas principalmente tecnológicas, como ingeniería mecánica, electrónica y aerodinámica, y con un definido perfil utilitarista,
se convirtió en un grupo pequeño dedicado a la investigación
científica básica en los campos en que hubiera personal capacitado
del más alto nivel; con flexibilidad para crecer o reducirse; con
independencia administrativa y académica (o sea, un organismo
descentralizado, con personalidad jurídica y patrimonio propios);
sin metas utilitaristas y, sobre todo, sin responsabilidades determinadas por autoridades oficiales, sino únicamente por los propios
investigadores.

Desde la fundación de la Universidad Nacional en 1910 y de
El Colegio de México en 1941, el país no había creado una institución científica con los grados de libertad académica con los que el
Cinvestav inició sus trabajos, ni lo volvería a hacer durante el resto
del siglo xx. Sin embargo, el nuevo organismo estaba formado por
un director y un patronato, presidido por el subsecretario de Enseñanza Técnica y Superior de la sep y en el que servían otros personajes del mundo oficial y empresarial, todos ellos nombrados por
el titular de la sep, lo que excluía la participación de los investigadores y del resto de la comunidad en la elección de sus autoridades. Esto contrastaba con El Colegio de México, que a partir de
1941 había dejado de tener un patronato por la creación de una
junta de gobierno que incluía al presidente y al secretario de la
institución. De cualquier manera, el decreto firmado por el presi-

dente López Mateos el 17 de abril de 1961 y publicado el día 6 del mes siguiente en el *Diario Oficial de la Federación*, estableció la creación de un organismo descentralizado, independiente de cualquier escuela, facultad o instituto, con capacidad para establecer convenios y recibir aportaciones de gobiernos estatales, autoridades municipales, empresas de participación estatal o privadas y organismos descentralizados y privados, pero no le concedía autonomía para gobernarse a sí mismo. A cambio de esto último, le aseguró un subsidio permanente por parte del gobierno federal y sus miembros quedaron incorporados al ISSSTE. El Cinvestav conservó hasta 1982 los dos órganos de gobierno mencionados, la dirección y el patronato, aunque en 1968 se agregó un Consejo Técnico que fungía como órgano consultivo del segundo, y meses antes se había formado un Consejo Técnico de Profesores que solicitaba mayor participación del personal académico en las decisiones sobre docencia e investigación.

El Cinvestav inició sus trabajos en 1961 sin casa propia, con seis profesores y sólo cuatro departamentos: fisiología, física, matemáticas e ingeniería. Para 1968 la institución ya tenía sus primeros edificios propios (inaugurados en 1965), 37 profesores distribuidos en siete departamentos y la mejor biblioteca científica de América Latina. Esta última provino de un acuerdo realizado en 1950 entre el gobierno de México y la UNESCO para establecer un Centro de Documentación Científica y Técnica, cuya función era reunir las publicaciones más importantes de todo el mundo y facilitarlas a los interesados para su consulta. Este centro pasó a depender del gobierno mexicano en 1954, lo que no interrumpió su excelente labor de adquisición, catalogación y difusión de la literatura científica, bajo la dirección de Armando Sandoval. Con la creación del Cinvestav, el centro se cerró y se convirtió en la biblioteca de la nueva institución, que a fines del siglo XX seguía siendo la más completa de su nivel en México. Además, el presupuesto anual del Cinvestav había crecido, de un millón de pesos en 1961, a 16.7 millones de pesos en 1968 (pero desde 1966 no había aumentado); su producción académica, tanto en publicaciones científicas del más alto nivel como en número y calidad de estudiantes graduados, sólo era superada en México por la UNAM en cifras absolutas, pero si se considera la "actividad específica", o sea proporcional al número de investigadores, estudiantes o presupuestos anuales, en 1968 el Cinvestav ya era la institución científica más productiva no sólo de México sino de toda América Latina. Así se mantuvo hasta fines del siglo XX. En el año 2000 el Cinvestav ya tenía 568 profesores distribuidos en 17 departamentos y cinco unidades descentralizadas, en Mérida, Irapuato, Saltillo, Guadalajara y Querétaro.

La referencia al año 1968 en el párrafo anterior es porque en el fatídico 2 de octubre, Rosenblueth cumplió 68 años de edad. Había creado y dirigido el Cinvestav con mano maestra y visión mesiánica, basado en un modelo de autoridad individual, derivada con toda justicia de su personalidad dominante, generosa pero autoritaria y a veces hasta agresiva, y de su gran prestigio científico internacional; pero el modelo empezaba a parecer obsoleto frente al crecimiento de la institución y a las transformaciones de la sociedad, que requerían una estructura administrativa más compleja y más estratificada. La inquietud interna en el Cinvestav coincidió con el movimiento estudiantil de carácter nacional e internacional que culminó con la tragedia de Tlatelolco; pero ni los profesores ni los estudiantes del Cinvestav participaron directamente en ello. De todos modos, en esa época las autoridades federales tenían una actitud abiertamente antiacadémica y anticientífica, lo que aumentaba la inquietud que prevalecía en esos ambientes. Con la renuncia de Víctor Bravo Ahuja a la Subsecretaría de Enseñanza Técnica y Superior de la SEP para postularse como candidato del PRI a la gubernatura del estado de Oaxaca, la presidencia del patronato fue ocupada provisionalmente por el vicepresidente Guillermo Massieu, distinguido bioquímico, entonces director general del IPN y posteriormente del Cinvestav. Los otros miembros del patronato eran Arturo Rosenblueth, director del centro; Eugenio Méndez Docurro, subsecretario de Comunicaciones y Transportes; José Ídem, jefe del Departamento de Matemáticas y asesor académico de la dirección; Juan García Ramos, jefe del Departamento de Fisiología; Enrique G. León López, profesor titular del centro (con licencia) y subdirector técnico del IPN.

En mayo de 1970 la salud de Rosenblueth empezó a deteriorarse rápidamente, por lo que renunció a la dirección del Cinvestav y fue sustituido por Guillermo Massieu; Rosenblueth murió el 19 de septiembre de ese mismo año. Su contribución al desarrollo de la ciencia en México en el siglo xx fue realmente única, no sólo por su gran prestigio internacional sino debido a que supo aprovechar el momento histórico para convertir el proyecto de una escuela de graduados en un experimento *sui géneris*, con un diseño modesto en apariencia pero con gran potencial de desarrollo. Éste no fue un mero accidente afortunado: Rosenblueth era antes que nada un investigador científico experimental, un profesional del planteamiento de situaciones controladas teóricamente con tal cuidado que, al llevarse a cabo, garantizan resultados coherentes para el diseño inteligente del siguiente experimento.

El Cinvestav se cimentó sobre tres condiciones *sine qua non*: 1) incorporación exclusiva de investigadores del más alto nivel, nacionales y extranjeros; 2) sueldos adecuados y amplias facilidades para trabajar (equipo, reactivos, biblioteca, viajes, etcétera); 3) independencia absoluta para seleccionar áreas y problemas de estudio. Durante los 10 años que Rosenblueth dirigió el Cinvestav tuvo la satisfacción de verlo crecer saludablemente sin alterar un ápice las tres condiciones básicas exigidas para su fundación; sólo al final, bajo la presidencia de Díaz Ordaz, se iniciaron las primeras restricciones presupuestales. Sin embargo, los siguientes directores de la institución durante el resto del siglo xx (Guillermo Massieu, Víctor Nava, Manuel Ortega, Feliciano Sánchez Sinecio, Adolfo Martínez Palomo) conservaron los mismos principios y presidieron su sano crecimiento, hasta verla convertida en una muestra de lo que puede hacerse cuando el talento cuenta con amplio apoyo y libertad irrestricta.

Síntesis de la historia de la ciencia en México
en la segunda mitad del siglo XX

A partir de 1952, el panorama del desarrollo de la ciencia en México se caracterizó por su heterogeneidad. Durante la primera mitad del siglo XX, el panorama mencionado puede describirse como aceptable; en el porfiriato, incipiente; en la época revolucionaria, nulo o de plano negativo y, en la posrevolucionaria, renaciente y hasta promisorio. Pero para la segunda mitad del siglo XX quizá los mejores adjetivos para caracterizar el desarrollo de la ciencia en nuestro país sean *incoherente* y *complejo*. Durante los ocho sexenios que van del presidente Ruiz Cortines al presidente Zedillo, la actitud del Estado frente a la ciencia y la tecnología pasó de la indiferencia (Ruiz Cortines, López Mateos) a la hostilidad (Díaz Ordaz); de la demagogia del populismo delirante (Echeverría), a la negligencia (López Portillo) para seguir con la crisis (De la Madrid), la recuperación (Salinas) y terminar otra vez con la indiferencia (Zedillo).

La *incoherencia* en el tratamiento de la ciencia y la tecnología por los distintos gobiernos del país de la segunda mitad del siglo XX se aprecia con mayor claridad considerando los siguientes cinco indicadores:

1) En todo el lapso considerado nunca se estableció una Política Nacional de Ciencia y Tecnología a largo plazo, aunque cada gobierno proclamó sendos Proyectos Sexenales de Desarrollo de la Ciencia y la Tecnología, que tampoco se cumplieron. La transformación del INIC, fundado por el presidente Ávila Camacho en 1943 y conservado con vida durante 27 años con el mismo mínimo presupuesto (siete millones de pesos anuales), en el Conacyt, en 1970, reavivó las esperanzas de la comunidad científica de salir del marasmo en que se encontraba, pero el organismo nació con graves defectos que muy pronto lo convirtieron en otra dependencia oficial burocrática, manejada por el presidente en turno como un botín político, entregado casi siempre como premio de consolación al funcionario que no había alcanzado una secretaría de Estado.

2) Los ocho presidentes que gobernaron el país en la segunda mitad del siglo xx prometieron que, al final de sus respectivos sexenios, el presupuesto de inversión en ciencia y tecnología alcanzaría el 1.0 por ciento del PIB, en vez de ser entre 0.3 y 0.4 por ciento (la UNESCO ha recomendado que los países en desarrollo inviertan cuando menos 1.5 por ciento de sus PIBs en ese renglón), pero ninguno lo cumplió, de modo que al terminar el siglo xx México seguía siendo uno de los países *de todo el mundo* que invertían menos en desarrollo científico y tecnológico.

3) El único presidente de México (aparte de don Porfirio) que se interesó en la ciencia y la tecnología y apoyó su desarrollo de distintas maneras en el siglo xx fue el presidente Salinas, quien creó el Consejo Consultivo de Ciencias de la Presidencia y le hizo caso siempre que pudo; aumentó el presupuesto y reorganizó al Conacyt, disminuyendo drásticamente su personal burocrático y reasignándolo a la SEP, pero finalmente tampoco cumplió su promesa de alcanzar un gasto en ciencia y tecnología de 1.0 por ciento del PIB.

4) Durante la grave crisis económica de principios de los ochenta, la insuficiencia de los salarios de investigadores y la falta de recursos para trabajar amenazaron con la desintegración de la débil comunidad científica mexicana, iniciada con una progresiva fuga de cerebros, tanto interna como externa. Ello obligó al presidente De la Madrid a adoptar un proyecto de la AIC y crear el SNI, una forma política de aumentar los ingresos de los científicos en función de su productividad individual sin tocar los miserables salarios base para evitar un "fenómeno del dominó" con los trabajadores sindicalizados de todo el país. La "solución" reveló la incapacidad del Estado mexicano para enfrentarse a un problema de fondo con una decisión definitiva, y su tendencia habitual a poner un "parche" transitorio, quizá en espera de que al cerrar los ojos el monstruo desapareciera, lo que desde luego no sucedió.

5) El comportamiento claramente esquizofrénico de las autoridades ante el problema del insuficiente número de científicos y tecnólogos en México, en donde había menos de un (0.65) investigador por cada 10 mil habitantes, mientras en España había 5, en

Inglaterra 25, en Alemania 36 y en Japón 42. La esquizofrenia se manifestó porque había un vigoroso programa de becas para la preparación de más científicos y tecnólogos, tanto en instituciones nacionales como extranjeras (en sus 30 años de vida Conacyt dio más de 100 mil becas), pero asimismo no existía un programa para recibir y dar ocupación a los becarios que fueran terminando sus doctorados y estuvieran listos para trabajar y producir en sus campos de especialización; tampoco se construyeron y desarrollaron nuevos centros de trabajo para ellos y ni siquiera se crearon nuevas plazas para emplearlos. De hecho, las restricciones económicas de los últimos años del siglo xx incluyeron la consigna de "ni una plaza nueva más", acompañada de la política de no sustituir al personal que causara baja por cualquier causa. El resultado es que México estaba contribuyendo a preparar científicos y tecnólogos para otros países.

La *complejidad* del desarrollo de la ciencia y la tecnología en la segunda mitad del siglo xx en México, con algunos aspectos positivos y otros negativos, se aprecia mejor tomando en cuenta los siguientes seis factores:

1) La multiplicación de centros de investigación y oportunidades de trabajo para científicos y tecnólogos en el país en el lapso mencionado fue casi prodigiosa. Puede afirmarse que en los últimos 50 años del siglo xx en México se crearon más centros de investigación científica y tecnológica que en toda su historia previa de 500 años; y en ese mismo periodo el número de mexicanos trabajando en ciencia y tecnología en el país alcanzó una cifra excepcional: como en el resto del mundo, a fines del siglo xx había en México más científicos y tecnólogos vivos y activos que en toda su historia anterior de medio milenio. Todo esto *no* como resultado de políticas oficiales, sino más bien como motor y consecuencia de la evolución natural de la sociedad civil, cada vez más educada y por lo tanto más consciente de la necesidad de apoyar la generación del conocimiento confiable. Pero como se mencionó antes, este crecimiento fue en gran parte insuficiente para alcanzar un nivel satisfactorio de desarrollo de la ciencia, debido principal-

mente a tres factores: a) se partía de una pobreza científica inicial muy profunda; b) el conocimiento científico aumentó durante el siglo xx en forma casi geométrica, y c) la velocidad del crecimiento demográfico del país (de cerca de 15 millones de mexicanos en 1900, a 100 millones en 2000) rebasó con mucho el nivel de desarrollo de la ciencia que finalmente se alcanzó.

2) El interés de la iniciativa privada en el desarrollo científico y tecnológico del país siguió siendo prácticamente nulo, su participación en el gasto en ciencia y tecnología no rebasó de 5 a 10 por ciento del total y casi todo se canalizó a patrocinar proyectos a corto plazo y de escala menor, sin carácter competitivo y desde luego de interés puramente comercial, en vez de apoyar el desarrollo de una plataforma sólida científica y tecnológica. Las grandes empresas que todavía no formaban parte de consorcios internacionales prefirieron adquirir tecnología en el extranjero en vez de patrocinar el desarrollo de científicos y tecnólogos mexicanos, y el gobierno no creó estímulos fiscales que hubieran favorecido este tipo de inversión. En México no existe la tradición de establecer fundaciones privadas que tengan entre sus objetivos el apoyo al crecimiento científico. Por estas razones, el peso casi total del desarrollo de la ciencia recae en el sector público, que tampoco consideró *con los hechos* a la ciencia como una prioridad nacional.

3) Los esfuerzos para descentralizar la ciencia y la tecnología fueron muchos y dieron buenos resultados. La macrocefalia del país (una ciudad de México que concentra todos los poderes políticos federales, la mayor parte de la fuerza económica e industrial, y la quinta parte de la población del país) se reconoció como un problema real y se intentó atacarlo por medio de dos políticas: a) desplazamiento de grupos pequeños de científicos productivos de la capital a ciertas instituciones académicas receptivas en los estados, que tuvo consecuencias ambivalentes porque algunos grupos desplazados no alcanzaron la masa crítica mínima necesaria para empezar a desarrollarse; otros lo lograron pero también inhibieron la participación del talento local, es decir, no hubo descentralización sino desconcentración de la ciencia; b) la creación de

polos de desarrollo en provincia por la UNAM y el Cinvestav, y de los centros SEP-Conacyt, localizados en distintas ciudades del interior del país, desde que se establecieron en general mostraron la fortaleza necesaria para desarrollar sus programas de investigación, desarrollo tecnológico y docencia en forma vigorosa y progresiva.

4) La negativa sistemática de las autoridades y de la sociedad misma a considerar que la ciencia y la tecnología son actividades complejas, que requieren muchos años de preparación y manejan conceptos y métodos que no sólo requieren educación altamente especializada sino experiencia personal, y mientras más larga mejor. Tanto en las comisiones de Ciencia y Tecnología del Congreso y del Senado, como en el mismo Conacyt y en otras dependencias relacionadas con las decisiones que afectan a la ciencia y a la tecnología, los expertos con conocimientos indispensables para entender la naturaleza de los problemas y concebir posibles soluciones brillaron por su ausencia; en las pocas ocasiones en que se solicitó la opinión de los científicos, los legisladores no les hicieron el menor caso (la excepción fue el CCCP durante el régimen del presidente Salinas). Ciertamente, con frecuencia las intenciones fueron buenas, pero en estos asuntos se necesita más que buenos deseos para entender y decidir lo más conveniente tanto para la ciencia y la tecnología como para la sociedad.

5) El problema fundamental de los no científicos en México fue, durante todo el siglo XX, tratar a la ciencia y a la tecnología como si sólo fueran medios o instrumentos para resolver problemas específicos (casi siempre tecnológicos) y promover el desarrollo económico del país, o sea la postura estrictamente utilitarista frente al conocimiento científico. Aferrados a la absurda clasificación de la ciencia en "básica" y "aplicada", los administradores no científicos sólo vieron con buenos ojos lo que les parecía orientado a resolver ciertos "problemas nacionales"; incluso hubo un par de sexenios en que se hicieron listas de "prioridades" científicas y se usaron para asignar recursos a proyectos de investigación sujetos a ellas; en cambio, sólo en un sexenio se señaló que la única prioridad válida que había en el apoyo a la investigación científica en

Conacyt era la *calidad* de los proyectos (naturalmente, el funcionario responsable de esta política fue un científico, el doctor Miguel
José Yacamán, en el sexenio del presidente Salinas).

6) La sociedad mexicana está formada por grupos de muy distintos niveles de educación y marcadas diferencias culturales. Naturalmente, esto es cierto en la mayor parte de los países del hemisferio occidental, pero en el caso de México la situación tiene
raíces muy antiguas, profundas y de inmenso arraigo popular. En
grandes sectores de la población, de todos los niveles económicos,
prevalece el pensamiento mágico-religioso en la vida cotidiana, al
margen de que se profese o no alguna religión (católica, la gran
mayoría, o cualquier otra). En una encuesta realizada el año 2000
por la AIC, en mil habitantes de la ciudad de México se encontró
que 71 % creía en los milagros, 60 en la magia negra y 55 en la
existencia del diablo. En este tipo de sociedad no resulta fácil introducir el espíritu científico, que implica renunciar a lo sobrena-
tural, con apego irrestricto a la realidad y su insistencia en el pensamiento racional. Durante el siglo xx hubo países que superaron
graves problemas y lograron niveles de vida envidiables para casi
toda su población, como Inglaterra, Francia y Corea del Sur; otros,
a pesar de haber sido devastados por las guerras, pronto se recu-
peraron, como Alemania, Italia y Japón; otros más se libraron de
dictaduras fascistas, como España y Portugal, y salieron del reza-
go social y económico al que habían estado sometidos, gracias en
gran parte al desarrollo de la ciencia y la tecnología. La lección
parecía obvia: para mejorar la calidad de la vida de la sociedad
mexicana, lo que debió hacerse en el siglo xx fue apoyar amplia y
decididamente, bajo la forma de campaña nacional de la más alta
prioridad, a la ciencia y a la tecnología. Pero no se hizo.

Con base en los argumentos anteriores, el juicio sobre el desarrollo de la ciencia y la tecnología en México en la segunda mitad
del siglo xx, como *incoherente* y *complejo*, está justificado. Se trata de
un panorama de luces y sombras, triunfos y fracasos, acciones afortunadas y otras no tanto, pero al final de todo el balance parece
positivo. Debe tomarse en cuenta que se trata de una empresa muy

reciente, porque la tradición (no la historia, que data desde principios de la Colonia) de la ciencia en México apenas tiene menos de
un siglo. Cuando se compara el estado de la ciencia a principios
del siglo xx con el que mostraba en el año 2000, las diferencias son
notables y ocurren en todos los niveles en sentido positivo. Al iniciarse el siglo la comunidad científica mexicana era minúscula, no
tenía posibilidad alguna de crecimiento, los recursos para finan-
ciarla no existían y su productividad se limitaba a repetir lo que
venía del extranjero, especialmente de Francia. Naturalmente, ante
todo lo anterior había excepciones, algunas notables, pero eran
precisamente eso, excepciones. La situación no mejoró de manera
notable hasta la segunda mitad del siglo: cada vez con mayor presencia y vigor empezaron a consolidarse diferentes grupos de
investigadores, se formaron las primeras "escuelas" en distintas
especialidades y la calidad de algunos trabajos alcanzó nivel internacional. Todo esto ante la indiferencia (cuando no la hostilidad)
del Estado, pero con el apoyo decidido de la UNAM y otras pocas
instituciones públicas de educación superior. No fue sino hasta
principios de los setenta que el gobierno empezó a mostrar cierto
interés en la ciencia y la tecnología. Al principio mucho más en
discursos que en los hechos, pero para el año 2000 la conciencia de
la importancia potencial de la ciencia en el desarrollo del país ya
parecía formar parte de la postura oficial de las autoridades administrativas. Esa transformación no se generó por iniciativa de las
esferas oficiales; se produjo gracias a la tenacidad e insistencia de
los propios grupos de científicos, que no sólo lograron sobrevivir
sino que con gran decisión mantuvieron una actividad continua y
creciente contra viento y marea. La propia comunidad científica
promovió la formación del Conacyt (y no el gobierno); generó y
conservó la iniciativa de su propio desarrollo (y no los planes oficiales); institucionalizó a la ciencia en la UNAM (una vez que obtuvo
su autonomía del Estado); fundó la AIC-AMC, ideó y fundó el Cinvestav (no la SEP); diseñó y promovió el SNI (no el presidente De la
Madrid); propuso la formación del CCCP (no el presidente Salinas).
Ninguno de los episodios fundamentales en el formidable creci-

miento de la ciencia en la segunda mitad del siglo xx en México fue idea o promoción inicial del gobierno; en todos ellos la iniciativa partió de la propia comunidad científica y al final el Estado no pudo menos que aceptar la situación y seguir las direcciones señaladas por los grupos líderes de investigadores, aunque después se ajudicó los méritos respectivos.

Si ni las crisis económicas ni la indiferencia de las autoridades pudieron evitar el crecimiento de la ciencia en nuestro país en la segunda mitad del siglo xx, la fuerza del sector de la sociedad civil que lo promovió se revela como considerable. Esto no significa que la escasez de recursos y el desinterés del gobierno no hayan tenido una influencia negativa; es claro que la tuvieron: el desarrollo de la ciencia ocurrió *a pesar de* y *en contra de* esas influencias.

BIBLIOGRAFÍA

LECTURAS RECOMENDADAS

Academia Mexicana de Ciencias, *Memorias 40 años*, México, Academia Mexicana de Ciencias, 1999.

Aréchiga, Hugo y Luis Benítez Bibriesca (coords.), *Un siglo de ciencias de la salud en México*, México, Conaculta / FCE (Biblioteca Mexicana), 2000.

Aréchiga, Hugo y Carlos Beyer (coords.), *Las ciencias naturales en México*, México, Conaculta / FCE (Biblioteca Mexicana), 1999.

Bartolucci, Jorge, *La modernización de la ciencia en México. El caso de los astrónomos*, México, UNAM / Plaza y Valdés, 2000.

Conacyt, *México. Ciencia y tecnología en el umbral del siglo XXI*, México, Conacyt, 1994.

Conacyt, *Historia de las instituciones del Sistema SEP-Conacyt*, México, Conacyt, 1998.

Cruz Manjarrez, Héctor, *La evolución de la ciencia en México*, México, Anaya, 2003.

Domínguez Martínez, Raúl, Gerardo Suárez Reynoso y Judith Zu-
bieta García, *Cincuenta años de ciencia universitaria: una visión
retrospectiva*, México, UNAM / Miguel Ángel Porrúa, 1998.

Fortes Besprosvani, Mauricio y Claudia Gómez Wulschner (coords.),
Retos y perspectivas de la ciencia en México, México, Academia
de la Investigación Científica, 1995.

Garcíadiego, Javier, *Rudos contra científicos. La Universidad Nacional
durante la Revolución mexicana*, México, El Colegio de México / UNAM, 1996.

Giral, Francisco, *Ciencia española en el exilio (1939-1989). El exilio de
los científicos españoles*, Barcelona, Anthropos, 1994.

Hoffmann, Anita, Juan Luis Cifuentes y Jorge Llorente, *Historia del
Departamento de Biología de la Facultad de Ciencias UNAM. En con-
memoración del cincuentenario de su fundación (1939-1989)*, México, UNAM, 1993.

Ibarrola, María de et al., *El Cinvestav. Trayectoria de sus departamentos, secciones y unidades (1961-2001)*.

Menchaca, Arturo (coord.), *Las ciencias exactas en México*, México,
Conaculta / FCE (Biblioteca Mexicana), 2000.

Moreno Corral, Marco Arturo (coord.), *Historia de la astronomía en
México*, México, FCE (La Ciencia Para Todos, 4), 3a. ed., 1998.

Peña, José Antonio de la (coord.), *Estado actual y prospectiva de la
ciencia en México*, México, Academia Mexicana de Ciencias,
2003.

Pérez Tamayo, Ruy, *Historia general de la ciencia en México en el siglo XX*, México, FCE, 2005.

Quintanilla, Susana, *Recordar hacia el mañana. Creación y primeros
años del Cinvestav*, México, Centro de Investigación y de Estudios Avanzados del IPN, 2002.

Sánchez Díaz, Gerardo y Porfirio García de León (coords.), *Los
científicos del exilio español en México*, México, Universidad Michoacana de San Nicolás Hidalgo, 2001.

Notas sobre los autores

Elías Trabulse

Químico por la UNAM y doctor en historia por El Colegio de México. Pertenece a la History of Science Society desde 1968; a la Sociedad Española de Historia de las Ciencias desde 1978; a la Sociedad Mexicana de Historia de la Ciencia y la Tecnología desde 1979; ingresó a la Academia Mexicana de la Historia, correspondiente de la Real de Madrid en 1980; es miembro de número de la Hispanic Society of America de Nueva York, E.U., a partir de 1999, y forma parte de la Academia Mexicana de la Lengua, sillón 33, desde 1999. Entre sus obras podemos mencionar: *Historia de la ciencia en México*; *Los orígenes de la ciencia moderna en México*; *Arte y ciencia en la historia de México*; *Ciencia y religión en el siglo XVII*; *José María Velasco. Un paisaje de la ciencia en México*; *Los manuscritos perdidos de Sigüenza y Góngora* e *Historia de la ciencia en México*, 5 vols., México, Conacyt/FCE.

Carlos Viesca

Médico cirujano por la Facultad de Medicina de la UNAM. Profesor titular y jefe del Departamento de Historia y Filosofía de la Medicina de la misma institución, así como ex presidente de la Sociedad Mexicana de Historia y Filosofía de la Medicina. Actualmente es vicepresidente de la Société Internationale d'Histoire de la Médecine y del grupo de la UNESCO para la elaboración de una historia universal de la medicina; es miembro de la Academia Mexicana de Ciencias, de la Academia Nacional de Medicina y la Academia

Mexicana de Cirugía. También pertenece al Sistema Nacional de Investigadores.

JOSÉ SANFILIPPO

Cirujano dentista egresado de la Facultad de Odontología de la UNAM. Especialista en historia y filosofía de la medicina y doctor en ciencias biológicas, en el área de historia de las ciencias, por la UAM-Xochimilco. Desde 1980 forma parte del grupo de trabajo que elabora la historia general de la medicina en México, proyecto de la Academia Nacional de Medicina y la UNAM. Es tutor en el Programa de Maestría y Doctorado en Ciencias Médicas, Odontológicas, de la Salud y Humanidades Médicas de la UNAM. Pertenece al Programa de Estímulos a la Productividad y al Rendimiento del Personal Académico (PRIDE), nivel C, desde 1993, y a la Sociedad Mexicana de Historia y Filosofía de la Medicina de la UNAM e ingresa a la Academia Mexicana de Ciencias en 1991. A partir de 2002 forma parte de la Sociedad Internacional de Historia de la Medicina y es miembro fundador, desde 2007, de la Sociedad de Historiadores de las Ciencias y las Humanidades, A. C. Es autor de 15 libros, ha participado como coautor en 35 publicaciones, y ha publicado más de 150 artículos sobre historia de la medicina, de la odontología, de la farmacia y de cultura general, en diversas revistas nacionales e internacionales.

JUAN JOSÉ SALDAÑA

Doctor en historia y filosofía de la ciencia por la Universidad de París. Es profesor titular "C" de la Facultad de Filosofía y Letras de la UNAM, donde dirige, desde su fundación en 1985, el seminario de historia de la ciencia y la tecnología en México. Es también investigador nacional nivel III. Ha sido presidente de las sociedades Mexicana y Latinoamericana de Historia de la Ciencia y la

Tecnología, y de 2001 a 2005 fue secretario general de la Unión Internacional de Historia de la Ciencia. Entre los reconocimientos que ha recibido están el Premio Universidad Nacional en 1994 y la Medalla Académica de Oro de la Sociedad Mexicana de Historia de la Ciencia y de la Tecnología en 2004. Es miembro de sociedades científicas de su especialidad y de la International Academy of History of Science. Su obra comprende diversos estudios sobre historia mexicana de la ciencia y la tecnología e historiografía mexicana de la ciencia. Sus publicaciones recientes incluyen los siguientes títulos: *La casa de Salomón en México. Estudios sobre la institucionalización de la docencia y la investigación científicas*, UNAM-FFYL, 2005, y *Science in Latin America. A History*, University of Texas, 2006.

Ruy Pérez Tamayo

Nació en la ciudad de Tampico, Tamaulipas, en 1924. Estudió medicina en la UNAM y se especializó en patología. Fundó y dirigió durante 15 años la Unidad de Patología de la Facultad de Medicina de la UNAM en el Hospital General de México y el Departamento de Patología del Instituto Nacional de la Nutrición. Actualmente es profesor emérito de la UNAM y jefe del Departamento de Medicina Experimental de la Facultad de Medicina en el Hospital General de México. Es miembro de El Colegio Nacional, de la Academia Mexicana de la Lengua, del Consejo Consultivo de Ciencias de la Presidencia de la República, del Consejo Académico de la Universidad de las Américas y del Consejo de Salud de la Universidad Panamericana. Es director del Seminario de Problemas Científicos y Filosóficos de la UNAM. Fundó y preside el Colegio de Bioética. Ha recibido los premios Nacional de Ciencias y Artes Luis Elizondo, del ITESM; el Miguel Otero; el Aída Weiss; el Rohrer a la Excelencia Médica de la SSA; el Premio Nacional de Historia y Filosofía de la Medicina; la Presea José María Luis Mora; la Condecoración Eduardo Liceaga; el Premio Elías Sourasky, y el doctorado honoris causa de las Universidades Autónomas de Yucatán, de Colima y de Puebla.

Historia de la ciencia en México, de Ruy Pérez Tamayo, (coord.),
se terminó de imprimir en enero de 2010, en los talleres
de Gráfica, Creatividad y Diseño, S. A. de C. V. ,
Plutarco Elías Calles 1321 C.P. 03580, México, D. F. En su
composición, elaborada en el Departamento de Integración
Digital del FCE por *Juan Margarito Jiménez Piña,*
se usaron tipos Palatino de 9.5:13 y 8:10 puntos.
La edición estuvo a cargo de la Dirección General de
Publicaciones del Consejo Nacional para la Cultura y las Artes.
El tiraje constó de 2000 ejemplares.